国家科学技术学术著作出版基金资助出版

可测性设计与智能故障诊断

林海军　著

机械工业出版社

本书主要从理论和应用方法两个方面对可测性设计与智能故障诊断进行研究，全书共9章，分别介绍了可测性设计和故障诊断的发展，基于沃尔泰拉核的非线性电路智能诊断以及测试激励优化和特征选择与提取，基于维纳核的非线性模拟电路故障诊断，模拟电路智能故障诊断系统设计，MIMO非线性系统的建模及故障诊断，基于信息融合技术的电路故障诊断，数字电路的可测性设计，以及混合电路的可测性设计。各章还给出了电路的参数建模和非参数建模的方法，并提供了范例，以期协助读者解决非线性电路故障诊断问题，提高诊断的准确率和效率。

本书适合从事虚拟仪器、电路设计，特别是从事集成电路故障诊断和可测性设计的研究人员阅读参考。

图书在版编目（CIP）数据

可测性设计与智能故障诊断/林海军著. —北京：机械工业出版社，2022.8（2023.11重印）

国家科学技术学术著作出版基金资助出版

ISBN 978-7-111-71003-5

Ⅰ.①可… Ⅱ.①林… Ⅲ.①集成电路-电路测试②集成电路-故障诊断 Ⅳ.①TN4

中国版本图书馆CIP数据核字（2022）第103226号

机械工业出版社（北京市百万庄大街22号 邮政编码100037）

策划编辑：王 欢　　责任编辑：王 欢

责任校对：李 杉 张 薇　封面设计：王 旭

责任印制：常天培

北京机工印刷厂有限公司印刷

2023年11月第1版第3次印刷

184mm×260mm · 10.5印张 · 259千字

标准书号：ISBN 978-7-111-71003-5

定价：69.00元

电话服务　　网络服务

客服电话：010-88361066　　机 工 官 网：www.cmpbook.com

010-88379833　　机 工 官 博：weibo.com/cmp1952

010-68326294　　金 书 网：www.golden-book.com

封底无防伪标均为盗版　　机工教育服务网：www.cmpedu.com

前言

随着电子产品使用环境越来越严酷，电路的复杂程度越来越高，集成电路制造工艺水平日益提高、特征尺寸日益缩小，使电路的可控性和可观测性降低，电路故障诊断的难度也日益加大，从而影响了大规模集成电路和包含电子电路的仪器设备的可靠性和安全性。

为保证现代设备的安全和可靠运行，需要采用先进的可测性设计和故障诊断方法。通过高精度和高覆盖率的测试，及时掌握集成电路或设备的技术指标；通过准确的故障诊断，及时地对集成电路或设备所处状态做出判断，争取做到预防和消除故障，提高其运行的可靠性。

在超大规模、高密度集成电路高速发展的今天，可测试性（本书简称为可测性）设计与智能故障诊断的应用越来越广泛，也越来越重要。因此，这就更需要与时俱进，不断融入新理论、新技术、新方法，以满足日益增长的测试与诊断需要。

本书主要从理论和应用方法两个方面对可测性设计与智能故障诊断进行研究：可测性设计部分给出了一些设计方法和技巧；故障诊断理论部分则融入非线性泛函、信息融合和人工智能等知识和方法，以期解决非线性电路的多、软故障诊断，提高诊断的准确率和效率。

本书还针对 MIMO 非线性模拟电路故障诊断的难点问题进行了探讨，如第 6 章对 MIMO 非线性模拟电路的沃尔泰拉核建模、智能特征提取及故障诊断理论和方法进行了研究，给出了电路的参数建模和非参数建模的方法，并提供范例。

作者专注智能故障诊断和可测性设计方向的研究 18 年，主持完成的相关项目有国家自然基金、省自然基金（2 项）及市科技攻关、市科技成果转化及中小企业创新基金等，参加完成导师张礼勇教授主持的相关省攻关和市攻关项目等。本书对包括上述项目成果在内的长期研究积累进行了梳理，总结了项目的主要理论和技术成果。本书第 8 章和第 9 章可测性设计部分采纳了课题组成员哈尔滨工业大学刘思久教授带领研究生郑春平等研发的边界扫描系统设计案例，以阐明测试系统的设计思路和方法。在此向他们表示衷心的感谢！

本书还借鉴了同行专家们的很多研究成果，以使本书内容更加系统、完整。在此谨向杨士元教授、陈光禹教授、何怡刚教授等专家们表示衷心的感谢！同时，也向为本书编撰提供帮助的吴海滨院长、张旭辉教授、刘煜坤教授等表示衷心的感谢！还要感谢彭旺林、刘雨、吴伦慧、刘国建等研究生为本书撰写提供的帮助！更要感谢国家科学技术学术著作出版基金的资助！本书的出版还得到了机械工业出版社领导和编辑老师们的大力支持和帮助，在此深表感谢！

作者希望通过本书抛砖引玉，为该领域理论和技术的发展提供思路和一点点帮助。由于水平和时间有限，疏漏和不足之处在所难免，希望同行专家不吝赐教，批评指正。谢谢！

作者于哈尔滨理工大学

目　录

前言

第1章

绪　　论

随着科学技术的进步、社会需求和生产的发展，集成电路制造工艺水平日新月异，其复杂程度不断增加、时钟频率越来越高、特征尺寸日益缩小，并且数模混合电路逐渐增多，从而使电路的可测性下降，即可控性和可观测性系数日益降低。尤其是进入7nm时代及超高集成度的发展阶段之后，超大规模集成电路（VLSI）晶体管的特征尺寸约以每年10.5%的速度缩小，使其密度约以每年22.1%的速度增加。这导致晶体管数与芯片引脚数的比值快速提高，访问内部晶体管的能力迅速降低，从而使VLSI的测试成本和难度显著提高。据研究称，VLSI的测试费用占制造成本的35%~55%。

在市场竞争日益激烈的情况下，产品的市场寿命相较于开发周期变得越来越短，测试对产品的开发周期及上市时间的影响不断增大。传统的测试方法已经很难满足需要，为了全面、有效地验证复杂集成电路设计与制造的正确性，可测试性设计（DFT）方法应运而生。

随着集成电路复杂程度的日益提高，在电路的故障诊断理论和方法方面的研究需求日渐紧迫。目前，复杂电路的故障诊断能力的进步，远远落后于电路的设计的发展。影响电路状态的内、外因素众多，虽然随着可靠性的提高故障率越来越低，但电路故障还是偶有发生，轻则导致电路原有功能的丧失，重则危及人员生命安全和造成社会财产的灾难性损失。因此，为了保证设备中电子功能模件正常可靠运行，预测和消除电路故障是亟待研究的重要问题。

电子功能模件在现代仪器、设备及系统中占有重要的地位，并对整体的可靠性、安全性及有效性产生重要的影响。要想提高其可靠性和安全性，需要做好两方面的工作：一是采用可测性设计的方法，保证各项技术指标的实现；二是采用状态监测及故障诊断技术，确保安装、运行、维护及故障诊断的及时、准确，预防和消除故障，延长电子功能模件的使用寿命。

总之，可测性设计的应用能使复杂设备及系统具备高测量精度、高测试覆盖率等优点，还可以解决传统方法测试成本高、资源浪费及使用和维护不便等问题；故障诊断技术的合理应用，有利于科学合理地安排和减少维护时间，提高产品的可用率，降低产品的后期维护费用，尤其能够减少及至避免灾难性事故的发生，因此开展可测性设计与故障诊断技术研究具有重要意义。

本书主要对电路的可测性设计与智能故障诊断的理论和方法的研究成果进行了梳理，希望推动可测性设计与故障诊断理论的发展，促进相应技术方法在实践中得到越来越普遍的应用，从而提高集成电路及电子产品的综合水平。

1.1　可测性设计的起源与发展

可测性设计，是在电子产品设计中融入了科学先进的测试设计，能及时准确地确定电子产品的状态（可工作、不可工作、性能下降），并具有隔离内部故障的设计特性，使得制造测试、开发及应用变得更加容易和经济。

可测性设计的目的，是实现电路的可测量性，包括可控制性和可观察性。良好的可控制性和可观察性，能显著提高测试效率，采用相对少的测试向量而得到较高的故障覆盖率。

可测性的起源，可以追溯到20世纪70年代。在装备维护过程中美国军方发现，经典方法不能满足日趋复杂的系统测试的要求，出现了测试成本反超研制成本的现象。资料显示，如复杂电子系统的可测性设计不良，可使其维护成本高达制造成本的10倍。

20世纪80年代，美国军方推进实施了综合诊断研究计划，将综合诊断技术应用到在研的新一代军事系统中，如战斗机F-22、轰炸机B-2、运输机C-17、倾转旋翼机V-22等。为了与综合诊断相协调，美国国防部于1993年颁布了MIL-STD-2165A *Testability program for electronic systems and equipments*（电子系统和设备的可测性大纲），将可测试性作为与可靠性及维修性等同的设计要求，并规定了可测试性分析、设计及验证的要求及实施方法。该标准的颁布，标志着可测性被确立为一门独立的学科。

凭借可测性设计研究，美国武器系统全寿命周期的费用得到显著减少。例如，F-18在研制之初就注重可靠性、可测性和维修性设计，其每飞行小时的平均维修工时，由F-4J的48h降低到18h，节约了30 h。若参照1979年美国海军资源模型算得的F-4J使用数据，制定出F-18服役20年的飞行计划，共计262万h，作战支援保障费节约高达20多亿美元。

虽然可测性问题是从装备维护保障角度首先提出的，但推动可测性技术发展的主要动力却是集成电路的测试需求。从发展进程来看，集成电路测试技术的进步远远滞后于集成电路制造技术的高速发展所带来的高度复杂的测试需求。因此，VLSI的测试和验证难题越来越成为制约其发展的瓶颈。面对VLSI的复杂性接近几何式增长的情况，将测试和验证技术纳入芯片设计的范畴，似乎成为解决该问题的必然选项。这也是可测性设计技术和相关的国际标准在20世纪90年代后得到迅速发展的重要原因。可以说，是集成电路的测试需求及武器装备维护保障需要共同推动了可测性设计技术的蓬勃发展。

近年来，随着集成电路复杂程度的不断提高，芯片特征尺寸日益缩小，电路的测试越发困难，特别是进入超高集成度的发展阶段以来，电路规模的增大、复杂程度的增加，引脚相对门数比值减少，导致电路的可控性和可观测性系数降低，电路测试变得复杂且困难，测试生成的费用也呈指数增长。传统的测试方法已难以全面而有效地验证设计和制造的正确性，从而促进了可测性设计技术的迅速发展。

1.2 可测性设计的相关标准及方法

1.2.1 可测性设计的相关标准

可测性设计的基本原理是要转变测试思想，将输入信号的枚举与排列的完全测试方法，转变为对电路内各个节点的测试，即直接对电路硬件组成单元进行测试，降低测试的复杂性。

制定可测性国际标准的目标，是尽可能使测试方法、结构、接口和数据格式标准化。这也是保证可测性设计技术通用性和可复用性的重要基础。

可测性国际标准的制定，起源于20世纪80年代末期。当时基于结构化可测性设计方法已经相当成熟，但存在过程复杂、设计周期较长、成本高、设计方法不兼容、产品的维修性较差等缺陷，严重影响了可测性设计技术的应用。鉴于结构化可测性设计方法的上述缺点，有必要开发一种更为简单、标准化的可测性设计方法。

1990 年，美国电气电子工程师学会（IEEE）和联合测试工作组（JTAG）共同推出了 IEEE 1149. 1-1990 边界扫描标准，目前该标准仍是数字集成电路与系统的主流可测性设计标准。经过对该标准的扩展，形成了混合信号测试的国际标准 IEEE 1149. 4，模块级的测试与维护总线标准 IEEE 1149. 5，高级数字化网络测试标准 IEEE 1149. 6。在 IEEE 颁布的基于内嵌芯核的片上系统（SoC）测试标准 IEEE P1500 中，也借鉴和采纳了 IEEE 1149. 1 中的许多原理和技术，并在总体上与 IEEE 1149. 1 兼容。由于该技术是由 JTAG 提出的，所以常被称为 JTAG 标准，其接口和总线常被称为 JTAG 接口和 JTAG 总线。

1. 2. 2 可测性设计的方法

1. 边界扫描测试方法

为了解决集成电路昂贵的端口代价和紧凑封装带来的观测难题，提出了扫描路径技术。该技术是指通过将电路中任意节点的状态移进或移出进行测试定位的手段，其特点是测试数据的串行化。通过将系统内的寄存器等时序元件重新设计，使其具有可扫描性。测试数据从芯片端口经移位寄存器等组成的数据通路串行移动，并在数据输出端口对数据进行分析，以此提高电路内部节点的可控制性和可观察性，达到测试芯片内部节点的目的。

边界扫描法实际是扫描路径法在整个板级或系统级的扩展，它提供一个标准的测试接口简化了印制电路板的焊接质量测试。它是在集成电路的输入、输出端口处放置边界扫描单元，并把这些扫描单元依次连成扫描链，然后运用扫描测试原理观察并控制芯片边界的信号。

2. 内置自测试（BIST）方法

BIST 方法是指，在设计中集成测试发生电路，在一定的条件下自动启动并且产生测试数据，在内部检测电路故障。

BIST 技术对电路进行测试的过程可分为两个步骤：首先，将测试信号发生器产生的测试序列加载到被测电路；然后，由输出响应分析器检查被测电路的输出序列，以确定电路是否存在故障及故障的位置。BIST 主要完成测试序列生成和输出响应分析两个任务。通过分析被测电路的响应输出，判断被测电路是否存在故障。因此，对数字电路采用 BIST 技术，需要增加三个硬件部分：测试序列生成器、响应分析器和测试控制器。

在测试序列生成器中，有确定性测试生成、伪穷举测试生成和伪随机测试生成等几种方法。实现输出响应分析的方法有只读存储器（ROM）比较逻辑法、多输入特征寄存器法和跳变计数器法等。

由于 BIST 技术将测试激励源的生成电路嵌入被测芯核，所以能够提供全速测试，并且具有测试引脚不受引脚数限制等优点。BIST 被广泛应用在嵌入式存储器方面。

3. 静态电流（IDDQ）测试方法

无故障互补金属氧化物半导体（CMOS）电路在静态条件下漏电流非常小，而故障时漏电流变得非常大，可以设定一个阈值作为电路有无故障的判据，IDDQ 测试就是基于该原理进行的。当 IDDQ 测试被纳入芯片系统的测试时，立即得到集成电路制造商和学者们的青睐。其优点在于低廉有效，可以作为功能测试和基于固定故障测试方法的补充，相对基于电压测试的方法代价非常小。另一方面，IDDQ 测试的可观察性强，因为它不需要故障的传输，可以通过电源电流直接观察。

IDDQ 测试的缺点是随着特征尺寸的减小，每个晶体管亚阈值漏电流会增加，电路设计中门数增加，电路总的泄漏电流也在增加，这样分辨间距会大大缩小，当出现重叠时很难进行有效的故障检测和隔离。尽管如此，由于 IDDQ 测试实现的简易性优势非常突出，所以仍然是目前可测性和系统测试技术研究的热点。

1.3 电路的故障与诊断

1.3.1 电路故障的分类

电路的故障分类方法有很多种，可以选择不同的角度分类，既可以从故障所造成的影响程度来区分，又可以从故障电路中同时存在的故障数量来区分，也可以从故障电路中不同故障的关系来区分，还可以从故障在电路中随时间的表现形式来区分。

基于上述分类方法，可分为软故障、硬故障、单故障、多故障、独立故障、从属故障、持久故障和间歇故障等故障类型。各类故障的简介分别如下：

1）软故障，又称为偏离故障，是指随着时间的推移或环境条件的变化，电子元件的参数发生了变化，偏离了原来的值，已经超过了电路对该元件参数规定的容差范围，但还没有达到完全失效的程度，没有引起电路的性能异常或恶化。

2）硬故障，又称为大变动故障，是指随着时间的推移或环境条件的变化，电子元件的性能和参数发生了较大的变化甚至失效，使电路的拓扑结构发生了改变，导致系统严重失调，如电路的断路和短路等。

3）单故障，是指电路在某一时刻，只有单一元件出现了故障。

4）多故障，是指电路在某一时刻，有不少于两个元件出现了故障。

5）独立故障，是指在多故障情况下，各故障之间不存在因果关系。

6）从属故障，是指电路中某个元件发生故障以后，引起其他元件发生了故障，这个被诱发的故障叫作从属故障。

7）持久故障，是指不能自动恢复原状的故障。

8）间歇故障，是指只是暂时发生的时有时无的故障。

对于上述各类型故障，从对性能的影响程度可知，硬故障的诊断比软故障要容易些。由于硬故障可以看成软故障的一个特例，因此通常情况下用于诊断软故障的方法也可诊断硬故障。统计显示，电子设备在实际应用中故障总数的 70%~80%是单故障，有些多故障是相互联系的，有时也可当作单故障来处理。双故障的发生率占多故障的 60%~80%，而故障数目为 4 个或 4 个以上的情况较少。

1.3.2 数字电路的故障诊断方法

数字电路故障诊断的原理是暗箱理论，是通过向被测电路的输入端加载激励信号，根据输出端的响应信号、整个电路的拓扑结构及一定的函数算法与运算规则，确定出电路的故障原因及其故障位置的。它的基本过程是，先通过测试程序在被测电路加载测试激励信号，然后在输出端得到该激励信号的响应信号，把得到的响应信号与正确情况下的进行比较，两者一致表明电路系统的功能正常，如果不一样就能判断被测电路存在功能性问题，并判断故障的位置。但是，应该认识到，对电路系统进行故障检测，并不是仅仅为了判断电路是否存在故障，而是为了判断出电路存在故障后，能对故障进行修复。实际上，故障修复是电子系统故障诊断中非常重要的一部分，不仅需要确定故障的位置，还要结合电路原理图和电路工作状态判断故障出现的原因。故障修复是建立在对使用的数字电路有清楚的认识的基础上的，后续在电路的设计和工艺上做出相应改进，提高电路的安全性和可靠性。

数字电路，是指用数字信号完成对数字量进行算术运算和逻辑运算的电路。由于数字电路中的状态非 0 即 1，所以数字电路中的元器件需要拥有两种或多种状态来完成数字电路中的信号处理。

根据电路的逻辑功能，数字电路分为时序逻辑电路和组合逻辑电路两种。时序逻辑电路具有存储功能的触发器。时序逻辑电路的输出信号除了与当前的输入信号有关，之前的输入信号对逻辑电路现在的输出信号也有影响。而组合逻辑电路与时序逻辑电路不同，组合逻辑电路是由各种各样的逻辑门电路组成的，没有存储功能的触发器，没有存储记忆功能。这样的电路不存在反馈，某一时刻的输出信号只与这个时刻的输入信号有关系。

数字电路系统的故障诊断，需要逐步对故障进行定位，根据电路原理依照一定的顺序，结合数字电路的输入信号和输出信号进行比较，判断故障的位置。如果电路中存在非周期性的数字信号，传统的方法行不通，需要利用逻辑分析仪对数字电路进行测量，观察信号，判断被测数字电路的运行状态。实际上，常见的被测数字电路的输入和输出变量从几十个到数百个，被测数字电路系统的复杂度很高，对数字电路进行故障诊断的实际操作非常复杂。如果是时序逻辑电路和组合逻辑电路的混合电路，诊断的难度就更高了，所以需要计算机辅助处理，人工实现的可能性太低。

随着制造工艺更加精良，数字电路的器件越来越精细，集成度越来越高。但是电路中依然存在一定数量的缺陷，相当部分缺陷发生在电路内部，而进入数字电路的内部观察是不现实的，只能对电路的外部引线进行测量。

1. 组合逻辑电路的故障诊断

组合逻辑电路任意时刻的输出状态仅由该时刻的输入状态决定。组合逻辑电路的故障诊断方法有多种，下面对常用的两种方法的原理进行阐述。

（1）伪穷举法

伪穷举法的主要思想就是，在所有可能的输入信号中，列出所有和故障有关的激励信号。显然，如果电路的输入信号只有几个，通过穷举法来进行诊断是可行的，但是如果数字电路的规模非常大，则穷举法非常烦琐。为了解决穷举法难以实现的问题，工程技术人员在穷举法的基础上提出了伪穷举法。

穷举法的最大缺陷就是工作效率低下。穷举法的时间复杂度是与解空间的个数有关的，而解空间的个数为 2^n（n 是电路输入信号的维数）。

伪穷举法的关键就是分块，逐步细化与故障有关的端口，通过电路分块减小输入矢量的维度，降低电路的规模。

（2）故障表法

按照测试目录的选择，故障表法可以分为固定目录法和自适应目录法。固定目录法指的是，测试结果和选择哪个测试目录没有关系的故障表法。相反，自适应目录法指的是，测试结果和选择哪个目录有关的故障表法。

利用故障表法，求固定目录故障检测最小测试集，其主要过程如下：

1）第一，构造故障表。

2）第二，构造故障检测表。

3）第三，确定最小的测试集。

2. 时序逻辑电路的故障诊断

由于时序逻辑电路中存在存储元件，所以时序逻辑电路的故障诊断的复杂性远大于组合逻辑电路。针对时序逻辑电路的故障诊断的解决方法主要包括两类：第一种叫作线路测试法；第二种叫作转换核对法。这两种方法的区别主要在于，工程技术人员对电路中的故障是否确定并且了解。线路测试法，是建立在工程技术人员对电路中可能发生的故障确定了解的基础上的；而转换核对法是假设工程技术人员对电路的故障不了解，但是知道要对电路实现的转换。前者在小规模电路中的应用比较多，效率比后者高。

（1）线路测试法

对于任意的同步时序逻辑电路来说，都存在一组最短的故障测试序列，可以覆盖电路中所有的永久性故障。

用线路测试法进行故障诊断时，先做如下的假设：

1）被测电路是最简状态的。

2）电路中的故障是永久性的固定0故障或固定1故障，或者多故障。

3）复位信号可以使被测电路处于唯一的初始状态，而且故障发生后会产生新的存储单元。

（2）转换核对法

转换核对法的一般步骤如下：

1）第一阶段，被测电路系统先到达一个指定状态，通常来讲，这个初状态是把一个复原序列加载到系统上，然后再观察电路系统的响应，直到被测电路的状态达到期盼的一种启动状态。

2）第二阶段，又称为状态识别阶段，把一个可以区分的序列重复地加载到被测电路系统上，观察电路系统的响应状态是不是有 N 种。

3）最后一个阶段，又称为状态核对阶段，在被测电路上执行所有可能的转换。

1.3.3 模拟电路的故障诊断方法

从1962年至今，学者们从不同的视角着手研究模拟电路的故障诊断，提出了各具特色的故障诊断理论和方法。这些方法可从不同的角度进行分类，如按故障诊断的环境、诊断的目的、模拟形式、电路性质、所用的数学方法、激励信号类型及所测量的响应等进行分类。

基于上述分类方法，有在线诊断法、离线诊断法、故障检测法、故障定位法、故障定值法、故障模拟法、元件模拟法、线性电路故障诊断法、非线性电路故障诊断法、动态电路故障诊断法、电阻电路故障诊断法、有源电路故障诊断法、无源电路故障诊断法、确定法、概率法、工作信号法、仿真信号法、单测试信号法、多测试信号法、单频信号法、多频信号法、直流法、交流法、暂态法、稳态法、电流法和电压法等故障诊断方法。

目前，在各种分类方法中最流行的，是以模拟仿真和实际测试的时间先后来划分的方法。如果是在实际的诊断测试之后才进行模拟仿真的，则称该方法为测后模拟诊断；若对电路的仿真是在现场测试之前实施的，则称为测前模拟诊断。但是，还有两种方法介于两者之间，既不属于测前模拟，也不属于测后模拟，它们就是人工智能法和逼近法。各种典型的模拟电路故障诊断方法见图 1-1。

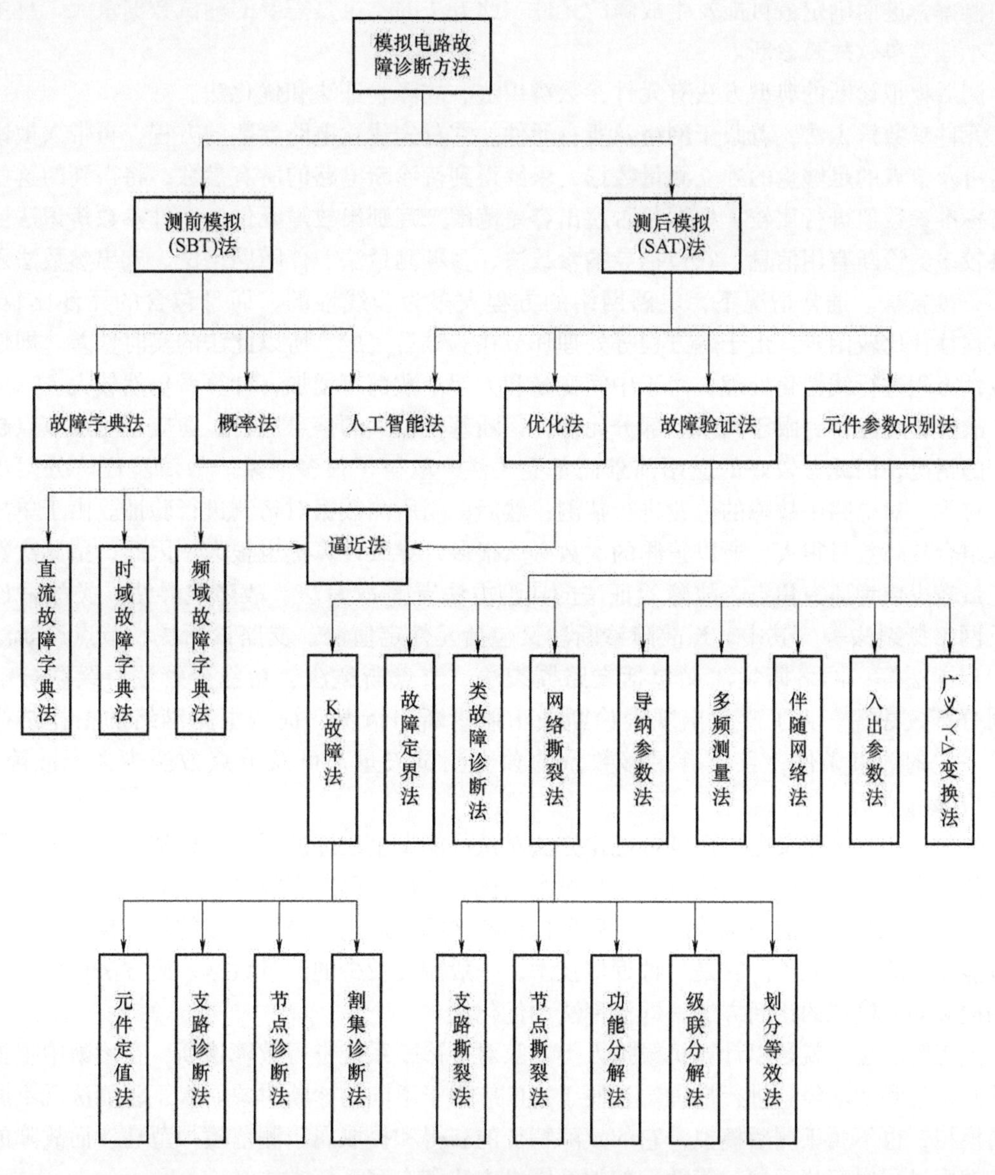

图 1-1 各种典型的模拟电路故障诊断方法

在众多的测前模拟诊断方法中，最重要的是概率法及故障字典法。

目前，在众多的方法中，故障字典法是实用价值较高的诊断方法之一。该方法主要包括故障特征提取、故障字典建立和实际诊断三个步骤：首先，对处于各种故障状态的电路提取特征；之后，建立故障和特征对应的故障字典；实际诊断时，根据实际测得的特征查字典来确定故障。它包括直流故障字典法、时域故障字典法和频域故障字典法。

故障字典法，既适用于线性模拟电路，也适用于非线性模拟电路。但是，该方法主要针对硬、单故障进行诊断，这主要是受到了容差、噪声及字典容量有限的影响，而且，建立较大容量故障字典的工作量很大。

概率法，用统计学原理进行诊断，依据测得的电路特征参数的分布计算某个元件出现故障的概率，进而确定最可能发生故障的元件。此方法的不足是需要的测试数据量大，且主要用在小偏差单软故障诊断。

测后模拟诊断的典型方法有元件参数辨识法、故障验证法和优化法。

元件参数辨识法，着眼于网络及所有元件。它首先建立电路参数的方程，再带入被诊断电路可及节点的足够量的独立测量数据，求解得到待诊断电路的所有参数，将得到的这些参数与标准参数值进行比较，根据是否超出容差范围来判别出故障元件。元件参数辨识法要求提供较多的诊断有用信息。它包括导纳参数法、多频测量法、伴随网络法、入出参数法及广义Y-△变换法。通常情况下，电路网络的方程大多为非线性的，而且包含的元件比较多，解方程往往比较困难。由于解方程等处理环节在测试后完成，所以此法的实时性差。即使对非线性方程进行线性化处理，由于中间变量和方程个数都有增加，计算量仍然较大。

故障验证法，着眼于网络的部分元件，诊断基于较少的信息进行，适应了可及节点越来越少的情况，因此有较好的应用前景而备受关注，取得了很多成果。故障验证法分两步进行：首先，对电路中故障的位置进行猜测；然后，用所测数据对猜测进行验证。由于单故障及其组合故障数目很大，所以猜测的次数必然很多，导致计算量也很大。因此，猜测次数和计算量较少成为研究焦点。故障验证法的典型方法有 K 故障法、故障定界法、类故障诊断法及网络撕裂法等。其中，K 故障诊断法又包括元件定值法、支路诊断法、节点诊断法和割集诊断法等；网络撕裂法又包括支路撕裂法、节点撕裂法、功能分解法、级联分解法和划分等效法等。为了避免出现误诊断或不能诊断出情况，被测电路网络的拓扑结构应满足一定的约束条件，且应有足够数量的独立测试矢量，可及节点数至少大于故障数，而且应该独立。

优化法，顾名思义是采用各种优化方法对最可能发生故障的元件进行估计。其中，目标函数的选定是关键。此法的缺点是计算量大，优点是可以诊断多故障和软故障。

逼近法，介于测前模拟诊断与测后模拟诊断之间。逼近法采用一定的估计技术，估计出最可能发生故障的元件。它是一种近似技术，一般需要较少的测量数据，此方法包含了分属于测前和测后模拟的诊断方法，即概率法和优化法。

人工智能法，就是以计算机模拟人类专家对待诊断系统进行故障诊断，在诊断中根据各种感知信息和专家经验进行推理，且便于推广应用于不同的诊断对象。人工智能法既不属于测前模拟，也不属于测后模拟，它的故障特征的获得和提取属于测前模拟范畴，而故障的推理和搜索过程属于测后模拟范畴，如神经网络方法和专家系统方法。

专家系统方法大致分成两个步骤：一是，专家系统知识库的建立；二是，实际故障的诊断。即，先将专家的故障诊断知识和经验用规则描述，构成知识库；诊断时，根据此知识库对实际测得的数据推理判断，确定发生故障的元件。此法的优点是效率高，并且为网络理论诊断困难的电路提供了有效方法；缺点是知识获取和维护困难，学习及自适应能力皆弱，且存在知识的组合爆炸和无穷递归等问题。神经网络的诊断方法则是以电路在各种故障状态的某种特征参数为训练样本，按照一定的精度要求对选定类型的神经网络进行训练，训练好的神经网络为推理单元，用以诊断出待测电路故障元件。

1.4 电路故障诊断的研究状况与发展趋势

理论上来说，电子系统技术的出现，一定同时产生了故障诊断的需要，故障诊断技术理应与电子系统技术同步发展。但是从实际情况上看，复杂电路系统故障诊断技术的发展要比复杂电子系统技术的发展缓慢很多。

工业革命后期，电子设备的复杂程度较低，故障诊断技术发展更为缓慢，往往是在电路系统发生故障后才去诊断问题，维修设备。而且维修技术人员仅凭基本的理论知识和工作经验去解决故障。这样的故障诊断方法不仅对维修技术人员的经验要求非常高，而且故障诊断的效率非常低，尤其是在面对复杂的大型电子设备的时候。

美国相关单位在故障诊断的研究上投入了大量的人力物力，像美国国家航空航天局（NASA）、美国机械工程师协会（ASME）、诸多科研机构和高等院校等都发挥了重要的作用，它们研发的很多故障诊断系统陆续投入了使用。例如，美国在1967年研发的机载综合数据系统（AIDS），曾用于雷达机内测试。我国在故障诊断技术方向的研究是从1970年开始的，虽然晚于美国，但后来凭借着计算机技术作为辅助，故障诊断技术发展非常迅猛，在某些方面的研究已经处于世界领先地位。

从时间上来说，数字电路的出现晚于模拟电路，相应的数字电路的故障诊断也晚于模拟电路的故障诊断。但是数字电路凭借计算机技术高速发展的契机而快速发展，发展速度反而赶超模拟电路。数字电路和计算机技术的高速发展，同时也推动着数字电路故障诊断技术的快速发展。

目前，越来越多的结构与规模庞大、功能复杂多样的智能化系统在人们的生产生活中不断涌现。这类系统典型的有卫星导航系统、智能电网、核电站、复杂模拟数字混合电路等。在这些复杂的工程系统中，复杂模拟数字混合电路，特别是高度集成化、小型化的数模混合电子电路系统，即使发生一个微小的故障，也极有可能造成难以估计的经济损失与人员伤亡。

数模混合电子电路系统，一方面在众多领域里不断得到应用，并且发挥着重大的作用；另一方面却又不断带来了许多困扰。一是故障数目多，数模混合电子电路系统的故障数目占整个系统故障总数的比例逐渐提高，使其成为故障发生的高危地带；二是排障成本高，随着数模混合电子电路系统增大，发生设计缺陷与故障的可能性大为增加，使其对应的测试和故障诊断的成本节节攀升；三是时间开销巨大，表现在电子电路系统维护维修时间不断增加，让其实际可使用时间不断减少。

在数模混合电子电路中，其中模拟电路部分的故障分析和诊断非常重要，也非常困难，不容忽视。首先，要说明的是，永远有无法被数字电路完全替代的模拟电路存在，这就意味着对模拟电路的故障诊断的需求将始终会存在。其次，对于数模混合电路，发现存在两个80%现象：一是80%的故障发生在模拟电路部分；二是用于模拟电路部分排障的测试时间，又占据了总测试时间的80%。这些就表明在实际工作中要进行模拟电路故障诊断的可能性更大，并且由于其排除故障耗时不菲，值得重视。三是模拟电路因为元器件制造容差的影响、系统参数变化连续性的性质、部分元件的非线性特性的作用，产生了远比数字电路还更为复杂的故障模式，对其进行故障诊断的难度更大。四是虽然有许多分析技术可以为模拟电路故障诊断提供大量的特征量，不过特征筛选并不容易，有些特征计算起来也不容易，这也使得实际模拟电路的故障诊断更加困难。

以上这些模拟电路本身的电路性质及其故障诊断的特点，造成了模拟电路系统的诊断技术发展比较缓慢的现状。所以，对模拟电路的故障诊断问题，还需要进一步地挖掘探索，以不断丰富此领域中的理论和方法。

1.4.1 国外电路故障诊断的研究状况

如前所述，数字电路诊断发展很快且相对成熟，而模拟电路的故障诊断复杂又不完善，在一定程度上影响了集成电路和电子产品的水平，因此它成为近几年故障诊断的研究热点。所以，下面主要介绍模拟电路故障诊断的发展现状。

严格地说，所有的元件都是非线性的，模拟电路较为准确的数学模型也都是非线性的。只是非线性有强弱之分，当非线性弱到用线性近似不影响本质时则可用线性来近似。可以说，线性是非线性的特例，是非线性的近似和简化。因此，在介绍电路故障诊断现状后，会重点介绍非线性模拟电路故障诊断的研究情况。

模拟电路故障诊断的发展进程可以从不同角度总结，下面仅从时间进程和研究思路两个角度来介绍。从时间进程来看，其研究始于 1962 年，R. S. Berkowitz 发表文献研究了无源线性集总参数电路，给出了可解性的必要条件，这一时期还提出了如故障字典法和参数辨识法等多种方法。1979 年 *IEEE Transactions on Circuits and Systems* 出版了模拟电路故障诊断特刊，掀起了第一波故障诊断研究的高潮，较重要的成果是学者们给出了网络可解性的充分条件。20 世纪 80 年代初，多故障诊断研究成为主流，出现了故障验证诊断方法，其典型代表是 K 故障诊断法和失效元件定界法。此间，大规模电路的诊断问题也受到重视，节点撕裂法为大规模电路诊断提供了成功的解决方案。20 世纪 90 年代至今，又一波研究高潮到来，灵敏度分析、频域分析、小波变换和神经网络等人工智能理论的应用，为故障诊断增添了新的活力。因此，也有人把模拟电路故障诊断方法分为经典方法和智能方法两大类。

从故障诊断的研究思路和方法来看，由于最初沿袭了网络分析的思想，所以模拟电路故障诊断的研究从可解性开始，试图通过计算求得电路的所有参数，进而确定故障元件。但是，这种方法不重视研究故障的特征，需要较多的可及节点，而且计算量大，因此实用性不强。后来，面对实用化、多故障及大规模电路的困扰，研究人员越来越重视去分析故障特征，研究思路从注重整个网络的可解性转变为注重局部和故障元件。一方面，对于多故障将诊断分解为两步完成：先定位故障，再故障元件求值。这样弱化了可解性的限制，也减少了诊断所需要的可及节点数，而且实用性有所提高。另一方面，对于大规模电路采取化大为小的办法，在可及节点处将电路撕裂，再判定诊断子电路，此方法实用性有所增强。但需要指出的是，直至 20 世纪 80 年代末，故障诊断的对象主要是不考虑容差的线性网络，而实际电路中普遍存在容差，这严重地影响了诊断方法的实用性。Zou R. 和 Jiang B. L. 等对容差进行了研究，分别论述了存在容差定位界和不存在定位界的诊断方法。

模拟电路测试理论和方法一直是国际电路测试研究领域的热点。在众多故障诊断方法中，目前国际上较为盛行的是人工智能故障诊断方法。由于人工智能故障诊断方法通常也适用于非线性电路，故放在非线性模拟电路部分介绍。

非线性模拟电路的故障诊断研究比线性模拟电路起步晚约 20 年，20 世纪 80 年代才开始系统地进行研究。很多线性模拟电路的诊断方法在非线性模拟电路上并不适用，如元件模拟法。故障字典法可用于非线性电路，但存在字典容量、容差及易受噪声影响等不足，只适用于单故障和硬故障的诊断。虽然过去的研究在故障诊断理论和方法上取得了很多成果，但还没进入实用化阶段，容差和非线性等因素使得非线性模拟电路诊断特别困难、极具挑战性。因此，国际上非线性模拟电路的故障诊断研究进行得如火如荼。

与线性模拟电路研究相似，非线性模拟电路的故障诊断研究之初也从分析计算入手，首先对可诊断性开展研究。有的文献研究中对非线性元件有所限制，要求必须能由小信号模型描述。还有的文献对非线性直流和动态电路进行了研究，在时域内讨论了非线性电路的可诊断性，并给出了局部可诊断的充分条件。该成果具有重要意义，只是解非线性方程比较麻烦。针对非线性电路的单故障的诊断，M. Worsman 等提出了大偏差灵敏度分析的诊断方法。Van Den Eijnde E. 提出了非线性模拟电路的节点故障诊断法，但该方法要求有较多的可及节点，不适合可及节点较少的非线性模拟电路。对参数容差的情况，He Y. 等采用 L1-范数最优化技术进行研究。针对大规模模拟电路的故障诊断，Sheldon 等提出了精确符号分析方法，用符号表示取代表达式，采用新的层级 DDD 图分析电路。

人工智能理论的不断应用给模拟电路的故障诊断开辟了新途径，非线性泛函理论的应用使非线性模拟电路的故障诊断效率不断提高，也加速了其实用化进程。智能故障诊断方法将绝大多数的故障诊断问题转化为模式识别问题，因此在进行诊断研究时，通常要重点考虑三个问题——以什么特征诊断？怎样获取和处理特征？如何根据特征进行诊断？在已取得的成果中学者们各有侧重。

在特征选择方面，可以选择时域或频域、直流或交流、瞬态和稳态等多种特征。M. Negreiros 于 2003 年提出了频谱分析的测试方法。该方法的电路频响特性曲线的获得，需要适当的激励信号。Van Den Eijnde E. 提出非线性系统的稳态输出的沃尔泰拉（Volterra）级数描述法，估计了强非线性电路的参数，但仅进行了系统辨识，未对非线性电路的故障诊断进行进一步研究。S. Halgas 和 M. Tadeusiewicz 利用矢量概念和频域灵敏度分析进行了诊断研究，解决了部分小信号非线性电路的软故障和交流电路的多故障诊断问题。

在特征获取和处理方面，S. Contu 利用小波分析进行特征获取，有效获取了用于故障诊断的特征，但诊断效果改善不明显。M. Aminian 和 F. Aminian 同样提出了用小波变换进行预处理，但增加了贝叶斯（Bayes）神经网络作为诊断手段，诊断效率较前者明显改善，但网络结构仍需改进。M. Aminian 和 F. Aminian 采用了小波预处理电路的时域响应信号，来提取故障特征，并采用神经网络进行了电路故障诊断。对于较大规模的电路，他们还提出了逐级分块的诊断方法，根据脉冲响应特性来分辨电路，采用小波分析和神经网络进行故障诊断。其缺点是对测量的准确度要求较高，同时还要有较多的可及节点。M. A. EI-Gamal 以神经网络映射进行诊断，提出了基于知识表达的故障检测和定位方法，但是知识表达式难以获取。A. Halder 于 2004 年提出了同时优化测试激励信号和测试节点的方法，该方法对可及节点有一定的要求。Y. Maidon 提出了利用神经网络和拉格朗日插值法进行故障诊断，有效地获取了电路的故障特征。A. Fanni 讨论了傅里叶变换、小波变换和主元分析三种故障特征获取技术。Y. He 等提出了对采样信号利用小波神经网络实现消噪和特征提取的方法，但故障诊断效率有待提高。D. Grzechca 提出了对阶跃响应的测试数据进行模糊预处理，但存在模糊成员函数难以确定的问题。在软故障诊断方面，有的学者采用遗传算法选择支持向量机（SVM）参数，对负反馈放大电路的实验表明分类精度有所提高。还有学者采用小波变换对采样信号消噪处理并提取特征，采用自组织神经网络诊断故障。

在诊断方面，对于容差电路，K. Mohammadi 利用径向基函数（RBF）和误差反传（BP）神经网络实现了电路故障诊断。M. Catelani 采用 RBF 网络进行了软故障诊断，成功确定了故障元件和子系统。M. A. EI-Gamal 研究了多、硬故障的聚类算法和组合向量学习机神经网络的诊断方法。A. Torralba 采用模糊神经元作为神经网络隐层激励函数进行了诊断，但神经网络学习过程较难。有的学者采用模糊神经网络进行了故障诊断，用聚类算法处理了测试数据。这些方法的不足之处是需要测试大量的数据，且对多、软故障的诊断效果有待验证。

综上所述，非线性故障诊断研究虽然取得了不少成果，但是大多数诊断方法只能针对单、硬故障，对多、软故障的诊断方法研究明显不足，或多或少存在要求可及节点多、测量准确度高、计算复杂、计算量大、诊断准确性和效率低等问题。因此，针对非线性模拟电路的多、软故障诊断等难点问题，以现代测量技术、信号处理、系统辨识及非线性泛函等理论为基础，深入开展非线性模拟电路的故障诊断理论和关键技术研究具有重要意义。

1.4.2 我国电路故障诊断的研究状况

我国在线性和非线性模拟电路的故障诊断方面到 20 世纪 70 年代末才逐渐重视起来，但是起点比较高，开始就研究多故障诊断和故障字典法。经过 40 多年的研究积累，已初步奠定故障诊断的理论基础。尽管发展较快，但这一领域的研究工作仍然处在由理论探讨向实用化研究的过渡阶段。近年来模拟电路的故障诊断和测试技术日益受到重视，清华大学、上海交通大学、西安电子科技大学、湖南大学、电子科技大学及哈尔滨理工大学等大学及科研机构先后投入此研究领域，已经取得了很多研究成果。其中，电子科技大学的计算机辅助测试（CAT）实验室长期以来一直坚持集成电路测试理论与方法的研究，培养了多名博士，有的已经成为本领域的专家，取得了丰硕的模拟电路测试和故障诊断研究成果。

我国已取得的线性和非线性模拟电路故障诊断主要成果简介如下：

1）基于经典故障诊断方法的研究成果。针对容差模拟电路，陈圣俭等提出了一种诊断软故障的新故障字典法，但是该方法受到故障字典法固有弱点的影响而使诊断效率仍待提高。凌燮亭介绍了一种故障分析方法，当故障数少于端口数时可以用代数运算来确定电路故障，但是，如果故障支路形成回路，则需要解非线性方程组，计算量较大；还采用伴随电路分析法对电路增量变化和非线性电路进行研究，但需要进行大量的计算。吴跃和童诗白研究了线性电路 K 故障诊断法的适用范围和多激励下 K 故障诊断的条件，探讨了电路可诊断性的提高方法。对于只含非线性二端受控电阻元件的非线性电路，凌燮亭提出了通过解线性方程进行非线性电路故障诊断的方法，简化了诊断过程中的计算，解决了全树枝型非线性电路故障诊断问题，但前提是所有节点可及，这在现实中是很难满足的。对此类问题，马文勇等采用了节点诊断法诊断非线性电路，存在的瓶颈问题仍然是节点的可及问题。焦李成在非线性系统传递函数方面做出了重要贡献，基于系统灵敏度分析的非线性传递函数法实现了非线性模拟电路的辨识。在此基础上，魏瑞轩提出了非线性电路的沃尔泰拉泛函级数故障诊断法，遗憾的是研究文献没给出诊断实例。林争辉等提出了一种新的雅可比矩阵计算方法和迭代算法，采用非线性方程解决故障诊断问题，但是由于诊断方程建立困难而难以应用。

2）基于人工智能理论的故障诊断主要研究成果。彭翀提出了基于神经网络的一种专家系统，但仅限于理论研究。在何怡刚老师的指导下，梁戈超提出了利用模糊神经网络的一种故障诊断方法，但存在的难题是隶属度函数的选取；谢宏应用小波变换进行了故障特征提取，并采用神经网络实现了电路的故障诊断；谭阳红对大规模集成电路采用撕裂法和神经网络进行了故障诊断，但该方法要构造多个 BP 网络，而且要满足比较严格的撕裂原则。电子科技大学陈光禑率领团队对智能诊断方法开展了研究。其中，王承以神经网络进行了故障诊断，分别采用基于主元分析的阶跃响应和基于小波分析的电源电流为故障特征；袁海英在时域和频域研究了基于神经网路的故障诊断方法，并进行了可测性研究；殷时容采用沃尔泰拉核和神经网络对非线性模拟电路进行了故障诊断，并采用遗传算法进行了测试激励优化。车玫芳和杜文霞等分别研究了基于自组织和模糊神经网络的非线性电路故障诊断，但诊断效率还有待提高。

总之，近几年国内关于非线性模拟电路的智能诊断文献不少，取得了一定的成果，大致归纳如下：第一，就诊断依据的特征而言，有时域的瞬态响应、稳态响应和幅频特性，以及沃尔泰拉时、频域核特征等。其中的沃尔泰拉频域核含义清楚，且能够反映非线性电路的本质，成为研究热点。第二，就特征获取和处理而言，常用的有小波分析、模糊数学、泛函分析及聚类分析等，激励选择和特征提取的优化方面则经常采用遗传算法、退火算法和粒子群算法等。第三，就诊断方法而言，主要是各种类型的神经网络方法。

1.4.3 电路故障诊断发展趋势

综合国内外研究情况，数字电路故障诊断方面发展较快、相对成熟，而模拟电路故障诊断，特别是非线性模拟电路故障诊断方面还很不完善，制约了集成电路工业生产的发展和电子模件的生产、应用及维护。

在各种诊断方法中，以基于沃尔泰拉核和神经网络的故障诊断为代表的智能故障诊断理论和方法成为重要的发展方向。近几年，学者们又将各种数据处理方法、模式识别方法及人工智能理论不断应用于故障诊断中，特别是在测试激励优化、特征选择和提取等环节开展了大量研究，使电路故障诊断的准确性、实用性和效率都有较大提高。

可以预见，随着现代数字信号处理、计算机和人工智能理论的发展，电路的智能故障诊断方法将成为主要发展方向之一。

第2章

基于沃尔泰拉核的非线性电路智能诊断

2.1 引言

非线性模拟电路故障诊断是该领域的研究热点和难点，虽然已经取得了很多成果，但由于非线性系统固有的复杂性，严重阻碍了其故障诊断理论的发展、完善和实际运用。

目前，非线性模拟电路诊断技术向着基于神经网络的智能故障诊断方法方向发展。这类诊断方法的核心问题是系统特征的提取，或者说是系统辨识。系统特征可以在时域、频域或其他变换域提取，可以是瞬态特征，也可以是稳态特征。其目的是有效地区别正常状态及各种故障状态，包括软故障、硬故障和多故障状态，来为诊断提供科学依据。

时域特征比较直观，但通常要求可及节点较多，且对测量的准确度要求较高。当可及节点少或只有输入输出端口可及时，诊断效果明显下降，甚至不能诊断，且对软故障和多故障的诊断能力更显不足。作者对时域稳态响应诊断方法进行了研究，当可及节点较多时，效果较好。

沃尔泰拉泛函级数可以描述大部分弱约束的非线性动态系统，基于沃尔泰拉核的非线性动态电路的故障诊断得到广泛的关注和研究。虽然成果显著，但是，有些核心问题还有待进一步深入研究。例如，在非线性电路沃尔泰拉核的提取上，以往基本都针对连续系统研究，这对测量准确度要求较高；而作者针对计算机采样测量的离散系统进行研究，在保证诊断准确率的前提下降低了对测量的要求。又例如，在测试激励的优化上，采用组合优化方法可以提高诊断的准确度和效率。

2.2 非线性模拟电路沃尔泰拉级数描述

意大利数学家维多·沃尔泰拉（Vito Volterra）为了把泰勒级数推广到多变量函数，在1880年提出了沃尔泰拉泛函级数。1942年，控制论奠基人诺伯特·维纳（Noebert Wiener）首次把沃尔泰拉级数用于分析非线性问题。后来，国内外专家学者对沃尔泰拉级数的应用进行了广泛深入的研究，成功地应用到分析、辨识及控制等方面，获得了许多成果。

对于解析的非线性系统 S，如果输入为 $x(t)$，则输出 $y(t)$ 可表示为输入 $x(t)$ 的沃尔泰拉泛函级数：

$$y(t)=\sum_{n=0}^{\infty} y_n(t) \tag{2-1}$$

且

$$y_n(t)=\int_{-\infty}^{\infty}\int_{-\infty}^{\infty}\cdots\int_{-\infty}^{\infty} h_n(\tau_1,\tau_2,\cdots,\tau_n)\prod_{i=1}^{n}[x(t-\tau_i)]\mathrm{d}\tau_1\mathrm{d}\tau_2\cdots\mathrm{d}\tau_n \tag{2-2}$$

式中，函数 $h_n(\tau_1,\tau_2,\cdots,\tau_n)$ 为系统 S 的 n 阶沃尔泰拉时域核，或者称为该系统的广义脉冲响应函数（generalized impulse response function，GIRF）。当 $n\geqslant 1$ 时，$y_n(t)$ 是由 n 阶沃尔泰拉核构成的 n 阶子系统的响应。$y_0(t)$ 是 0 输入分量。

对（2-1）式进行 n 维傅里叶变换，得

$$Y_n(S_1,S_2,\cdots,S_n)=H_n(S_1,S_2,\cdots,S_n)\prod_{i=1}^{n}X(S_i) \tag{2-3}$$

其中

$$H_n(S_1,S_2,\cdots,S_n)=\int_{-\infty}^{\infty}\int_{-\infty}^{\infty}\cdots\int_{-\infty}^{\infty}h_n(\tau_1,\tau_2,\cdots,\tau_n)\exp\left(\sum_{i=1}^{n}S_i\tau_i\right)\mathrm{d}\tau_1\mathrm{d}\tau_2\cdots\mathrm{d}\tau_n \tag{2-4}$$

式中，$Y_n(S_1,S_2,\cdots,S_n)$ 为系统 S 的 n 阶输出变换；$H_n(S_1,S_2,\cdots,S_n)$ 为系统 S 的 n 阶传递函数，或者称为该系统的广义频率响应函数（generalized frequency response function，GFRF）。

与线性系统相对应，当用沃尔泰拉级数描述非线性系统的动态特性时，其沃尔泰拉时域核是非线性系统的 GIRF，其沃尔泰拉核的多维傅里叶变换为系统的 GFRF，也称频域核。其物理意义明确，工程技术人员可以利用已掌握的线性系统知识，分析非线性系统的动态特性。

2.3 非线性模拟电路离散沃尔泰拉核的测量

进行非线性模拟电路故障诊断，电路的故障特征提取是其关键。非线性电路的沃尔泰拉核，不依赖电路的输入函数，反映了电路的本质特征。当电路出现故障（包括软故障）时，其沃尔泰拉核也发生变化，因此可以将沃尔泰拉时域核或频域核作为故障诊断的依据。

由于系统的时域核为冲击响应，是暂态过程，不容易测量，因此通常测量频域核，即 GFRF。为了避免 GFRF 辨识的维数灾难问题，针对弱非线性的系统，在一些合理的假设下，用前几阶核表征系统即可以得到较好的效果。

为了便于对比分析和研究，首先介绍连续系统的沃尔泰拉频域核的提取原理和方法。

2.3.1 连续系统沃尔泰拉核的获取

非线性系统 GFRF 的提取主要有三种思路：一是先在时域求 GIRF，然后通过多维傅里叶变换得到 GFRF；二是直接在频域计算 GFRF；三是间接法，即通过其他变换域求解 GFRF，如通过维纳核来求解。常用的方法有，范德蒙（Vandermonde）法、多音信号法和快速多点法。下面主要介绍范德蒙法。

如前所述，在非线性系统的稳态响应中，包含了各阶核产生的响应，总响应是各阶核共同作用的结果。因此，要想确定电路系统的各阶沃尔泰拉频域核，需将各阶核产生的响应从总响应中分离。这可以根据沃尔泰拉核的齐次性实现。

若输入为 $x(t)$，其引起的响应可表示为

$$y'(t)=\sum_{n=1}^{\infty}y_n(t) \tag{2-5}$$

式中，$y_n(t)$ 为由 n 阶核产生的响应，其表达式见（2-2）。

根据沃尔泰拉核的 n 阶齐次性，当输入为 $ax(t)$ 时，响应为

$$y'(t)=ay_1(t)+a^2y_2(t)+\cdots+a^ny_n(t)+\cdots \tag{2-6}$$

据此，可以通过多次施加不同幅值的信号，并测量输出，来确定 GFRF。当系统的非线性程度较弱，即它的高阶核衰减很快时，系统可以用前 n 阶核来近似表示。例如 $n=5$，为便于求解，取输入为仅幅值改变的信号。设选取的波形相同、幅值不同且非零的五个输入信号为 $a_1x(t)$、$a_2x(t)$、$a_3x(t)$、$a_4x(t)$ 和 $a_5x(t)$，测得的对应的输出为 $y_1'(t)$、$y_2'(t)$、$y_3'(t)$、$y_4'(t)$ 和 $y_5'(t)$，则有

$$\begin{cases}y_1'(t)=a_1y_1(t)+a_1^2y_2(t)+a_1^3y_3(t)+a_1^4y_4(t)+a_1^5y_5(t)+e_1(t)\\ y_2'(t)=a_2y_1(t)+a_2^2y_2(t)+a_2^3y_3(t)+a_2^4y_4(t)+a_2^5y_5(t)+e_2(t)\\ y_3'(t)=a_3y_1(t)+a_3^2y_2(t)+a_3^3y_3(t)+a_3^4y_4(t)+a_3^5y_5(t)+e_3(t)\\ y_4'(t)=a_4y_1(t)+a_4^2y_2(t)+a_4^3y_3(t)+a_4^4y_4(t)+a_4^5y_5(t)+e_4(t)\\ y_5'(t)=a_5y_1(t)+a_5^2y_2(t)+a_5^3y_3(t)+a_5^4y_4(t)+a_5^5y_5(t)+e_5(t)\end{cases} \tag{2-7}$$

式中，$e_i(t)(i=1,2,3,4,5)$ 为测量误差和六阶以上截断误差。将式（2-7）写成矩阵形式：

$$\begin{bmatrix}y_1'(t)\\ y_2'(t)\\ y_3'(t)\\ y_4'(t)\\ y_5'(t)\end{bmatrix}=\begin{bmatrix}a_1 & a_1^2 & a_1^3 & a_1^4 & a_1^5\\ a_2 & a_2^2 & a_2^3 & a_2^4 & a_2^5\\ a_3 & a_3^2 & a_3^3 & a_3^4 & a_3^5\\ a_4 & a_4^2 & a_4^3 & a_4^4 & a_4^5\\ a_5 & a_5^2 & a_5^3 & a_5^4 & a_5^5\end{bmatrix}\begin{bmatrix}y_1(t)\\ y_2(t)\\ y_3(t)\\ y_4(t)\\ y_5(t)\end{bmatrix}+\begin{bmatrix}e_1(t)\\ e_2(t)\\ e_3(t)\\ e_4(t)\\ e_5(t)\end{bmatrix} \tag{2-8}$$

式中的系数矩阵为范德蒙矩阵。由于假设系统为弱非线性，它的高阶核衰减很快，因此可以认为

$$e_i(t)=0 \quad i=1,2,3,4,5$$

由于 a_i 的幅值不同且非零，所以范德蒙矩阵的逆矩阵存在，可以求得各阶核产生的响应 $y_i(t)$。这种把各阶核产生的响应从总响应中分离出来的方法称为范德蒙法。

频域核的测量思想同上，不过此时为复数矩阵。

在求得 $y_n(t)$ 后，也可以根据下式确定频域核：

$$H_n(s_1,s_2,\cdots,s_n)=Y_n(s_1,s_2,\cdots,s_n)\Big/\prod_{i=1}^{n}U(s_i) \tag{2-9}$$

上述的范德蒙法存在严重弱点，即对测量误差非常敏感。为了弥补这一不足，可以采用增加测量次数的办法，得到一组超定方程组，用最小二乘法求解方程组，以减小误差。

2.3.2 离散系统频域模型

对于连续系统沃尔泰拉核的测量，可利用 n 阶核的齐次性，将各阶输出从总输出中分离出来。但是这种方法存在明显不足：一方面，结果对误差非常敏感；另一方面，需要输入 n 次不同的输入信号才能分离出 n 个分量，增加了计算量。为了避免上述不利影响，最好是采用在频域内分离的方法。

由于对非线性电路的测试建模通常选择采样测量的方法，所以，非线性系统应该采用离

散模型来分析。首先，建立非线性动态系统的离散频域模型。

设系统的测试输入的多音信号为

$$u(t)=\sum_{i=1}^{M}\mathrm{Re}\{A_i\exp(\mathrm{j}\omega_i t)\} \tag{2-10}$$

式中，A_i 为复常数；ω_i 为实数。适当选择 ω_i 可以得到周期为 T 的稳态响应。根据奈奎斯特（Nyquist）采样定理对输入和输出信号进行采样，得到离散序列：

$$y(n\Delta T)\ \text{和}\ u(n\Delta T)$$

式中，$n=0$，1，2，…，$N-1$；$\Delta T=T/N$。

利用 M 阶逼近，可得非线性系统的离散频域模型为

$$\begin{aligned}Y(m)=&H_1(m)U(m)+\\&\frac{1}{N}\sum_{\substack{m_1=0\\m_1+m_2=m}}^{N-1}\sum_{m_2=0}^{N-1}H_2(m_1,m_2)U(m_1)U(m_2)+\\&\frac{1}{N^2}\sum_{m_1=0}^{N-1}\sum_{\substack{m_2=0\\m_1+m_2+m_3=m}}^{N-1}\sum_{m_3=0}^{N-1}H_3(m_1,m_2,m_3)U(m_1)U(m_2)U(m_3)+\\&\cdots+\\&\frac{1}{N^{M-1}}\sum_{\substack{m_1=0\\m_1+\cdots+m_M=m}}^{N-1}\cdots\sum_{m_M=0}^{N-1}H_M(m_1,\cdots,m_M)U(m_1)\cdots U(m_M)\end{aligned} \tag{2-11}$$

$$M=1,2,\cdots,N-1$$

式中，U、Y 和 H 分别为输入、输出的 DFT 和对称传递函数；m_i 为频率。

可见，在考虑系统的非线性程度而忽略 $M+1$ 阶以上核的作用的情况下，系统总的输出频谱由 1~M 阶核的输出频谱共同组成；响应中的某个频率分量可由一阶核单独产生，也可能由多阶核共同产生。

2.3.3　频域分离技术和测试频率选择

通过对非线性系统响应中频率合成规律的研究，发现可以采用频率域分离技术来测量某阶核的某个频率的值。频域分离的基本思路：当测量三阶核 $H_3(m_1,\ m_2,\ m_3)$ 时，适当选择输入信号的频率，使得一阶核和二阶核对输出频谱 $Y(m=m_1+m_2+m_3)$ 没有贡献，这样就将三阶核在频域内分离出来了。同理，可以将二阶核也分离出来。

由于在非线性系统对于多音信号的 n 阶稳态响应中，频率分量为输入信号的任意 n 个频率分量的和。因此易知，在非线性系统中，奇数高阶核产生的响应频率包含奇数低阶核产生的响应频率；同样，偶数高阶核产生的响应频率也包含偶数低阶核产生的响应频率。

为了讨论方便，给出以下定义。

定义 2.1　不可通约互调制频率：

如果是由 $a\in A$、$b\in B$、$c\in C$ 的三个不同集合的元素组成的，形如 $\pm a\pm b\pm c$ 的组合频率，则定义这组合频率是 A、B、C 的不可通约互调制频率。

如果是由 $a\in A$、$b\in B$ 的两个不同集合的元素组成的，形如 $\pm a\pm b$ 的组合频率，则定义这组合频率是 A、B 的不可通约互调制频率。

类似地，可以定义A、C和B、C的不可通约互调制频率。

定义 2.2 可通约互调制频率：

如果存在由三个元素组合成的形如$\pm a\pm b\pm c$的组合频率，且其中至少有两个元素同属于A、B、C中的某一个集合，则定义这一频率组合为一可通约互调制频率。

利用频率分类技术测量沃尔泰拉核时，输入频率的选择是关键。和选择的比较合适，可以消除低阶核对高阶核测量的影响，提高测量的准确度。以三阶核为例，为了测量三阶核，可以按如下规则选取频率：

首先，使所选取的k个频率具有共同的频率公共因子，例如有

$$\omega_i=s_i\omega_0 \qquad i=1,\ 2,\ \cdots,\ k, \qquad s_i\in S$$

为了得到周期稳态响应，取ω_0为有理数。

其次，取两个互质的奇整数p和q，将集合S分为A、B、C三个子集，且有

$$A=\{1p,3p,\cdots,\mathrm{odd}(q)p\}$$
$$B=\{1p,3p,\cdots,\mathrm{odd}(p)q\}$$
$$C=\{r\}$$

其中

$$\mathrm{odd}(p)=p-1$$

$$\mathrm{odd}(q)=\begin{cases}\dfrac{q-1}{2}-1 & q=2(2k)+1\\[2mm] \dfrac{q-1}{2} & q=2(2k+1)+1\end{cases}$$

$$k=1,2,\cdots$$

$$r=[\mathrm{odd}(p)+1]q+[\mathrm{odd}(q)+1]p$$

这样选定k个不同频率后，A、B、C三个子集的互调制频率具有如下性质：

性质 2.1 A、B、C的任意两个不同的不可通约互调制频率相异；

性质 2.2 A、B、C不可通约互调制频率与可通约互调制频率不同；

性质 2.3 A、B、C不可通约互调制频率与输入频率不同；

性质 2.4 A、B、C不可通约互调制频率与任意两个集合的互调制频率相同；

性质 2.5 A、B、C中任意两个集合的不可通约互调制频率不同，且不和任一输入频率相同。

由此可知，三阶核与二阶核之间有影响；A、B、C中任意两组不可通约互调制频率处，二阶核对一阶核没影响；一阶核对A、B、C不可通约互调制频率无影响；在输入频率处，三阶核对一阶核有影响。

2.3.4 快速多点法频域核的测量

按照上述的测试频率选择方法选择频率，三阶核与二阶核之间有影响。为了消除三阶核与二阶核之间的相互影响，将输入分为两次加到系统上，分别是$a_1u(t)$和$a_2u(t)$，相应输出的离散频谱分别为$Y_{a_1}(m)$和$Y_{a_2}(m)$。由性质 2.1~性质 2.4 可知，在A、B、C不可通约互调制频率$l=mq+np+r$处，其相应输出为

$$Y_{a_1}(l)=\frac{6a_1H_3(r,np,mq)U(r)U(np)U(mq)}{N^2}+\sum_i\left.\frac{2a_1H_2(r_1,r_2)U(r_1)U(r_2)}{N}\right|_{r_1+r_2=l}$$

$$Y_{a_2}(l)=\frac{6a_2H_3(r,np,mq)U(r)U(np)U(mq)}{N^2}+\sum_i\left.\frac{2a_2H_2(r_1,r_2)U(r_1)U(r_2)}{N}\right|_{r_1+r_2=l}$$

式中，r_1、r_2 为两个频率，且 $r_1+r_2=l$；$\sum_i$ 为所有二阶核对三阶核的贡献。利用上述两个公式可得消除二阶核影响后的三阶核计算公式为

$$\begin{cases}H_3(r,np,mq)=\dfrac{a_1R_{31}(l)-a_2R_{32}(l)}{a_1-a_2}\\ l=r+np+mq\\ l<|n|<\mathrm{odd}(q)\\ l<m<\mathrm{odd}(p)\end{cases}\tag{2-12}$$

式中，$R_{31}(l)=\dfrac{NY_{a_1}(l)}{6a_1^3U(r)U(np)U(mq)}$；$R_{32}(l)=\dfrac{NY_{a_2}(l)}{6a_2^3U(r)U(np)U(mq)}$。

根据性质 2.4 和性质 2.5 及式（2-11），并采用类似的推导可得测量二阶核的计算公式为

$$\begin{cases}H_2(r_1,r_2)=\dfrac{a_2R_{21}(l)-a_1R_{22}(l)}{a_2-a_1}\\ l=r_1+r_2\end{cases}\tag{2-13}$$

式中，l 为 A、B、C 中任意两个集合的不可通约互调制频率，且有

$$R_{21}(l)=\left.\frac{NY_{a_1}(l)}{2a_1^2U(r_1)U(r_2)}\right|_{r_1+r_2=l}$$

$$R_{22}(l)=\left.\frac{NY_{a_2}(l)}{2a_2^2U(r_1)U(r_2)}\right|_{r_1+r_2=l}$$

根据性质 2.5 和式（2-11），并采用类似的推导可得测量一阶核的计算公式为

$$H_1(l)=\frac{a_2^2R_{11}(l)-a_1^2R_{12}(l)}{a_2^2-a_1^2}\tag{2-14}$$

式中，l 为任意输入频率；$R_{11}(l)=\dfrac{Y_{a_1}(l)}{a_1U(l)}$；$R_{12}(l)=\dfrac{Y_{a_2}(l)}{a_2U(l)}$。

经过推导得到了前三阶沃尔泰拉核的计算公式，前三阶核的测量可以采用快速多点法完成，步骤如下：

1）按照如前所述的规则确定 p 和 q。

2）确定频率公因子 ω_0。

3）分两次测量，分别加入输入信号 $x_1(t)=a_1U(t)$ 和 $x_2(t)=a_2U(t)$。

4）遵照奈奎斯特采样定理对输入和输出进行离散化，并取采样点数 $N=2$ 的幂。

5）对离散后的输入、输出序列用快速傅里叶变换（FFT）做 N 点的 DFT。

6）按照式（2-12）~式（2-14）分别计算 $H_3(m_1,m_2,m_3)$、$H_2(m_1,m_2)$、$H_1(m_1)$。

7）在相同 p、q 下，是否还需要测量其他频率，需要测量的话，回到第 2）步；否则继续。

8）检查是否测量完所需要的全部频率，如果没有，回到第 1）步。

9）输出结果，计算过程结束。

上述测量方法，测量误差主要来自以下三方面：一，系统的阶数高于三阶；二，系统并非真正的带限系统，从而在高频范围内存在频率混叠，可以用提高采样频率来减小这一影响，但是计算量将随之增加；三，如果直接对信号截断采样，在进行傅里叶变换时将导致吉布斯效应。

2.4 基于沃尔泰拉核及神经网络的智能故障诊断

如前所述，人工智能诊断就是用计算机模拟人类，根据采集到的各种信息和专家经验进行推理诊断。它既有测前模拟中故障特征的收集和处理过程，也有测后模拟中故障推理搜索等过程。本章前几节重点介绍了故障特征的获取方法，本节将重点介绍故障推理搜索等方法。

由于模拟电路的参数容差及软故障的存在，且过程参数连续，导致某些状态之间没有明显界限。例如，假设电路中某个电阻值容差为 10%，超过 10%~20%为软故障，则容差和软故障两种状态之间，特征参数是渐变的，在临界状态不能简单地判定为故障或非故障，需要有一定的推理和泛化能力对系统更接近哪种状态进行判断。另外，当需要诊断的故障较多时，故障字典的规模很大，字典的查询速度也是一个重要问题。

以神经网络和优化算法为代表的人工智能技术为非线性模拟电路的故障诊断开辟了一条有效的新途径。由于神经网络具有模式识别和推理能力，以及自我学习、自我记忆、并行计算能力，处理复杂非线性规律、联想综合能力强等诸多优点，使得它特别适合完成电路系统的故障推理搜索，从而实现故障诊断。

本节重点研究非线性模拟电路基于 BP 神经网络的诊断方法，包括神经网络的结构设计、学习算法设计及诊断实例等。

2.4.1 基于沃尔泰拉核的智能诊断原理及步骤

基于神经网络的智能故障诊断基本原理：在诊断测试前，以电路在选定的各种故障状态的某特征的提取参数为训练样本，对神经网络进行训练，完成智能故障诊断检索网络的建立；在实际测试时，对被诊断电路施加激励并获得特征参数，再将其输入到神经网络，通过神经网络在线自动识别出电路故障状态，完成电路故障诊断。

以沃尔泰拉核为系统特征，采用神经网络实现故障推理搜索的智能故障诊断系统的原理框图如图 2-1 所示。整个过程可分为三个阶段：第一阶段是特征提取和样本生成阶段；第二阶段是神经网络设计和训练阶段；第三阶段是实际电路测试诊断阶段。

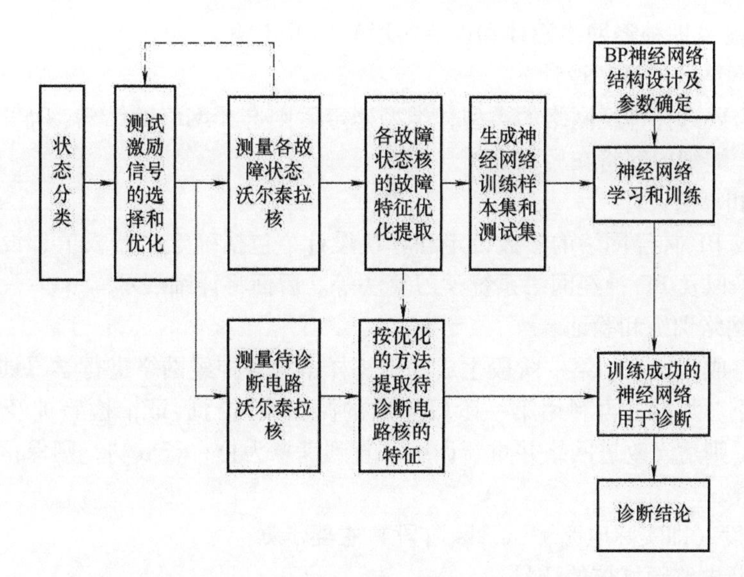

图 2-1　采用神经网络实现故障推理搜索的智能故障诊断系统的原理框图

1. 第一阶段主要步骤

（1）状态分类

对被测非线性模拟电路进行分类和编号，状态包括电路的正常状态和所有要诊断的故障状态，包括软故障、硬故障及多故障状态，建立故障状态集。

（2）测试激励信号的选择和优化

根据沃尔泰拉时域和频域核的不同提取方法，选择适当的信号作为电路辨识的激励信号。为了提高故障诊断的准确性和效率，可以把测试激励信号的选择作为优化问题，即根据后续步骤测出的各个状态的核的特征，通过选择和设计适当的优化策略和方法，对测试激励信号的参数进行选择，使不同故障的特征差异明显，从而改善诊断效果。

在研究其他学者的优化方法基础上，本书介绍了基于退火遗传混合算法的优化方法，详见本书第 3 章。

（3）各状态核的测量

依次向处于上述各故障状态的被测非线性模拟电路施加选定的测试激励信号（通常为多音信号），并同时对输入、输出信号进行测量，得到采样数据序列；经过数据处理得到被测电路的各故障状态下对应的前几阶沃尔泰拉频域核，并通过仿真或实验验证核的正确性。

（4）各故障状态的特征提取

根据测得的各故障状态的核中提取故障特征。电路的沃尔泰拉频域核中包含大量信息，其中含有很多对于诊断前述分类中故障的冗余信息，如果都作为诊断特征将严重影响诊断准确性和效率，所以冗余信息应该剔除。在研究其他的特征提取方法的基础上，本书提出了特征的优化提取方法，将在第 3 章详细介绍。

（5）生成神经网络训练样本集和测试集

对上一步提取的故障特征数据进行范围转换和归一化等处理，生成训练样本集和测试集，用于神经网络的训练和验证。

2. 第二阶段（即神经网络设计和训练阶段）**主要步骤**

（1）神经网络的选择和设计

首先根据需要选择神经网络的类型，类型确定后则选择网络的结构。本书采用 BP 神经网络进行诊断，详细内容将在后面介绍。

（2）参数和算法设计

本步骤完成 BP 神经网络的参数设定和算法设计，包括确定初始权值、设计学习率的自适应调整方法，以及 BP 神经网络系统学习算法等。后面将详细展示。

（3）神经网络训练和验证

网络设计完成后，利用第一阶段生成的训练样本集对神经网络进行学习训练，直到设定的目标精度为止。之后，再利用第一阶段生成的测试集进行验证，检验神经网络的训练效果。若不理想，则适当改进网络并重新训练，直到满意为止；若成功，则保留训练结果，用于实际诊断系统。

3. 第三阶段（即实际电路测试诊断阶段）**主要步骤**

（1）待诊断电路频域核的测量

向被测非线性模拟电路输入前面优化好的与建模时使用的相同的激励信号，测量被诊断电路的输入和输出，通过计算求得电路的前几阶沃尔泰拉频域核。

（2）待诊断电路的特征提取

用第一阶段相同的提取方法，从上一步测得的频域核中提取故障特征，并形成检测样本，作为神经网络的输入。

（3）故障诊断

把上一步得到的检测样本作为训练成功的神经网络的输入，网络的输出为对应的故障编码，根据故障编码表即可知道电路的故障类型和位置，输出诊断结果，从而完成故障诊断。

在研究基于沃尔泰拉核和 BP 神经网络的诊断基本方法的基础上，本书重点研究并提出了测试激励信号的优化和特征提取方法，详细内容将在后面介绍。

2.4.2　标准 BP 算法的基本原理

BP 神经网络，通常至少由三层结构组成，其典型结构如图 2-2 所示。它一般由输出层、输入层和隐含层构成，而每层又由多个神经元（也称为节点）构成。相邻两层神经元之间有联系，而同层节点无联系。BP 网络具有学习能力，可以采用不同的方法对网络之间的连接权值进行修正，如梯度下降法和方均根误差等，目标是使期望与实际输出之间的方均根误差最小。

BP 算法把学习分为正向传播和反向调整两个过程，先由输入层的激活函数对输入信息进行处理，再逐级经过各隐含层，通过计算得到每个输出单元的实际输出值；如果输出值与期望值偏差较大，就采用逐层递归的方法，确定期望和实际输出之间的误差，并根据此误差对每个连接权值进行修正。

节点的激活函数很重要，通常选用 S 型函数，即标准 Sigmoid 函数。该函数的表达式为

$$y=f(\delta)=f\left(\sum_{i=1}^{n}\omega_i x_i-\theta\right) \tag{2-15}$$

式中，x_i 为神经元输入；y 为神经元输出；θ 为阈值；ω_i 为连接权值，或者称为连接强度。S 型函数如图 2-3 所示。

从式（2-15）可以看出，神经元的输出是其输入信息和连接权值的点积，与设定的阈值 θ 和控制信号比较，然后经过 S 型函数实现转换，得到此神经元的输出值。

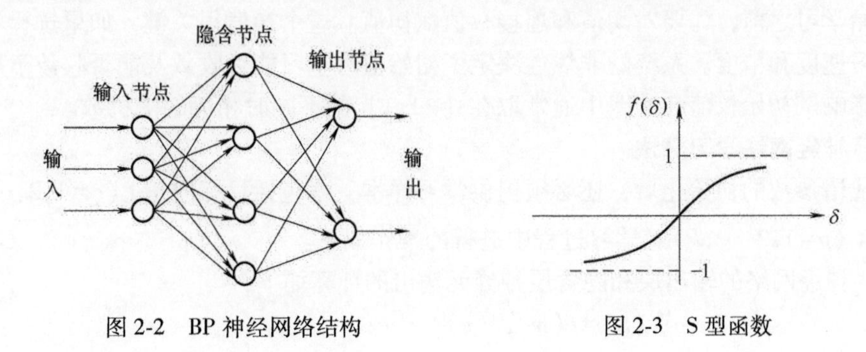

图 2-2　BP 神经网络结构　　　　图 2-3　S 型函数

2.4.3　BP 算法神经网络设计

BP 神经网络的设计，重点考虑层数、节点数、学习率和学习算法等环节。下面分别介绍。

1. 网络的层数

理论研究表明，所有非线性函数都可以采用单隐含层的前馈网络来映射。在非线性系统的诊断中，具有单隐含层的神经网络就能完成诊断中的搜索和推理，实现故障诊断。

2. 输入层、输出层和隐含层节点数的确定

输入层和输出层的节点数确定比较容易。输入层的节点数根据故障特征参数的数量确定，若故障特征由 n 个参数组成，则输入层的节点数就取 n。输出层的节点数可以选为电路的故障状态数或状态数的编码的位数，如采用前者，则输出层数 m 代表 $m-1$ 种故障和 1 种正常输出情况。隐含层的节点数确定方法很多，经常采用如下的经验公式：

$$p=\sqrt{n+m}+l \tag{2-16}$$

式中，m、n 和 p 分别为输出、输入和隐含层的节点数；l 为整数，范围为 1~10。

3. 学习率的自适应调整和初始权值的确定

在标准 BP 算法中把学习率 η 设为常数，但在实际应用中是不理想的，因为很难给出一个最佳的学习率，使得它始终都很合理。这可以通过误差曲面得到直观理解，在曲面的平坦区域，如果 η 选得太小，将导致训练次数增多；而在曲面变化剧烈的区域，如果 η 选得太大，将会因为过量的调整而越过比较狭小的凹坑，导致训练过程出现振荡现象，致使迭代次数增多。为了使训练过程尽快收敛，本书采用学习率 η 的自适应调整方法，在训练的过程中，依据网络的总误差进行调整，如果权值调整一次后总误差增大了，则取消本次调整。那么学习率为

$$\eta=\mu\eta \quad 0<\mu<1 \tag{2-17}$$

$$w_{ji}^{(k)}(n+1)=w_{ji}^{(k)}(n)+\mu\eta\delta_{pj}^{(k)}(n)o_{pi}^{(k-1)}(n) \tag{2-18}$$

式中，$w_{ji}^{(k)}(n)$ 为 n 时刻从神经元 j 到 i 的连接权值，j 在第 k 层，而 i 在第 $k-1$ 层；$\delta_{pj}^{(k)}(n)$ 为第 k 层的神经元 j 在 n 时刻的误差；$o_{pi}^{(k-1)}(n)$ 为样本 p 下第 $k-1$ 层的神经元 i 在 n 时刻的额

定输出。

如果**总误差**下降，则本次调整有效，那么有

$$\eta=\rho\eta \qquad \rho>1 \tag{2-19}$$

$$w_{ji}^{(k)}(n+1)=w_{ji}^{(k)}(n)+\rho\eta\delta_{pj}^{(k)}(n)o_{pj}^{(k-1)}(n) \tag{2-20}$$

在开始学习之前，先要对阈值和连接权值赋初值。这个初值很关键，如果选择不当，则会降低学习速度和精度。系统的非线性决定了初始值对学习能否收敛及能否收敛于局部最小有较大的影响。初始权值在实践中通常取在［-1,1］的不同时相等的随机数。

4. BP神经网络学习算法

在完成诸参数的初始化后，还必须提供学习样本，这包括目标向量$\boldsymbol{t}_q(q=1,2,\cdots,Q)$及输入向量$\boldsymbol{x}_p(p=1,2,\cdots,P)$。学习过程中进行的操作如下。

1）BP神经网络的输出层和隐含层神经元输出的计算如下：

$$\begin{aligned}o_{pj}^{(k)}(n)&=f_j(\mathrm{net}_{pj}^{(k)}(n))\\&=f_j\left(\sum_i w_{ji}^{(k)}(n)o_i^{(k-1)}(n)-\theta_j^{(k)}(n)\right)\end{aligned} \tag{2-21}$$

式中，$w_{ji}^{(k)}(n)$为n时刻从神经元j到i的连接权值，j在第k层，而i在第$k-1$层；$o_{pj}^{(k)}(n)$为样本p下第k层的神经元j在n时刻的额定输出；$\theta_j^{(k)}$为样本p下第k层的神经元j在n时刻的阈值；f_j为第k层的第j个神经元的变换函数。

2）各层误差的计算如下：

输出层为

$$\delta_{pj}^{(k)}(n)=o_{pj}^{(k)}(n)(1-o_{pj}^{(k)}(n))(t_{pj}-o_{pj}^{(k)}(n)) \tag{2-22}$$

隐含层为

$$\delta_{pj}^{(k)}(n)=o_{pj}^{(k)}(n)(1-o_{pj}^{(k)}(n))\sum_m \delta_{pm}^{(k+1)}(n)w_{mi}^{(k+1)}(n) \tag{2-23}$$

3）修正权值的计算如下：

$$w_{ji}^{(k)}(n+1)=w_{ji}^{(k)}(n)+\alpha\delta_{pj}^{(k)}(n)o_{pj}^{(k-1)}(n) \tag{2-24}$$

4）重复3）直到满足$E=\dfrac{1}{2}\sum_j(t_{pj}-o_{pj}^{(k)})^2<\varepsilon$为止。

5）存储学习结果。

以上介绍了基于沃尔泰拉核和BP神经网络的非线性模拟电路故障诊断原理、方法、核的测量及神经网络的组建等内容。本书第3章介绍完测试激励的优化和特征提取方法后，将给出运用该原理的诊断实例。

2.5 本章小结

本章首先介绍了非线性模拟电路的沃尔泰拉泛函级数的描述方法，指出了非线性模拟电路的沃尔泰拉时、频域核分别是GIRF和GFRF。它们反映了电路的本质特征，因此可以用于电路状态辨识，完成故障诊断。

之后，在核的获取方面，在简要地介绍了连续系统常用的范德蒙法之后，本章针对采样

测量系统离散的特点，建立了离散系统的模型，介绍了频域分离技术和测试频率的选择方法，进而给出了快速多点法频域核的测量技术。

最后，本章介绍了基于沃尔泰拉核及神经网络的智能故障诊断原理，并提出了由三个过程组成的，包含测试激励优化和特征优化提取的诊断步骤，并较详细地介绍了学习率自适应调整的改进 BP 神经网络的设计方法，为后续的基于神经网络的智能故障诊断系统的组建奠定了理论基础。

第3章

基于沃尔泰拉核诊断的测试激励优化及特征选择与提取

3.1 引言

目前，对于非线性模拟电路而言，最有实用价值的故障诊断方法是基于神经网络的智能诊断方法。由于智能诊断的本质是模式识别，所以，故障诊断的关键是找到能够反映电路故障特征的稳定参数。

非线性模拟电路的描述方法很多，如瞬态和稳态响应、时域特征和频域特征等。由于沃尔泰拉的时、频域核分别是 GIRF 和 GFRF，物理意义比较明确和直观，且容易被具有线性系统分析基础的工程技术人员所理解和接受，因此，普遍采用沃尔泰拉核作为系统的故障诊断特征。

在基于沃尔泰拉核的故障诊断法中，核的获取是一个重要环节。获得的核通常有两种状态：一种是解析式；另一种是实际测试数据描点构成的核的图形。采用后者是因为，对于复杂的非线性电路有时采用解析式描述非线性电路的输入输出关系比较复杂，而获得沃尔泰拉核的解析式就更加困难，所以，在此情况下不得不采取测量描点的方法通过多次测量来描述频域核。

事实上，当用核的特征进行故障诊断时，并不需要把整个核的完整特征都测出来，用核的全部信息进行故障诊断，而只需选择一些各种故障状态之间核的差别最显著的频率点，把这些频率点核的数据作为特征参数，这样进行故障诊断时准确性较高。

在难以获得核的解析式而采取测量描点方法的情况下，这些频率点核的数据的获得与激励信号参数有关。因此，在这种情况下输入激励的选择显得尤为重要。诊断中，测试激励信号的参数可以影响各个故障状态之间特征参数差别的大小，如果差别大，则可以提高故障诊断的效率和准确度。

在已经获得核的解析式的情况下，又面临如何从核中提取或选择出最有用的信息这一关键而困难的问题。这是因为对于非线性模拟电路，其沃尔泰拉核包含了大量的系统信息，就故障诊断而言，通常情况下这些信息是充分的，或者说是过多的、冗余的。对于要诊断的故障来说，这些信息中有部分信息不仅对分类无益，而且还有可能降低模式识别时分类之间（即不同故障状态之间）的区别，不仅会增加工作量和难度，而且降低了准确度，事倍而功半。因此，必须研究从核中提取或选择出最有用信息的方法。

目前，学者们提出了不少测试激励的优化方法，使诊断效果明显得到改善。但是，普遍存在的问题是优化算法简单，可能受到陷入局部最优或效率的困扰。关于特征选择与提取方

法，传统的方法居多，运用现代人工智能理论的方法较少，效率也需要进一步提高。

综上，针对测试激励优化及故障特征的选择和提取进行研究，可以提高诊断的准确率和效率，具有重要的现实意义。

3.2 退火遗传混合优化算法研究

优化算法有很多种，如蚁群算法、粒子群算法、贪婪算法、遗传进化和模拟退火算法等，它们各有所长、各有所短，如果能取长补短，则能收到更好的效果。有了更好的算法，就可以用于测试激励优化及故障特征的选择和提取。为此首先研究算法的改进和融合方法，以期获得更好的全局寻优能力和效率。

经过对多种算法及混合算法的研究，选择将改进的遗传算法和改进的模拟退火算法相结合，给出退火遗传混合算法，并以之解决故障诊断中的测试激励优化和特征选择与提取优化问题。

3.2.1 遗传算法的抗早熟改进

遗传算法（genetic algorithm，GA）是一种模仿生物进化的优化算法。该算法对可能解编码构成初始种群，然后根据遗传学的规律对初始种群进行个体的选择、交叉及变异，再依据每个个体的适应度值，或者按照一定的概率，对个体进行选择，以期产生越来越好的个体。

GA 具有并行处理能力和全局寻优能力，理论上以概率 1 收敛于问题的最优解，但是实践中有时出现进化缓慢和早熟现象。

研究表明，典型 GA 的杂交算子具有强迫算法收敛的特性，既可能收敛于全局最优，也可能过早成熟而收敛于局部最优；改变杂交概率不能改变算法过早收敛的趋势；当前种群的多样度与杂交算子的搜索能力正相关，多样度大则搜索能力强。因此，为了防止 GA 早熟，可以采取动态调整适应性函数和依据多样度判定接受的方法。

本书采用依据多样度判定接受的改进方法防止早熟。为了介绍该方法，先明确两个概念。

设种群 $\boldsymbol{X}$ 用矩阵表示为

$$\boldsymbol{X}=[\boldsymbol{X}_1 \quad \boldsymbol{X}_2 \quad \cdots \quad \boldsymbol{X}_N]^{\mathrm{T}}=\begin{bmatrix} X_{11} & X_{12} & \cdots & X_{1L} \\ X_{21} & X_{22} & \cdots & X_{2L} \\ \cdots & \cdots & \cdots & \cdots \\ X_{N1} & X_{N2} & \cdots & X_{NL} \end{bmatrix}_{N\times L}$$

则定义种群 $\boldsymbol{X}$ 的多样度 $\lambda(\boldsymbol{X})$ 为矩阵中不全为 0 或 1 的列的个数。如果 $\lambda(\boldsymbol{X})=0$，则说明种群 $\boldsymbol{X}$ 的 N 个个体全部相同。

设 f: $S \to R^+$ 是目标函数 F 的适应性函数，对于任意的种群 $\boldsymbol{X}=(X_1,X_2,\cdots,X_N)$，种群 $\boldsymbol{X}$ 的总体适应度 $F_s(\boldsymbol{X})$ 为

$$F_s(\boldsymbol{X})=\max_{1\leqslant i\leqslant N} f(X_i)$$

改进的 GA 步骤如下。

第一步，初始化。确定种群的规模为 N，种群代数 $k=0$，产生初始种群 $X(0)$。

第二步，进行父本选择、杂交和变异操作，得

$$X'(k)=(X_1'(k),X_2'(k),\cdots,X_N'(k))$$

第三步，产生［0,1］上均匀分布随机数 α，以下式接受新一代个体：

$$X(k+1)=\begin{cases}X'(k), & \alpha<C_k\\ X(k), & \alpha\geqslant C_k\end{cases} \tag{3-1}$$

式中，$C_k=\min\left(1,\left(\frac{\lambda(X'(k))}{\lambda(X(k))}\right)^{\frac{\beta}{k}}\left(\frac{F_s(X'(k))}{F_s(X(k))}\right)^k\right)$；$\lambda(X(k))$、$\lambda(X'(k))$、$F_s(X(k))$ 和 $F_s(X'(k))$ 分别为新旧种群的多样度和总体适应度；β 为常数。

第四步，判断是否满足停止条件，若满足，则结束计算；若不满足，则置 $k=k+1$，返回第二步。

3.2.2 模拟退火算法的收敛速度改进

模拟退火（simulated annealing，SA）算法是一种模仿高温物体退火原理的优化算法。根据热力学原理，处于某一温度下的物体，其中的原子能量按玻尔兹曼（Boltzmann）方程分布，随着物体温度的逐渐降低，构成物体的原子能量也缓慢降低，直到终止温度下的平衡状态，此状态的原子能量最低。采用 SA 算法进行优化时，通常把优化目标当作原子的能量，并对其分布概率进行寻优计算，把温度作为优化过程的控制量，通过适当地降低温度而逐代搜索；为了跳出局部最优状态，SA 算法在向优化的方向搜索的同时，还对劣化状态按一定的概率进行接受，以便能搜索到全局最优解。

SA 算法的概率突跳性，使它具有避免陷入局部最优的能力，但不具有并行性，且算法收敛的条件比较高，要求有足够高的初始温度、足够低的终止温度和足够慢的降温速度，所以高质量的搜索需要很长时间。为了提高 SA 算法的效率，可采用基于最差初始接受概率的初始温度确定法和尺度参数自寻优的方法，来改进 SA 算法。其具体方法介绍如下：

初始温度 t_0 为

$$t_0=\frac{f_{\min}-f_{\max}}{\ln p_r} \tag{3-2}$$

式中，$f_{\min}$ 为初始种群中目标函数的最小值；$f_{\max}$ 为初始种群中目标函数的最大值；p_r 为最差初始接受概率。这样可以避免过高或过低的初始温度对寻优速度和质量的影响。

进行退火优化时，通常采用扰动的方法获得邻域函数，具体公式是

$$x'(i)=x(i)+h\delta \tag{3-3}$$

式中，h 为尺度参数；δ 为随机变量；$x'(i)$ 为新状态；$x(i)$ 为旧状态。

尺度参数自寻优就是根据目标函数改善情况展、缩尺度参数。其具体方法：首先以较小的尺度附加扰动，如果目标函数有所改善，则加大尺度进一步附加扰动，否则施加等量的扰动向相反方向进行搜索；如果在当前尺度参数下两个方向都得不到更好的目标函数，则认为陷入局部最优，则通过多次尺度倍增直至跳出局部最优，如果一定次数的倍增仍不能改善目标函数，则认为已经达到全局最优。

3.2.3 改进的退火遗传混合优化算法（MSAGA）

基于上述对两种优化算法特点和改进方法的介绍，为了获得更好的优化速度和质量，结合 SA 算法的概率突跳性和 GA 的并行搜索的特点，下面将给出改进的退火遗传混合优化算法（melioration SAGA，MSAGA）。在该算法中，根据多样度判定接受，采用最差初始接受概率确定初始温度，利用尺度参数自寻优方法加快算法收敛速度，以及采用自适应调节交叉和变异率参数，力求在较短时间内寻得全局最优结果，达到提高算法效率的目的。MSAGA 流程图如图 3-1 所示，详细处理方法如流程 3-1 所述。

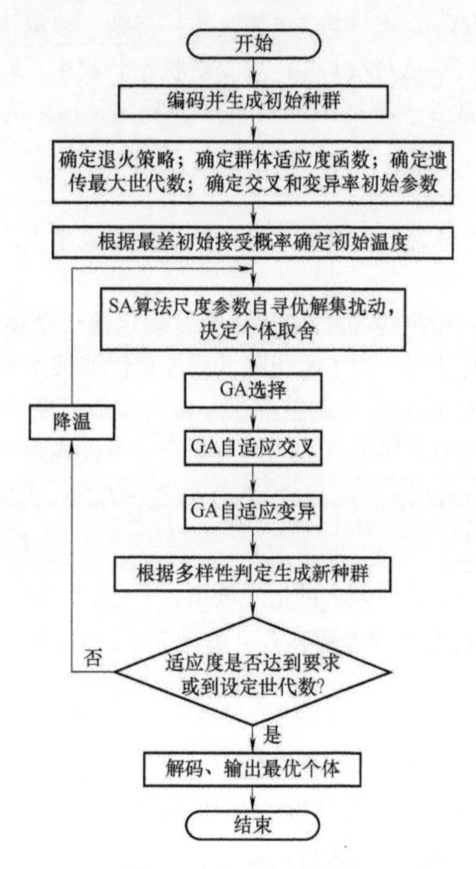

图 3-1 MSAGA 流程图

在改进的退火遗传混合优化过程中，统一采用适应度函数作为寻优的评价函数。必须指出的是，在 MSAGA 中，由于以 GA 的适应度函数来评价 SA 算法部分的性能，因此退火时必须以适应度值的增大为优化方向。

【流程 3-1】

第一步，个体编码及优化过程初始化。

设初始种群的个体数为 M，随机产生诸个体的初始状态 $x(i)$；

决定以什么作为适应度函数或目标函数，并确定计算公式；

确定初始温度和温度范围，如前所述，初始温度 t_0 根据式（3-2）进行选择，以避免过高或过低的初始温度对寻优速度和质量的影响；

确定适当的退火策略，这里采用指数下降策略；

确定遗传的适应度阈值、最大世代数、交叉的初始参数 p_{ch}、p_{cl}，以及变异率的初始参数 p_{mh} 和 p_{ml}。

第二步，群体的扰动和更新操作。

根据式（3-3）对种群中的每个个体进行扰动，并采用尺度参数自寻优的方法获得邻域函数。

第三步，决定个体取舍。

分别计算原状态和新状态的适应度函数，并计算它们的差值 $\Delta J(i)=J'(i)-J(i)$。式中，i 为群体中的个体。当 $\Delta J(i)>0$ 时，接受新的状态；否则，根据梅特罗波利斯（Metropolis）准则按概率 $p(\Delta J(i))=\exp((-\Delta J)/(kT))$ 接受新状态。式中，k 为玻尔兹曼常数。在实际计算时，随机产生 0~1 的数 α，若 $p(\Delta J(i))>\alpha$，则确定 $x'(i)$ 为新状态；否则，仍保持原有的 $x(i)$ 状态。

第四步，选择。

采用轮盘选择法选出个体，适应度大的个体被选中的概率大。

第五步，交叉。

根据交叉率 P_c 对种群中的个体进行随机选择，确定两个个体作为父代，再随机确定杂交位置，并采用两点法进行杂交。为了避免陷入局部最优或搜索不收敛，需要采取对优秀个体的保护办法。这里采用 P_c 的自适应调整方法，即对于适应度低的个体提高交叉率，而对适应度高的个体则降低交叉率。实现自适应调节的交叉率公式为

$$P_c^t=\begin{cases}p_{cl}-(p_{ch}-p_{cl})(J_c^t-J_{avg}^t)/(J_{max}^t-J_{avg}^t) & J_c^t\geqslant J_{avg}^t\\ p_{ch} & J_c^t<J_{avg}^t\end{cases} \tag{3-4}$$

式中，J_c^t 为进行交叉的两个个体中较大的适应度值；J_{max}^t 为当前种群的最大个体适应度值；t 为当前的种群代数；p_{ch} 和 p_{cl} 为设定参数，并且满足 $1>p_{ch}>p_{cl}>0$；J_{avg}^t 为当前种群全部个体适应度的平均值。

第六步，变异。

以此操作可以提高优化算法的全局搜索能力，提高搜索到全部解空间的可能性。这里变异率 P_m 也采用自适应调节的方法，具体方法与 P_c^t 的类似。

第七步，根据多样性判定接受新种群。

根据式（3-1），依据多样度判定接受新一代个体。

第八步，优化的结束判别。

如果满足如下两个条件之一，则优化过程结束；否则，按照确定的降温策略降温，再转到第二步。条件之一是，群体已经满足设定的适应度阈值；条件之二是，优化的代数已经达到给定的上限。

3.3 退火遗传混合测试激励优化方法

利用前面提出的优化方法，对测试激励信号进行参数优化，以选择出较为理想的测试信号，增大各故障状态之间的特征参数差别，提高诊断的准确度和效率。下面介绍具体的方法。

3.3.1 退火遗传混合激励优化流程

在基于沃尔泰拉核的故障诊断中，对测试激励信号参数的可能值进行编码，形成个体，把各故障状态的特征参数的集总欧氏距离确定为适应度函数，则可以通过本章提出的MSAGA搜索测试激励信号参数的最佳值，从而提高诊断的效率和准确度。测试激励信号参数的优化过程如流程3-2所述。

【流程3-2】

第一步，各故障状态电路模型的建立。在基于沃尔泰拉核的故障诊断中，建模即是求解各故障状态的前几阶沃尔泰拉核。其中，阶数的选择根据电路非线性特征的强弱确定，以能够准确诊断出全部要诊断的故障为底线。

第二步，确定激励信号的待优化参数，明确每个参数的精度要求，依此确定编码位数并进行编码。

第三步，执行MSAGA优化的流程3-1。

第四步，输出MSAGA得到的测试激励信号最佳参数。

3.3.2 目标函数的构造

本章的诊断方法以沃尔泰拉核作为电路各状态的特征。为了衡量不同激励下的状态辨识效果，用某个测试激励信号作用下各电路状态核的提取特征构成矢量，并以各电路状态矢量的集总欧氏距离作为目标函数（即适应度函数）。其计算公式为

$$J=\sqrt{\sum_{i=1}^{N}(\boldsymbol{Y}_i-\overline{Y})^{\mathrm{T}}(\boldsymbol{Y}_i-\overline{Y})} \tag{3-5}$$

式中，$\boldsymbol{Y}_i$ 为某激励下各种故障状态的核特征向量；$\overline{Y}$ 为特征向量的平均值。适应度 J 越大，表明电路的各故障状态的可区分性越强，因此，故障诊断的效率和准确性越高。

3.3.3 降温策略

降温策略非常重要，它是MSAGA实现全局最优的一个重要影响因素。为获得较好的全局寻优效果，这里采取指数降温策略，公式如下：

$$T=T_0-\alpha \mathrm{e}^t \tag{3-6}$$

式中，α 为常数；T_0 为初始温度；t 为控制因子。采用指数降温策略，当处于高温区域时，温度下降缓慢，便于跳出局部最优区域；当处于低温区域时，算法已经趋于稳态，使温度快速降低可以加快退火进程，从而提高优化的效率。

3.3.4 测试激励优化实例

现以带阻滤波电路作为测试诊断对象验证MSAGA，如图3-2所示。R_2 为非线性电阻，其电流与电压关系为，$i_{R_2}=0.03u_{R_2}+0.02u_{R_2}^2$。另外，电容 $C_1=C_2=C_3=1\mu\mathrm{F}$，电阻 $R_1=R_2=10\mathrm{k}\Omega$，负载电阻 $R_\mathrm{L}=10\mathrm{k}\Omega$，$V_\mathrm{s}(t)$ 为输入。负载电阻两端的电压为系统输出。

设激励信号为双音信号，其表达式为

$$V_\mathrm{s}=a(\sin 2\pi f_1 t+\sin(2\pi f_2 t+\theta))$$

其中，待优化的参数有 4 个，分别是幅度 a，频率 f_1、f_2 和初始相位 θ。a、f_1、f_2 和 θ 的取值范围见表 3-1。

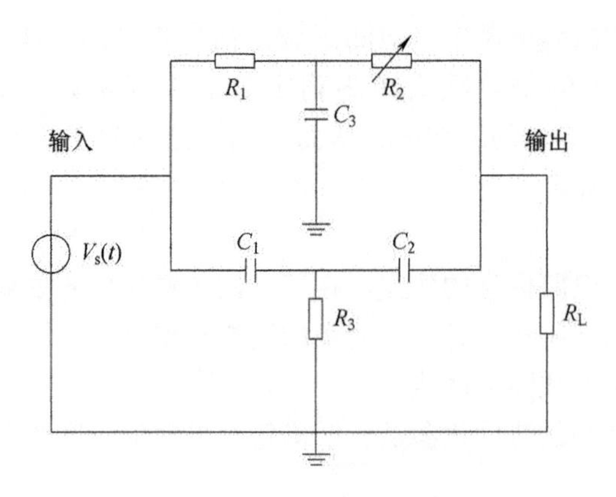

图 3-2　带阻滤波电路

表 3-1　激励信号参数及范围

a	f_1	f_2	θ
0~10V	0~10kHz	0~10kHz	0~2π

为了说明问题，仅设置 6 种状态供诊断，其中有正常状态和 5 种软故障状态，具体状态见表 3-2。

表 3-2　6 种待诊断状态

故障序号	元件参数						
	R_1/kΩ	R_2（kΩ）算式	R_3/kΩ	C_1/μF	C_2/μF	C_3/μF	R_L/kΩ
F_0	10	$i_{R_2}=0.03u_{R_2}+0.02u_{R_2}^2$	10	1	1	1	10
F_1	10	$i_{R_2}=0.03u_{R_2}+0.02u_{R_2}^2$	10	1.3	1	1	10
F_2	10	$i_{R_2}=0.03u_{R_2}+0.02u_{R_2}^2$	10	0.7	1	1	10
F_3	10	$i_{R_2}=0.03u_{R_2}+0.02u_{R_2}^2$	10.2	1	1	1	10
F_4	10	$i_{R_2}=0.03u_{R_2}+0.02u_{R_2}^2$	9.8	1	1	1	10
F_5	10	$i_{R_2}=0.04u_{R_2}+0.003u_{R_2}^2$	10	1	1	1	10

用前 3 阶频域核作为上述 6 种故障状态的特征向量，并分别用 MSAGA 和 GA、SA 算法和粒子群优化（particle swarm optimization，PSO）算法进行对比，改变进化代数和种群数，对各种情况进行反复实验，并选择典型实验结果（见表 3-3~表 3-6）。

表 3-3　MSAGA 优化结果

初始种群数	进化代数	a/V	优化后各参数的值			适应度值
			f_1/Hz	f_2/Hz	θ/rad	
50	50	10	4.5700e+003	4.5767e+003	5.3856	7.0693e+017
	75	10	4.3722e+003	5.6217e+003	4.4880	9.9442e+017
	100	10	4.3777e+003	4.3765e+003	6.2832	1.1350e+018

（续）

初始种群数	进化代数	a/V	优化后各参数的值			适应度值
			f_1/Hz	f_2/Hz	θ/rad	
100	50	10	5.5820e+003	4.4143e+003	3.5904	8.0349e+017
	75	10	4.5700e+003	4.5706e+003	6.2832	1.1903e+018
	100	10	4.3728e+003	4.3765e+003	5.3856	1.1971e+018

表 3-4 GA 优化结果

初始种群数	进化代数	优化后各参数的值				适应度值
		a/V	f_1/Hz	f_2/Hz	θ/rad	
50	50	10	5.4428e+003	4.9918e+003	6.2832	1.2898e+008
	75	10	4.7842e+003	6.1143e+003	4.4880	1.5170e+008
	100	10	5.4288e+003	4.4925e+003	4.4880	1.6902e+008
100	50	10	6.4945e+003	3.5158e+003	1.7952	2.5512e+008
	75	10	3.0886e+003	3.0782e+003	1.7952	2.5276e+008
	100	10	4.3759e+003	5.2109e+003	3.5904	1.7587e+008

表 3-5 SA 算法优化结果

退火次数	优化后各参数的值				适应度值
	a/V	f_1/Hz	f_2/Hz	θ/rad	
200	10	5.4972e+003	5.4477e+003	1.7952	2.1395e+016
400	10	3.9584e+003	6.0355e+003	4.4880	1.9286e+017
600	10	5.4288e+003	5.4276e+003	6.2832	1.0822e+018

表 3-6 PSO 优化结果

初始种群数	迭代次数	优化后各参数的值				适应度值
		a/V	f_1/Hz	f_2/Hz	θ/rad	
50	50	10	5.2390e+003	5.0613e+003	0.8976	1.6937e+016
	75	10	4.9759e+003	4.7830e+003	2.6928	1.8448e+016
	100	10	4.2575e+003	4.3771e+003	5.3856	2.7426e+016
100	50	10	5.5863e+003	5.2133e+003	0.8976	2.8511e+016
	75	10	2.7095e+003	2.7229e+003	3.5904	6.3564e+016
	100	10	6.8394e+003	6.8388e+003	6.2832	2.1057e+017

实验数据表明，在以适应度值为评价标准时可以得到如下结论：第一，在相同的初始种群数和代数的情况下，MSAGA 的寻优效果明显好于 GA 和 PSO；第二，典型 GA 在优化过程中因出现早熟现象而陷入局部最优，在上述条件下 PSO 也未完全收敛到全局最优，而 MSAGA 已经收敛到最优点附近；第三，与 SA 算法相比 MSAGA 收敛速度更快，SA 算法虽

然也收敛于全局最优，但是收敛速度较慢。总之，基于 MSAGA 的测试激励优化方法可以提高诊断的准确度和效率。

3.4　故障特征的智能选择与提取方法研究

如前所述，对于非线性模拟电路的智能故障诊断而言，最核心的问题是模式识别。在模式识别过程中，如何进行特征的选择与提取是十分关键的问题之一，也可以说是十分困难的问题之一。特征的选择与提取的方法很多，需要具体问题具体分析，针对不同的模式识别问题而采用不同的方法。

在模式识别实践中，最初获得的原始特征素材可能有很多冗余信息，如果把所有的原始特征都作为分类特征，则不仅使得分类器变得复杂，分类过程中判别计算的工作量变大，而且分类错误概率也可能增加。因此，有必要减少特征数目，以便获得一组浓缩的分类特征，即获取的特征数目少而充分，且是能使分类错误概率减小的特征向量。

减少特征数目的方法有两种，分别是特征选择和特征提取。特征选择是指从一组特征中挑选出一些最有效的特征，从而达到降低特征空间维数的目的。换句话说，就是在现有的 N 个特征中挑选出 n 个特征，组成一个特征子集；同时，将其余的 $N-n$ 个特征简单地忽略掉，因为这些特征对类别可分离性无贡献，或者贡献不大。特征提取，就是通过映射或变换的方法把特征向量降维，即从高维的特征向量变换为低维的特征向量。由此可见，经过提取得到的特征，是原始特征集的某种组合，原有全部特征的信息均包含在新的特征中。可以说，是原有全部特征通过提取产生了更有利诊断的特征，这些特征更具代表性，更能反映本质。

进行特征选择和特征提取，主要解决两个核心问题：一是如何对现有特征进行评价；二是如何通过现有特征产生更好的特征。

对用于故障诊断的特征选择和特征提取，特征评价主要是衡量各故障类别之间的可分性，或者说是决定各特征对分类决策的贡献程度。如果某一组特征能使分类器错误概率最小，则该组特征为最佳特征。常用的特征评价标准，即类别可分性判据，有分类误差、概率距离、概率依赖度、稳定性、灵敏度及距离等。其中，基于距离的可分性判据的基本思想是，各类样本之间的特征向量距离越大、类内散度越小，则类别的可分性越好。距离判据直观简洁，物理概念清晰，应用较普遍。距离度量可采用欧几里得距离（Euclidean distance）。

对于上述的第二个问题，特征选择和特征提取有不同的方法。特征选择相对简单，其方法有分支定界搜索法、前向序贯和后向序贯选择法、加 1 减 r 算法和极大极小特征选择法等。

特征提取的方法也很多，常用的有卡-洛（Karhunen-Loeve，K-L）变换法（也称主分量变换法或主成分分析法）、费希尔（Fisher）相关判别分析法等，详细内容请参考相关资料。上述特征提取方法有一个共同特征，即依据线性变换实现降维映射，不理想之处在于变量变化和学习的稳定性存在问题。

近年来，随着人工智能理论的不断发展，采用人工智能理论的特征选择和特征提取方法逐渐出现，如基于神经网路的特征选择和特征提取方法、基于粗糙集的特征选择和特征提取方法，以及基于遗传算法的特征选择和特征提取方法等。在该方面各种智能方法逐渐得到运

用，如在电子线路故障诊断的特征提取方面，基于神经网络方法也取得进展。智能理论的应用，为特征选择和特征提取技术的发展，开辟了广阔的发展空间，提高了非线性映射能力，稳定性、实用性及效率也都得到提高。但是，智能技术在该方面的研究还不够系统和完善，特别是在效率和实用性方面还有待进一步提高。

3.4.1　退火遗传特征选择方法

为了提高特征选择的效率，下面给出基于 MSAGA 的特征选择方法。该方法的基本思想是，将特征选择作为优化问题，确定特征评价函数，并以此作为优化的目标函数，采用 MSAGA 对原始特征进行全局寻优，寻优结果即为特征选择结果。其原理框图如图 3-3 所示。

首先，进行优化准备，包括个体编码，将原始特征中的待优化的参数按一定规则排列，进行编码，该编码在优化时作为个体的编码（相当于遗传算法中的染色体）；构造类别空间特征向量，用每个类别的几个独立特征值按照一定的规律构成特征向量，用于分类效果的判别；确定特征评价函数，用于衡量每个特征对于分类的价值，或者说评价某种状态的分类效果，可以将该函数作为优化的目标函数；确定优化算法的初始参数和策略，从而使算法全局寻优效果好且速度快。之后，采用 MSAGA 进行优化并输出结果，实现特征选择或特征提取。

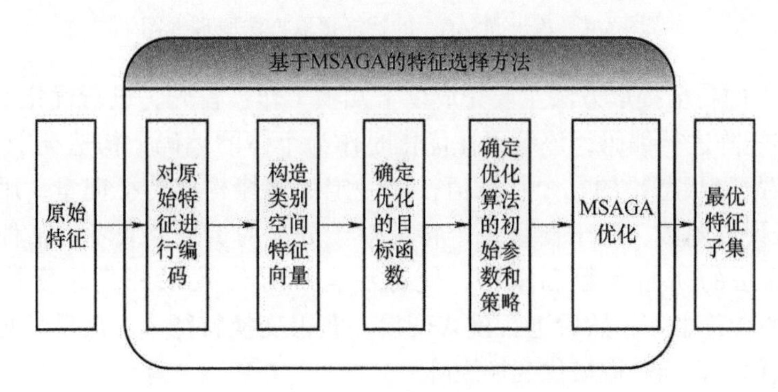

图 3-3　基于 MSAGA 的特征选择方法原理框图

基于 MSAGA 的特征选择方法如流程 3-3 所述。

【流程 3-3】

第一步，个体编码。确定原始特征中需要选择的参数，并对这些参数进行编码。此编码代表个体特征用于后续的优化。

第二步，确定类别空间特征向量构造方法。其中包括特征向量的维数，以及由新的个体编码计算特征向量的方法。

第三步，确定特征评价函数。为了能反映出不同类别特征向量的差别大小，可以用向量的集总欧氏距离作为评价函数，即优化的目标函数或适应度函数。

第四步，执行流程 3-1。

第五步，输出流程 3-1 得到的特征选择结果，特征选择结束。

3.4.2　退火遗传特征提取方法

简而言之，特征提取就是通过某种数学变换，把 n 个特征压缩为较少的 m 个特征，即

$$A = H^{T}B$$

式中，H 为变换矩阵，是 $n \times m$ 阶矩阵，$n-m$；B 为变换前的向量，是 n 维的列矩阵；A 为变换后的向量，是 m 维的列矩阵。可见，特征提取的关键是求出最佳变换矩阵，使得变换后的 m 维模式空间中，类别可分性准则值最大。

为了提高特征提取的效率，这里提出了基于 MSAGA 的特征提取方法。其基本思想是，将特征提取作为优化问题，确定特征评价函数，并以此作为优化的目标函数，采用 MSAGA 对转移矩阵进行全局寻优，寻优结果即为特征提取结果。其原理框图如图 3-4 所示。

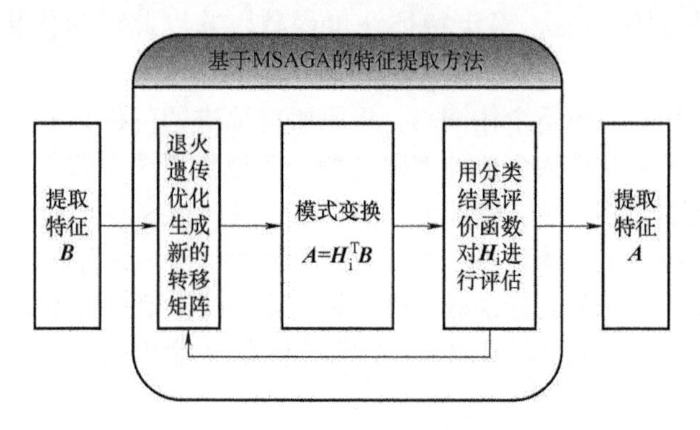

图 3-4　基于 MSAGA 的特征提取方法原理框图

基于 MSAGA 的特征提取方法主要完成以下几项工作：首先，进行优化准备，包括个体编码，即对转移矩阵进行编码，该编码在优化时作为个体的编码；构造类别空间特征向量，用每个类别（或故障状态）的几个特征值按照一定的规律构成特征向量，用于分类效果的判别；确定特征评价函数，用于衡量每个特征对于分类的价值，或者说某种状态的分类效果；确定优化算法的初始参数和策略，使算法全局寻优效果好且速度快。其次，采用 MSAGA 生成新的转移矩阵，然后进行模式变换，获得变换特征 A。最后，对变化矩阵进行评价，并循环优化，直到获得最优变换矩阵。

基于 MSAGA 的特征提取方法如流程 3-4 所示。

【流程 3-4】

第一步，个体编码。把转移矩阵作为优化个体，对转移矩阵的参数进行编码。此编码代表个体特征用于后续的优化。

第二步，确定类别空间特征向量构造方法。其中包括特征向量的维数，以及由新的转移矩阵计算变换特征的方法。

第三步，确定特征评价函数。为了能反映出不同类别特征向量的差别大小，可以用向量的集总欧氏距离作为评价函数，即优化的目标函数或适应度函数。

第四步，执行流程 3-1。

第五步，输出流程 3-1 得到的特征转移矩阵，并由转移矩阵计算变换特征，特征提取结束。

3.4.3　基于退火遗传的沃尔泰拉核特征选择和提取

在基于沃尔泰拉核的智能故障诊断中，用于诊断的信息源自沃尔泰拉核。但是，非线性

模拟电路的沃尔泰拉核包含大量的系统信息，这些信息对于故障诊断而言可能是过多的，必须从核中提取或选择出最有用信息。过去的特征选择和提取智能方法应用较少，大多采用常规方法。

本节提出了基于 MSAGA 的特征选择和提取方法，以期提高寻优效果和效率。

对于可以用沃尔泰拉级数展开的电路，当非线性较弱时，可以用前几阶沃尔泰拉核近似描述；对于非线性较强的电路，则误差较大。但是本书认为，即使后者的误差较大，如果前几阶核足以准确分辨要诊断的各种故障，则仍然可以用前几阶核进行非线性电路的故障诊断。

要准确分辨待诊断的各种故障，特征选择和提取是关键。将上述的特征选择和提取方法应用于非线性模拟电路诊断中，沃尔泰拉核的基于 MSAGA 的特征选择方法和提取方法如图 3-5 和图 3-6 所示。

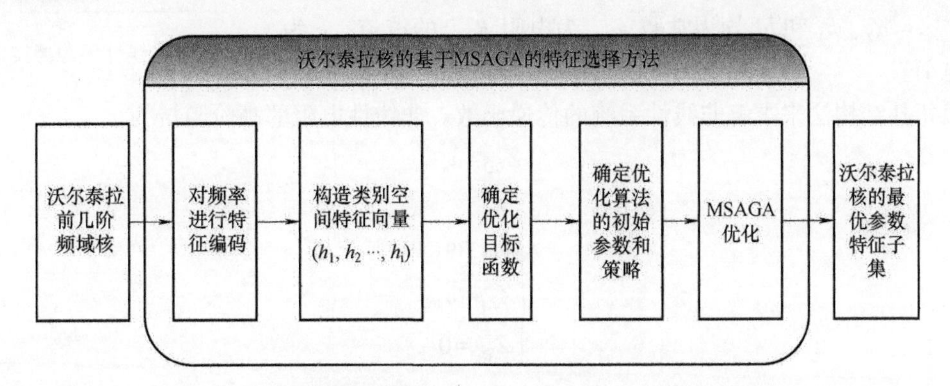

图 3-5　沃尔泰拉核的基于 MSAGA 的特征选择方法原理框图

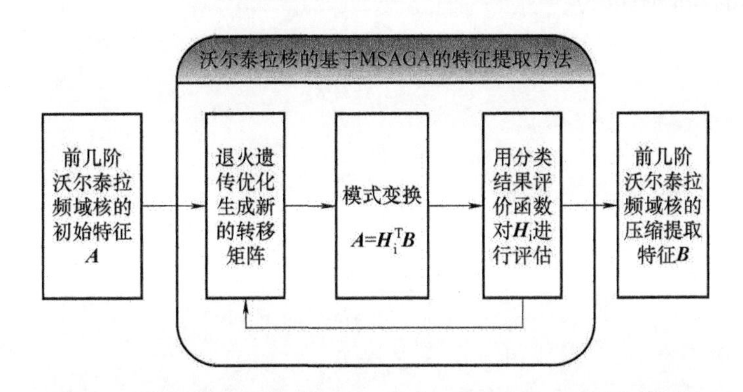

图 3-6　沃尔泰拉核的基于 MSAGA 的特征提取方法原理框图

沃尔泰拉核的特征选择重点注意以下几方面：第一，初始特征是前几阶沃尔泰拉核的表达式或描述数据；第二，由于是频域核，可以通过选择不同的频率来选择核的取值，所以，选择优化时可以对频率进行编码作为个体的特征码；第三，类别空间的特征向量通常可以选择各阶核的一个选择值，也可以根据需要在某阶核中选择多个值，即多个频点的取值；第四，目标函数通常可以选择为待诊断各故障状态的集总距离。

对于沃尔泰拉核的特征提取，需要说明的是，初始特征既可以是非线性电路对应的前几阶频域核中每阶核的一个取值，也可以是多个取值；在特征提取之前，最好先进行特征选择，以提高诊断的准确率；特征提取的结果，是经过压缩的频域核信息。

3.4.4 沃尔泰拉核的退火遗传特征选择实例

前面较详细地介绍了基于 MSAGA 的特征提取和特征选择方法，其中的优化算法相似，主要区别在于个体编码和特征向量构造。因此，现仅以特征选择的实例说明应用方法。

为了简单明了，以非线性电阻和非线性电容组成的无源滤波电路为例，来说明和验证上述的退火遗传混合特征选择方法。

非线性无源滤波电路如图 3-7 所示。其中，非线性电阻和电容的赋定关系为

$$v_R = a_1 i_R + a_2 i_R^2 \tag{3-7}$$

$$v_C = b_1 q + b_2 q^2 \tag{3-8}$$

式中，a_1、a_2、b_1 和 b_2 均为常数；i_R 为电阻 R 上的电流；q 为电容电荷。

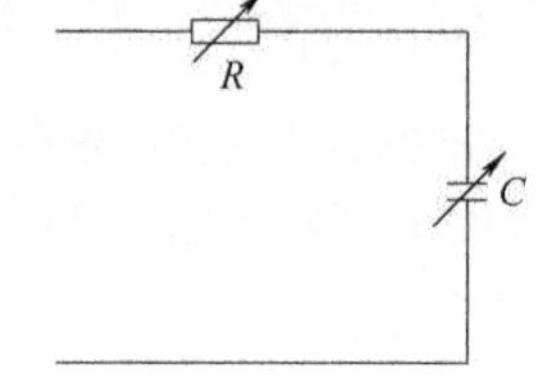

图 3-7 非线性无源滤波电路

以拓扑结构法来求解非线性系统的传递函数。非线性电阻的高阶阻抗为

$$Z_{R_n} = a_n$$

即

$$\begin{cases} Z_{R_1} = a_1 \\ Z_{R_2} = a_2 \\ Z_{R_3} = 0 \end{cases}$$

式中，Z_{R_1}、Z_{R_2}和 Z_{R_3}分别为非线性电阻的一阶、二阶和三阶阻抗。

非线性电容的高阶阻抗为

$$Z_{C_n} = \frac{b_n}{s_1 s_2 \cdots s_n}$$

即

$$\begin{cases} Z_{C_1} = \dfrac{b_1}{s_1} \\ Z_{C_2} = \dfrac{b_2}{s_1 s_2} \\ Z_{C_3} = 0 \end{cases}$$

式中，Z_{C_1}和 Z_{C_2}分别为非线性电容的一阶和二阶阻抗。

因为电阻和电容串联，总阻抗等于两阻抗相加，所以有

$$Z_{RC_1} = a_1 + \frac{b_1}{s_1} = \frac{a_1 s_1 + b_1}{s_1}$$

$$Z_{RC_2} = a_2 + \frac{b_2}{s_1 s_2} = \frac{a_2 s_1 s_2 + b_2}{s_1 s_2}$$

$$Z_{RC_3} = 0$$

式中，Z_{RC_1}和 Z_{RC_2}分别为非线性电路的一阶和二阶总阻抗。

利用阻抗和导纳的互逆关系，由两个互逆系统的非线性传递函数之间的关系可得转移导纳为

$$Y_{RC_1}(s)=\frac{1}{Z_{RC_1}(s)}=\frac{s}{a_1s+b_1} \tag{3-9}$$

$$Y_{RC_2}(s_1,s_2)=\frac{-Z_{RC_2}(s_1,s_2)}{Z_{RC_1}(s_1+s_2)Z_{RC_1}(s_1)Z_{RC_1}(s_2)}=\frac{-(a_2s_1s_2+b_2)(s_1+s_2)}{(a_1s_1+a_1s_2+b_1)(a_1s_1+b_1)(a_1s_2+b_1)} \tag{3-10}$$

$$Y_{RC_3}(s_1,s_2,s_3)=\frac{N_3(s_1,s_2,s_3)}{D_3(s_1,s_2,s_3)} \tag{3-11}$$

式中

$$N_3(s_1,s_2,s_3)=Z_{RC_2}(s_1+s_2,s_3)Z_{RC_2}(s_1,s_2)Z_{RC_1}(s_2+s_3)+Z_{RC_2}(s_1,s_2+s_3)Z_{RC_1}(s_1+s_2)Z_{RC_2}(s_2,s_3)-Z_{RC_3}(s_1,s_2,s_3)Z_{RC_1}(s_1+s_2)Z_{RC_1}(s_2+s_3) \tag{3-12}$$

$$D_3(s_1,s_2,s_3)=Z_{RC_1}(s_1+s_2+s_3)Z_{RC_1}(s_1+s_2)Z_{RC_1}(s_2+s_3)\cdot Z_{RC_1}(s_1)Z_{RC_1}(s_2)\cdot Z_{RC_1}(s_3) \tag{3-13}$$

类似线性系统分析方法，用 $s_n=\mathrm{j}\omega_n$ 代入上述各式，得到系统的一阶、二阶三阶频率响应函数为

$$Y_{RC_1}(\mathrm{j}\omega)=\frac{\mathrm{j}\omega}{a_1\mathrm{j}\omega+b_1} \tag{3-14}$$

$$Y_{RC_2}(\mathrm{j}\omega_1,\mathrm{j}\omega_2)=\frac{-(a_2\mathrm{j}\omega_1\mathrm{j}\omega_2+b_2)(\mathrm{j}\omega_1+\mathrm{j}\omega_2)}{(a_1\mathrm{j}\omega_1+a_1\mathrm{j}\omega_2+b_1)(a_1\mathrm{j}\omega_1+b_1)(a_1\mathrm{j}\omega_2+b_1)} \tag{3-15}$$

$$Y_{RC_3}(\mathrm{j}\omega_1,\mathrm{j}\omega_2,\mathrm{j}\omega_3)=\frac{N_3(\mathrm{j}\omega_1,\mathrm{j}\omega_2,\mathrm{j}\omega_3)}{D_3(\mathrm{j}\omega_1,\mathrm{j}\omega_2,\mathrm{j}\omega_3)} \tag{3-16}$$

式中

$$N_3(\mathrm{j}\omega_1,\mathrm{j}\omega_2,\mathrm{j}\omega_3)=Z_{RC_2}(\mathrm{j}\omega_1+\mathrm{j}\omega_2,\mathrm{j}\omega_3)Z_{RC_2}(\mathrm{j}\omega_1,\mathrm{j}\omega_2)Z_{RC_1}(\mathrm{j}\omega_2+\mathrm{j}\omega_3)+Z_{RC_2}(\mathrm{j}\omega_1,\mathrm{j}\omega_2+\mathrm{j}\omega_3)Z_{RC_1}(\mathrm{j}\omega_1+\mathrm{j}\omega_2)Z_{RC_2}(\mathrm{j}\omega_2,\mathrm{j}\omega_3)-Z_{RC_3}(\mathrm{j}\omega_1,\mathrm{j}\omega_2,\mathrm{j}\omega_3)Z_{RC_1}(\mathrm{j}\omega_1+\mathrm{j}\omega_2)Z_{RC_1}(\mathrm{j}\omega_2+\mathrm{j}\omega_3)$$

$$D_3(\mathrm{j}\omega_1,\mathrm{j}\omega_2,\mathrm{j}\omega_3)=Z_{RC_1}(\mathrm{j}\omega_1+\mathrm{j}\omega_2+\mathrm{j}\omega_3)Z_{RC_1}(\mathrm{j}\omega_1+\mathrm{j}\omega_2)Z_{RC_1}(\mathrm{j}\omega_2+\mathrm{j}\omega_3)\cdot Z_{RC_1}(\mathrm{j}\omega_1)Z_{RC_1}(\mathrm{j}\omega_2)Z_{RC_1}(\mathrm{j}\omega_3)$$

这就是系统的一阶、二阶和三阶沃尔泰拉频域核。

应该指出的是，非线性电路的故障诊断虽然是基于系统辨识的，需要找到能反映系统本质特征的参数，但并不是要进行电路分析，不需要把系统完整地表示出来，只要取得足够的可以分辨各种故障状态的反映系统本质特征的信息即可。这也正是为什么要进行特征选择和提取的原因之一。因此，即使系统的非线性较强，只要用前 n 阶核的信息足以准确分辨所要诊断的各种待诊断故障状态，就可以用前 n 阶核作为非线性电路的诊断特征进行诊断。

基于上述思想，本例仅从前两阶核中选择信息，为了提高各故障状态的差别，可以考虑从二阶核中选取两组（也可选多组）信息；并且，一阶核和二阶核可以取不同的频率值；用选定的一阶核的值和选定的两组二阶核的值组成系统特征向量。

设待优化的参数为角频率 ω_0、ω_1、ω_2、ω_3 和 ω_4。其中，ω_0 为一阶核选择点对应的角频率；ω_1 和 ω_2 为二阶核选择的第一点对应的角频率；ω_3 和 ω_4 为二阶核选择的第二点对应的角频率。设各待优化参数的取值范围均为 0~10kHz。对这些参数进行编码用于后续的优化。

设置 7 种待诊断的状态（见表 3-7），为了对核有直观的认识，利用 MATLAB 软件对上述 7 种状态沃尔泰拉频域核图形化（见图 3-8~图 3-15）。图 3-15 中，由于一阶核图形简单，7 种情况一起给出，ω 的设置为 $\omega=-4:0.13:0$。图 3-10 中，ω_i 的设置为 $\omega_i=-7:0.4:5$。图 3-13 中，ω_i 的设置为 $\omega_i=-6:0.6:4$。其余图中为 $\omega_i=-7:0.3:2$。

表 3-7　待诊断状态参数

	故障元件参数				状态编号	特征值
	a_1	a_2	b_1	b_2		
正常状态 0	0.8	1.5	1.2	0.9	000	$Y_1(\omega_0)$，$Y_2(\omega_1,\omega_2)$，$Y_2(\omega_3,\omega_4)$
故障状态 1	0.5	1.5	1.2	0.9	001	$Y_1(\omega_0)$，$Y_2(\omega_1,\omega_2)$，$Y_2(\omega_3,\omega_4)$
故障状态 2	0.8	1.9	1.2	0.9	010	$Y_1(\omega_0)$，$Y_2(\omega_1,\omega_2)$，$Y_2(\omega_3,\omega_4)$
故障状态 3	0.8	1.5	1.6	0.9	011	$Y_1(\omega_0)$，$Y_2(\omega_1,\omega_2)$，$Y_2(\omega_3,\omega_4)$
故障状态 4	0.8	1.5	1.2	2.0	100	$Y_1(\omega_0)$，$Y_2(\omega_1,\omega_2)$，$Y_2(\omega_3,\omega_4)$
故障状态 5	0.8	1.9	1.2	2.0	101	$Y_1(\omega_0)$，$Y_2(\omega_1,\omega_2)$，$Y_2(\omega_3,\omega_4)$
故障状态 6	0.5	1.5	1.6	0.9	110	$Y_1(\omega_0)$，$Y_2(\omega_1,\omega_2)$，$Y_2(\omega_3,\omega_4)$

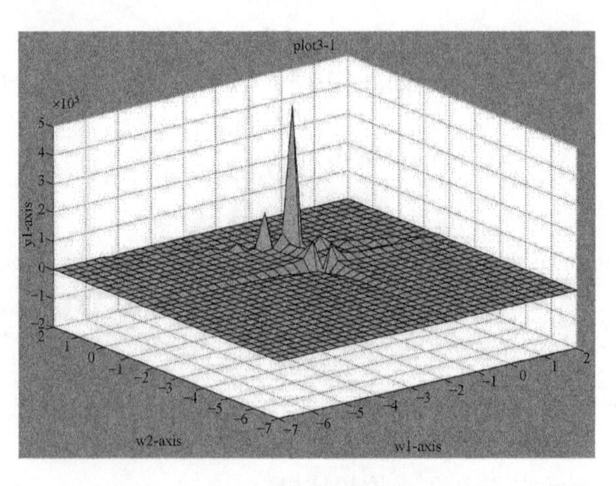

图 3-8　正常状态 0

所要进行的特征选择过程实质就是，要找到一些频率点，在这些点上核的取值构成的特征向量总体区别最大，其中的总体区别采用所设定的目标函数来衡量。形象地说，对二阶核的特征选取就是用不同的 ω_i 值去切割上述每个图形，找到切平面交叉差点上图形的取值，如果某组取值使得目标函数取得最大值，则这种组值即为所求。

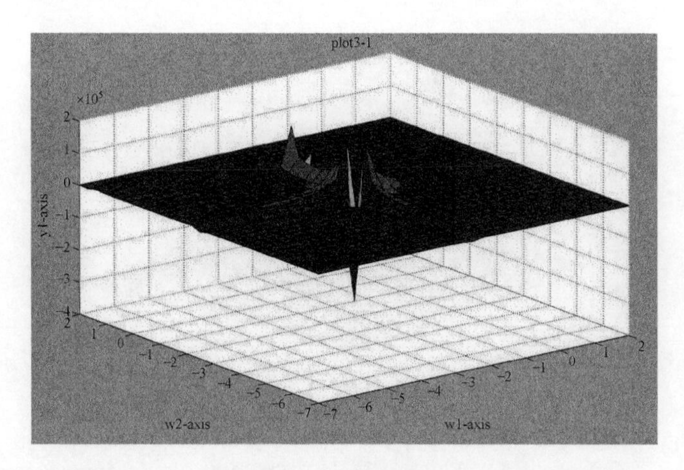

图 3-9　故障状态 1

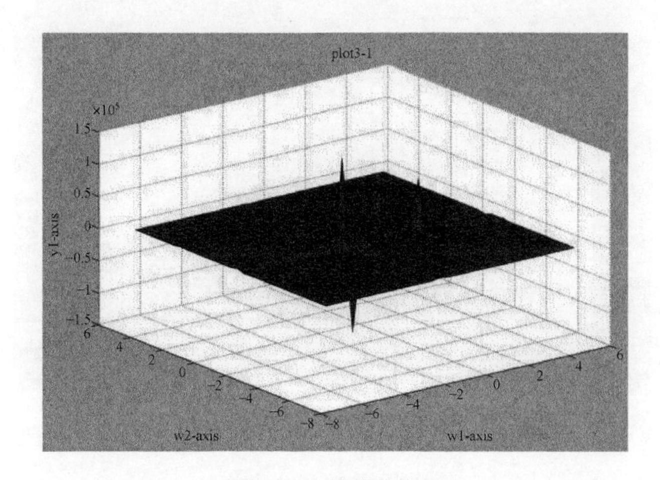

图 3-10　故障状态 2

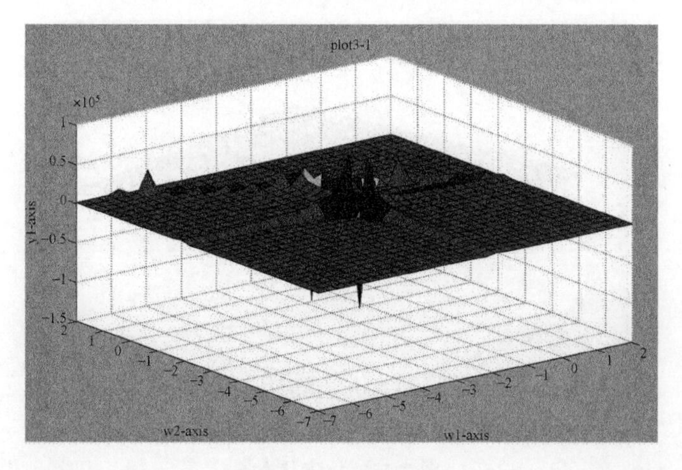

图 3-11　故障状态 3

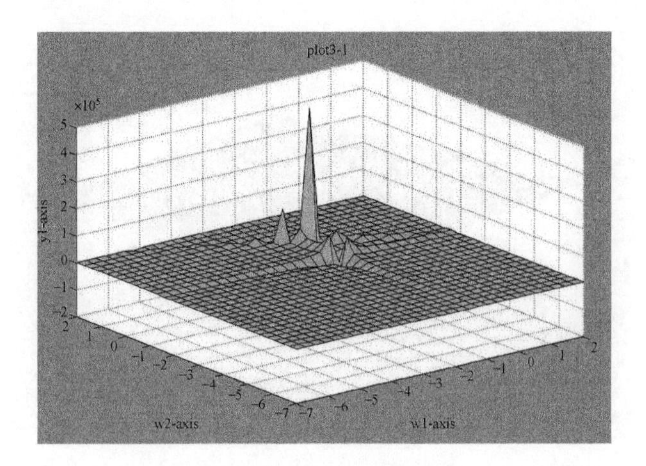

图 3-12 故障状态 4

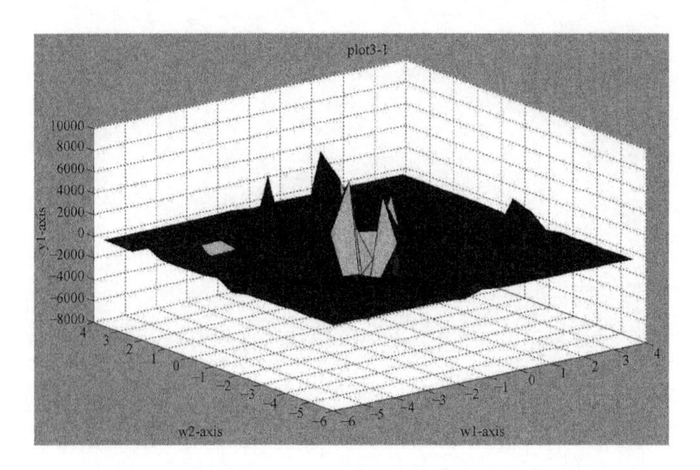

图 3-13 故障状态 5

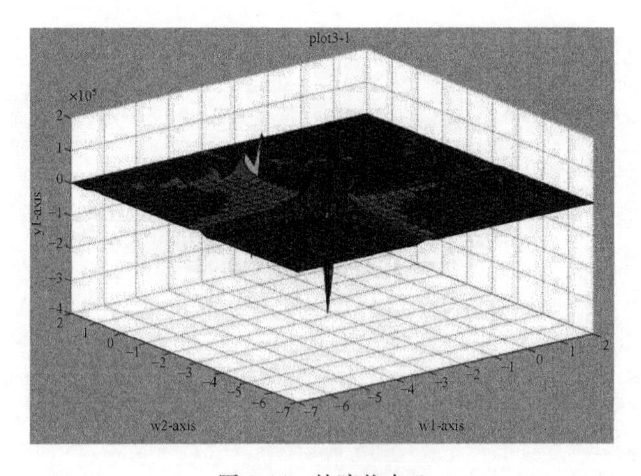

图 3-14 故障状态 6

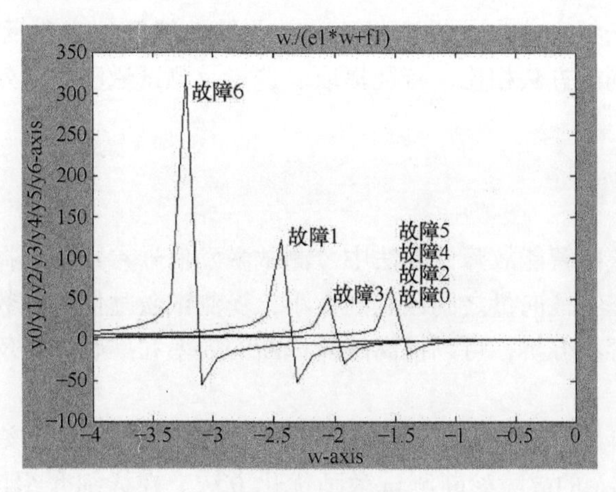

图 3-15　一阶核

1. 确定目标函数

采用前述选定的各状态的特征向量的集总欧氏距离作为适应度函数，即优化的目标函数。集总欧氏距离计算见式（3-5）。

2. 确定退火策略

采用指数降温策略，见式（3-6）。说明详见本章 3.3.3 节。

采用本章 3.4.1 节所述的退火遗传混合特征选择方法对参数进行选择，为了对比选择效果，同时采用 GA、PSO 和 SA 算法进行对比实验。方法是初始种群数为 50，多次实验看平均效果，对优化质量和优化速度两方面进行了对比（见表 3-8）。

表 3-8　有代表性的优化结果对比

算法	进化（迭代）次数	频率 1/kHz	频率 2/kHz	频率 3/kHz	频率 4/kHz	频率 5/kHz	适应度值 /(1×10^{15})
MSAGA	15	9.9951	9.9939	4.9979	9.9945	9.9994	8.2674
GA	15	7.7001	9.7345	2.5996	4.8154	0.9498	3.1960
PSO	15	8.8354	9.9554	4.1885	4.6658	8.4716	4.5443
SA	15	6.4402	7.7562	0.4499	7.5993	5.3543	1.7511

由于本例来自最简单的滤波电路，适应度函数的峰顶较为平坦，特征选择相对比较简单。在寻优时间足够长的情况下，4 种算法都能寻找到好的结果，但是，如果限制时间或进化（迭代）次数，则各寻优结果之间的差别还是比较明显的。

从实验结果可以看出，沃尔泰拉核参数的基于 MSAGA 的特征选择方法是可行的，能够选择出最能反映故障特征的向量；在相同的初始种群数和进化（迭代）次数的情况下，基于 MSAGA 的特征选择方法的结果明显优于基于 GA、PSO 和 SA 的特征选择效果。

综上所述，基于沃尔泰拉核和神经网络的非线性模拟故障诊断方法，与非智能方法相比，其主要优势表现在如下几方面：第一，需要的可及节点少，只需要输入和输出节点可及；第二，诊断的准确度和效率高，泛化能力强；第三，不仅适用于单故障、硬故障，而且适用于多故障和软故障。与其他智能方法相比，其主要优势表现在如下几方面：第一，用于诊断的特征反映了系统的本质，特征稳定，与瞬态响应法相比特征获取比较容易，对测量的要求低；第二，与基于频率响应的方法相比，对非线性特征的变化反映更清楚，诊断更准确；第三，与其他的同类方法相比，特征提取、选择及测试激励优化效果更好。

3.5 本章小结

在基于沃尔泰拉核的智能故障诊断法中，测试激励信号参数的选择是一个非常重要的环节，因为测得的各状态特征向量之间区别的大小，受测试激励信号参数的影响。各状态特征向量之间的差异大则容易分辨，可以提高故障诊断的效率和准确性，反之则诊断的准确性和效率低。

本章在改进 GA 和 SA 算法的基础上，设计了 MSAGA，并利用该算法进行测试激励优化，给出了基于 MSAGA 的故障诊断测试激励优化方法。在详细介绍该方法原理的基础上，还给出了实例。实验证明，在相同的初始种群数和代数的情况下，MSAGA 的寻优效果明显好于 GA 和 PSO 算法；与 SA 算法相比，MSAGA 收敛速度更快，因此，基于 MSAGA 的测试激励优化方法可以提高诊断的准确度和效率。

基于沃尔泰拉核的智能故障诊断的另一个重要环节，是故障状态特征的选择与提取。非线性模拟电路的沃尔泰拉核包含大量的系统信息，这些信息对于故障诊断而言可能是过多的，其中的部分信息不仅对诊断无益，而且还可能使故障状态间的区别变得模糊；在增加工作量和难度的同时，降低了诊断的准确度。因此，必须从核中提取或选择出最有用信息。

本章针对现有特征选择和提取方法在非线性映射或效率等方面的不足，给出了基于 MSAGA 的智能特征选择和提取方法；详细介绍了该方法的原理和流程，以及应用该方法进行沃尔泰拉核的特征提取和选择的方法，并通过实例予以验证。实验表明，沃尔泰拉核参数的基于 MSAGA 的特征选择方法是可行的，能够选择出最能反映故障特征的向量；在相同的初始种群数和进化代数（迭代次数）的情况下，基于 MSAGA 的特征选择方法的结果明显优于基于 GA、PSO 和 SA 算法的特征选择效果。

第4章

基于维纳核的非线性模拟电路故障诊断

4.1 引言

长期以来，一直受到关注的电路测试领域的一个研究难点，那就是非线性模拟电路的诊断。虽然经过研究人员的不懈努力，已经获得了很多具有重要意义的成果，但是，整体进程还处于理论研究阶段，无论是在系统建模方面，还是在诊断理论方面都有待深入研究，实用性更有待加强。

对于非线性模拟电路而言，模式识别是其智能故障诊断的本质，而进行模式识别的关键是电路本质特征的提取。

广义频率响应函数物理意义明确，非线性模拟电路的动态特性可以非常直观地展现出来，所以，以广义频率响应函数为电路特征的故障诊断技术备受重视。在实际诊断中，为了避免维数灾难问题，普遍利用前几阶沃尔泰拉频域核来描述非线性模拟电路。

但是，在实际应用中沃尔泰拉级数具有局限性，对于一些非解析的非线性特性沃尔泰拉级数展开是不存在的；而且，实际系统的沃尔泰拉核测量也比较困难，且沃尔泰拉核的测量存在测试激励的选择问题。因此，需要寻找一种更实用的描述方法。

好在非线性模拟电路不仅可以用沃尔泰拉泛函级数描述，还可用其他方法，如维纳泛函级数描述法等。

维纳级数是正交展开的，而且方均误差最小。特别是对于无法用解析式表达或非线性特性未知的电路，可以采用维纳泛函级数进行描述。对非线性电路输入端施加高斯白噪声作为激励信号，同时测量其输出端的响应，再对响应进行正交泛函级数展开，就可得到能反映电路特征的维纳泛函级数。

因此，在深入研究维纳级数的基础上，本章提出了基于维纳核的非线性电路故障诊断方法；在求解电路维纳核时，各阶相关函数采用估计值代替，即利用时间相关函数来近似，并给出维纳核的间接求解方法；提出了基于维纳核的退火遗传特征选择和提取方法；组建了基于维纳核和神经网络的故障诊断系统，利用 BP 神经网络在线自动识别出电路故障状态，完成电路故障诊断；通过实例证明了该诊断方法有效。

4.2 非线性模拟电路的维纳级数描述

用沃尔泰拉级数来表示非线性动态系统，本质上是用一个泛函序列来逼近一个连续泛函，这与用一个函数序列来逼近一个连续函数是相似的。正如函数通常可以用许多种函数序列来逼近一样，连续泛函的分解也不是唯一的，沃尔泰拉级数只是其中的一种。在得到沃尔泰拉级数分解的过程中，采用幂级数来逼近非线性函数。当然，也可以采用正交函数族来逼近非线性函数，即可得到非线性动态系统的维纳泛函级数表示。

维纳级数不仅是一种正交展开，而且方均误差最小。由于是正交展开，当级数的展开项数增加时，已有的展开结果不受增加项的影响。

若非线性电路的输入激励信号 $x(t)$ 为高斯白噪声，则输出响应 $y(t)$ 可以展开成维纳级数形式：

$$y(t)=\sum_{i=0}^{\infty}G_i[k_i(\tau_1,\tau_2,\cdots\tau_n);x(t)] \tag{4-1}$$

式中，$G_i(i=0,1,2,\cdots)$ 为维纳级数 $k_i(\tau_1,\tau_2,\cdots,\tau_n)$ 的项，是 $x(t)$ 和维纳核的函数。其前四项为

$$G_0[k_0;x(t)]=k_0 \tag{4-2}$$

$$G_1[k_1;x(t)]=\int_0^{\infty}k_1(\tau)x(t-\tau)\mathrm{d}\tau \tag{4-3}$$

$$G_2[k_2;x(t)]=\int_0^{\infty}\int_0^{\infty}k_2(\tau_1,\tau_2)x(t-\tau_1)x(t-\tau_2)\mathrm{d}\tau_1\mathrm{d}\tau_2-A\int_0^{\infty}k_2(\tau_1,\tau_1)\mathrm{d}\tau_1 \tag{4-4}$$

$$G_3[k_3;x(t)]=\int_0^{\infty}\int_0^{\infty}\int_0^{\infty}k_3(\tau_1,\tau_2,\tau_3)x(t-\tau_1)x(t-\tau_2)x(t-\tau_3)\mathrm{d}\tau_1\mathrm{d}\tau_2\mathrm{d}\tau_3-3A\int_0^{\infty}\int_0^{\infty}k_3(\tau_1,\tau_2,\tau_2)x(t-\tau_1)\mathrm{d}\tau_1\mathrm{d}\tau_2 \tag{4-5}$$

式中，A 为输入信号 $x(t)$ 的功率谱密度。

4.3 维纳核的获取

4.3.1 离散维纳核的获取方法

对于离散电路系统，依据维纳级数的性质来求解各阶核。

零阶核为

$$k_0=E[y(t)] \tag{4-6}$$

可见，k_0 为输出函数 $y(t)$ 的均值。

一阶核为

$$k_1(\tau)=\frac{1}{A}R_{xy_0}(\tau) \tag{4-7}$$

可见，一阶核是 $x(t)$ 与 $y_0(t)$ 的相关函数与 $x(t)$ 的功率谱密度 A 之比。其中 $y_0(t)=y(t)-k_0$，是指去除均值后的输出。

二阶核为

$$k_2(\tau_1,\tau_2)=\frac{1}{2A^2}E[y_1(t)x(t-\tau_1)x(t-\tau_2)] \tag{4-8}$$

式中，$E[y_1(t)x(t-\tau_1)x(t-\tau_2)]$ 为 $y_1(t)$、$x(t-\tau_1)$、$x(t-\tau_2)$ 的三阶互相关函数。$y_1(t)=y(t)-G_0[k_0;x(t)]-G_1[k_1;x(t)]$，为从输出 $y(t)$ 中去除 k_0 和 $k_1(\tau)$ 所产生的输出。

三阶核为

$$k_3(\tau_1,\tau_2,\tau_3)=\frac{1}{6A^3}E[y_2(t)x(t-\tau_1)x(t-\tau_2)x(t-\tau_3)] \tag{4-9}$$

式中，$E[y_2(t)x(t-\tau_1)x(t-\tau_2)x(t-\tau_3)]$ 为 $y_2(t)$、$x(t-\tau_1)$、$x(t-\tau_2)$、$x(t-\tau_3)$ 的四阶互相关函数。$y_2(t)=y(t)-G_0[k_0;x(t)]-G_1[k_1;x(t)]-G_2[k_2;x(t)]$，为从输出 $y(t)$ 中去除 k_0、$k_1(\tau)$ 和 $k_2(\tau_1,\tau_2)$ 所产生的输出。

不失一般性的，其 n 阶核为

$$k_n(\tau_1,\tau_2,\cdots,\tau_n)=\frac{1}{n!A^n}E[y_{n-1}(t)x(t-\tau_1)\cdots x(t-\tau_n)] \tag{4-10}$$

式中，$y_{n-1}(t)=y(t)-\sum_{i=0}^{n-1}G_i(t)$，为从输出 $y(t)$ 中去除前 $n-1$ 阶维纳所产生的输出。

由上述公式，可以理解成维纳级数可按不同阶相关函数展开，因此各阶相关函数的获得是求解维纳核的关键。这可以通过数字计算的方法得到，具体方法如下：

假设对系统的输入信号 $x(t)$ 及输出响应 $y(t)$ 进行等间隔采样，得到的 N 点时间采样序列为

$$\langle y_n\rangle: y_0,y_1,y_2,\cdots,y_{N-1}$$
$$\langle x_n\rangle: x_0,x_1,x_2,\cdots,x_{N-1}$$

则可以用时间相关函数作为总的相关函数的估计，有

$$\begin{aligned}\hat{R}_{xy}(m)&=\frac{1}{N}\sum_{n=0}^{N-1}y_n x_{n-m}\\ \hat{R}_{xxy}(m_1,m_2)&=\frac{1}{N}\sum_{n=0}^{N-1}y_n x_{n-m_1}x_{n-m_2}\\ &\cdots\end{aligned} \tag{4-11}$$

在计算过程中，如果 x 的序号小于0，则取其值为0，并只在 $m_1\geqslant m_2\geqslant m_3\geqslant\cdots$，且各 m 均大于0的取值范围内进行计算。

4.3.2 维纳核的间接获取方法研究

有些非线性动态系统既可以用非正交的沃尔泰拉级数来描述，也可以用正交函数族维纳泛函级数描述。可见，在此情况下两种级数之间有着内在的联系，在一定条件下可以根据下述的两个定理实现两个核之间的互相求解。

定理 4.1 设一非线性系统可由下述的维纳正交级数和沃尔泰拉泛函级数描述：

$$y(t)=\sum_{m=0}^{\infty}G_m[k_m(\tau_1\cdots\tau_m);x(t)]$$

$$\text{且 } E[G_n[k_n;x(t+\tau)]G_m[k_m;x(t)]]=0,\text{对所有 }\tau\text{ 和 }m\neq n \tag{4-12}$$

$$y(t)=\sum_{n=0}^{\infty}\int_{-\infty}^{\infty}\cdots\int_{-\infty}^{\infty}h_n(\sigma_1,\cdots\sigma_n)\prod_{i=1}^{n}x(t-\sigma_i)\mathrm{d}\sigma_1\cdots\mathrm{d}\sigma_n \tag{4-13}$$

则 N 阶对称沃尔泰拉核为

$$h_N(t_1,\cdots,t_N)=\sum_{i=0}^{\infty}\frac{(-1)^i(N+2i)!A^i}{N!i!2^i}$$

$$\int_{-\infty}^{\infty}\cdots\int_{-\infty}^{\infty}k_{N+2i}(t_1,\cdots,t_n,\tau_1,\tau_2,\cdots\tau_{i-1},\tau_i)\mathrm{d}\tau_1\cdots\mathrm{d}\tau_i \tag{4-14}$$

定理 4.2 设一非线性系统可由维纳正交级数（4-12）和对称沃尔泰拉泛函级数（4-13）描述，则 N 阶维纳核为

$$k_N(t_1,\cdots,t_N)=\sum_{i=0}^{\infty}\frac{(N+2i)!A^i}{N!i!2^i}$$

$$\int_{-\infty}^{\infty}\cdots\int_{-\infty}^{\infty}h_{(N+2i)}(t_1,\cdots,t_n,\sigma_1,\sigma_2,\cdots\sigma_{i-1},\sigma_i)\mathrm{d}\sigma_1\cdots\mathrm{d}\sigma_i \tag{4-15}$$

当已知维纳核或沃尔泰拉核中的一种时，可以根据上述两个定理去求得另一种核。下面举例说明由已知的沃尔泰拉核求取维纳核的过程。

【例 4-1】 设某非线性系统的对称沃尔泰拉核为

$$h_1(t)=\mathrm{e}^{-t}1(t)$$

$$h_2(t_1,t_2)=\mathrm{e}^{-t_1}\mathrm{e}^{-t_2}1(t_1)1(t_2)$$

$$h_3(t_1t_2t_3)=\mathrm{e}^{-t_1}\mathrm{e}^{-t_2}\mathrm{e}^{-t_3}1(t_1)1(t_2)1(t_3)$$

式中，$1(t)$、$1(t_1)$、$1(t_2)$ 和 $1(t_3)$ 为单位阶跃函数。

根据定理 4.2，可写出一阶维纳核为

$$\begin{aligned}k_1(t)=&\frac{(1+2\times0)!A^0}{1!\times0!\times2^0}h_1(t_1)+\\&\frac{(1+2\times1)!A^1}{1!\times1!\times2^1}\int_{-\infty}^{\infty}h_3(t_1,\sigma_1,\sigma_1)\mathrm{d}\sigma_1+\\&\frac{(1+2\times2)!A^2}{1!\times2!\times2^2}\int_{-\infty}^{\infty}\int_{-\infty}^{\infty}h_5(t_1,\sigma_1,\sigma_1,\sigma_2,\sigma_2)\mathrm{d}\sigma_1\mathrm{d}\sigma_2+\cdots\\=&\left(1+\frac{3A}{2}\right)\mathrm{e}^{-t}1(t)\end{aligned}$$

同理可得

$$k_2(t_1,t_2)=\mathrm{e}^{-t_1}\mathrm{e}^{-t_2}1(t_1)1(t_2)$$

$$k_3(t_1,t_2,t_3)=\mathrm{e}^{-t_1}\mathrm{e}^{-t_2}\mathrm{e}^{-t_3}1(t_1)1(t_2)1(t_3)$$

4.4 维纳核的退火遗传特征选择和提取方法

4.4.1 基于 MSAGA 的维纳核的特征选择和提取方法

为了提高基于维纳核的非线性模拟电路的诊断效率，本节提出了维纳核参数的基于 MSAGA 的特征选择和提取方法。前面介绍了该方法在基于沃尔泰拉核的故障诊断中的应用，

同样该方法也可应用于基于维纳核的故障诊断中，实现从维纳核中优化选择和提取故障特征参数。

本方法的基本思想是将特征提取和选择作为优化问题，确定特征评价函数，并以此作为优化的目标函数，采用 MSAGA 对原始特征（特征选择问题）或转移矩阵（特征提取问题）进行全局寻优，再由寻优结果得到特征选择和提取结果。其特征选择方法和提取方法原理框图分别如图 4-1 和图 4-2 所示。

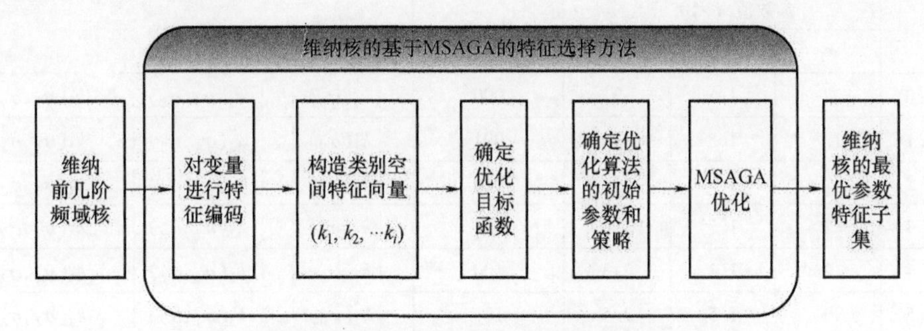

图 4-1　维纳核的基于 MSAGA 的特征选择方法原理框图

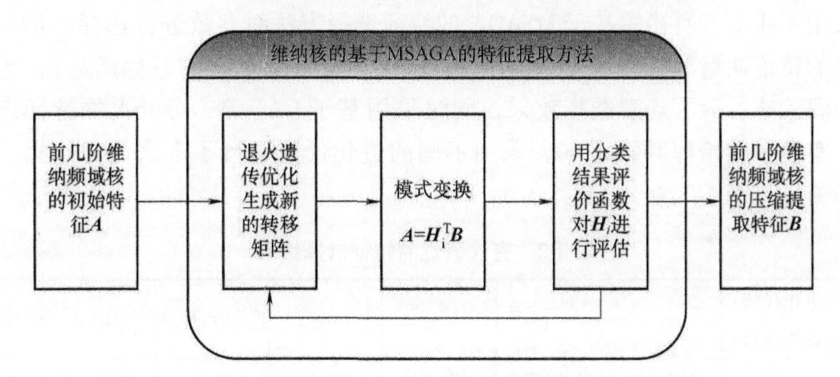

图 4-2　维纳核的基于 MSAGA 的特征提取方法原理框图

维纳核的退火遗传特征选择和提取方法与沃尔泰拉核的相似，注意事项和要点不再赘述。下面通过一简单实例加以介绍。

4.4.2　维纳核的退火遗传特征选择实例

为了进一步介绍维纳核的退火遗传特征选择方法，现结合实例加以介绍。设已经求得某电路的前三阶维纳核的表达式分别为

$$k_1(\sigma_0)=\mathrm{e}^{a_1^2\sigma_0^2}$$

$$k_2(\sigma_1,\sigma_2)=\mathrm{e}^{a_2^2(\sigma_1+\sigma_2)^2}$$

$$k_3(\sigma_3,\sigma_4,\sigma_5)=\mathrm{e}^{a_3^2(\sigma_3+\sigma_4+\sigma_5)^2}$$

式中，a_1、a_2、a_3 为待定常数。

本例从前三阶核中选择信息构成电路的特征向量。

设待优化的参数为 σ_0、σ_1、σ_2、σ_3、σ_4 和 σ_5，它们的取值范围均为 0~1000。对这些参数进行编码，每个参数用 14 位二进制数表示，6 个参数共 84 位二进制数，作为个体的染色体用于后续的优化过程。

为了说明问题，设置6种待诊断的状态（见表4-1）。

所要进行的特征选择过程实质就是要找到一些自变量的取值点，在这些点上6种电路状态的核的取值所构成的6个特征向量总体区别最大，总体区别采用所设定的目标函数（即集总欧氏距离）来衡量。

表4-1 待诊断状态参数

	参数值（$\times10^{-3}$）			状态编号	特征值
	a_1	a_2	a_3		
正常状态0	2	1.5	3	000	$\lvert k_1(\sigma_0)\rvert, \lvert k_2(\sigma_1,\sigma_2)\rvert, \lvert k_3(\sigma_1,\sigma_2,\sigma_3)\rvert$
故障状态1	1.5	1.5	3	001	$\lvert k_1(\sigma_0)\rvert, \lvert k_2(\sigma_1,\sigma_2)\rvert, \lvert k_3(\sigma_1,\sigma_2,\sigma_3)\rvert$
故障状态2	2	1.9	3	010	$\lvert k_1(\sigma_0)\rvert, \lvert k_2(\sigma_1,\sigma_2)\rvert, \lvert k_3(\sigma_1,\sigma_2,\sigma_3)\rvert$
故障状态3	2	1.5	1.6	011	$\lvert k_1(\sigma_0)\rvert, \lvert k_2(\sigma_1,\sigma_2)\rvert, \lvert k_3(\sigma_1,\sigma_2,\sigma_3)\rvert$
故障状态4	2	1.2	2.3	100	$\lvert k_1(\sigma_0)\rvert, \lvert k_2(\sigma_1,\sigma_2)\rvert, \lvert k_3(\sigma_1,\sigma_2,\sigma_3)\rvert$
故障状态5	3	1.5	2.5	101	$\lvert k_1(\sigma_0)\rvert, \lvert k_2(\sigma_1,\sigma_2)\rvert, \lvert k_3(\sigma_1,\sigma_2,\sigma_3)\rvert$

下面采用4.4.1节所述的基于MSAGA的特征选择方法对参数进行选择，仍采用前面选定的各状态的特征向量的集总欧氏距离作为适应度函数（即优化的目标函数），控制温度仍采用指数降温策略。为了观察选择效果，同时采用基于GA、PSO和SA的特征选择方法做对比实验。实验中初始种群数为50，采用不同的进化代数进行了多次优化选择，有代表性的特征选择结果见表4-2。

表4-2 有代表性的特征选择结果

算法	进化代数（迭代次数）	σ_0	σ_1	σ_2	σ_3	σ_4	σ_5	适应度值
MSAGA	20	699.87	699.87	699.81	999.88	999.51	999.76	1.7614e+035
	40	981.26	981.14	999.82	999.88	1000	999.94	1.8264e+035
	60	999.45	999.45	999.27	1000	1000	1000	1.8446e+035
GA	20	860.89	784.35	829.95	790.82	996.64	629.31	8.2731e+022
	40	281.08	831.11	601.6	700.79	936.34	885	8.9423e+024
	60	421.78	160.72	827.44	982.18	833.55	859.79	1.1687e+028
PSO	20	900.93	309.83	691.08	754.26	774.22	983.09	5.5423e+024
	40	944.88	395.17	383.02	902.09	839.65	883.72	1.0731e+027
	60	79.167	374.29	408.41	980.83	883.23	980.41	5.1646e+031
SA	100	347.49	869.25	166.27	839.16	790.03	949.83	1.2182e+026
	200	918.57	762.25	402.86	912.1	900.93	981.63	4.1229e+030
	300	997.4	997.38	999.08	1000	1000	1000	1.8446e+035

实验结果表明，维纳核参数的基于MSAGA的特征选择方法是可行的，能够选择出最能反映故障特征的向量；在相同的初始种群数和进化代数（迭代次数）的情况下，基于MSAGA的特征选择方法的质量和速度明显优于基于GA、PSO和SA的特征选择方法。

4.5 基于维纳核及神经网络的故障诊断研究

本节提出的基于维纳核和神经网络的诊断原理如下：以维纳核的提取数据为特征参数，诊断前以被诊断系统的各种故障状态的前几阶维纳核提取的信息和相应状态的编码为训练样本，以足够的精度训练神经网络，训练成功后进行测试，用测试样本检测系统的泛化能力，可反复训练，直到满足要求，即完成了智能故障诊断检索网络的建立；实际诊断时，根据对被诊断电路的输入和输出的测量数据求得电路的前几阶维纳核，然后用与测试前相同的方法从核中提取特征参数，再将其输入到神经网络，通过神经网络在线自动识别出电路故障状态，完成电路故障诊断。

以维纳核提取参数为系统特征，采用神经网络实现故障推理搜索的智能故障诊断系统，其原理框图如图 4-3 所示。

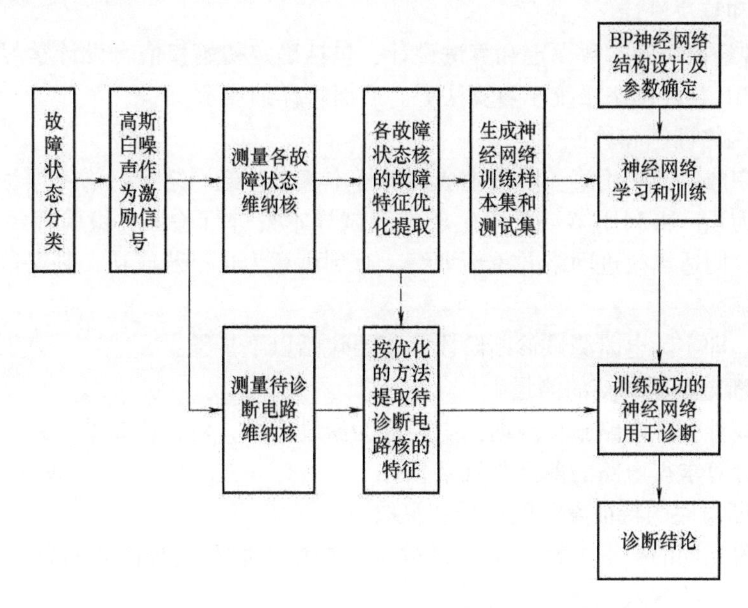

图 4-3 基于维纳核的智能故障诊断系统原理框图

与基于沃尔泰拉核的诊断方法相似，基于维纳核故障诊断的过程可分为三个阶段：第一阶段是特征提取和样本生成阶段；第二阶段是神经网络设计和训练阶段；第三阶段为实际电路测试诊断阶段。

第一阶段，即特征提取和样本生成阶段，主要包括以下步骤：

（1）状态分类

对被测非线性模拟电路进行分类和编号。状态包括电路的正常状态和所有要诊断的故障状态，即软故障、硬故障及多故障状态，并建立故障状态集。

（2）各状态维纳核的测量

依次向处于上述各故障状态的被测非线性模拟电路施加高斯白噪声作为测试激励信号，并同时对输入、输出信号进行测量，得到采样数据序列。经过前面介绍的数据处理方法，可得到被测电路的各故障状态下对应的前几阶维纳核，并通过仿真或实验验证核的正确性。

（3）各故障状态的特征提取

从测得的各故障状态的核中选择或提取故障特征参数。电路的维纳核中包含大量信息，其中含有很多对于诊断前述分类中故障的冗余信息。如果这些信息都作为诊断特征，将严重影响诊断准确性和效率，所以冗余信息应该剔除。可采用本章提出的维纳核的退火遗传特征选择和提取方法。

（4）生成训练样本集和测试集

对提取的故障特征数据进行范围转换和归一化等处理，生成训练样本集和测试集，用于神经网络的训练和验证。

第二阶段，即神经网络设计和训练阶段，主要包括以下步骤：

（1）神经网络的选择和设计

首先根据需要选择神经网络的类型，类型确定后则选择网络的结构。这里采用 BP 神经网络进行诊断。详细内容将在后面介绍。

（2）参数和算法设计

完成 BP 神经网络的参数设定和算法设计，包括确定初始权值、设计学习率的自适应调整方法，以及 BP 神经网络系统学习算法等。后面将详细展示。

（3）神经网络训练和验证

网络设计完成后，利用第一阶段生成训练样本集对神经网络进行学习训练，直到达到设定的目标精度为止。再利用第一阶段生成的测试样本集进行验证，检验神经网络的训练效果。若不理想，则适当改进网络并重新训练，直到满意为止；若成功，则保留训练结果，用于实际诊断系统。

第三阶段，即实际电路测试诊断阶段，主要包括以下步骤：

（1）待诊断电路维纳核的测量

向被测非线性模拟电路施加高斯白噪声作为激励信号，对被诊断的电路的输入和输出进行采样，通过计算求得电路的前几阶维纳核。

（2）待诊断电路的特征参数的选择和提取

用第一阶段相同的提取方法，从测得的维纳核中提取和选择故障特征，并形成诊断样本，作为神经网络的输入。

（3）故障诊断

把得到的诊断样本输入到训练成功的神经网络，网络的输出即为对应的故障编码，根据故障编码表可知电路的故障类型，输出诊断结果。

4.6 诊断实例

本节以带通滤波电路为诊断对象，通过对其进行诊断来验证上述诊断方法，电路中含有非线性电阻 R_3，如图 4-4 所示。其中，电容 $C=1\mu\text{F}$，电感 $L=16\text{H}$，线性电阻 $R_1=1\text{k}\Omega$，非线性电阻 R_3 的电流和电压关系为 $i_{R_3}=0.003u_{R_3}+0.02u_{R_3}^2$，负载电阻 $R_2=8\text{k}\Omega$，以负载电阻端电压为电路的输出。

因为硬故障相对来说比较容易诊断，所以下面只选择软故障进行诊断。选定任意 4 种软故障状态与正常状态一起构成 5 种故障状态。首先，用 PSPICE 软件进行仿真，得到 5 种状

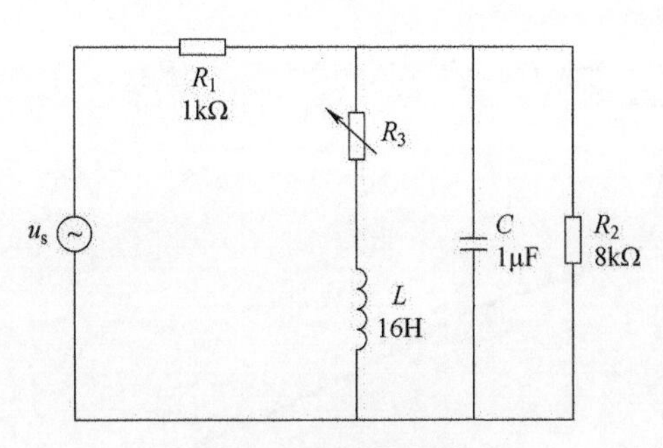

图 4-4 非线性电路

态的输入、输出采样数据序列；然后，用 MATLAB 软件进行运算，得到已定义的 5 种状态的 1、2、3 阶维纳核，对它们进行编码处理后，得到各状态的故障编码和特征参数（见表 4-3）。

表 4-3 测试参数和故障编码

故障序号	故障元件表征	K_{m1}	K_{m2}	K_{m3}	故障编码
F_0	$R_1=0.9\text{k}\Omega$	0.4426	0.1018	0.0184	10000
F_1	$R_1=1.1\text{k}\Omega$	0.3443	0.0851	0.0154	01000
F_2	$R_2=7\text{k}\Omega$	0.3760	0.0684	0.0122	00100
F_3	$i_{R_3}=0.13u_{R_3}+0.018u_{R_3}^2$	0.3804	0.0781	0.0136	00010
F_4	无	0.4219	0.0923	0.0152	00001

利用三层 BP 神经网络来诊断本例的电路故障，神经网络的组建原理详见本书第 2 章相关内容。依据上述原理和方法，设输入层由 3 个神经元组成，输出层由 5 个神经元组成，选取隐含层由 12 个神经元组成。由于 BP 神经网络的预测误差等于训练误差与网络复杂度引起的误差之和，网络的泛化能力和学习集函数的均值与期望输出的偏差成正比，所以设定训练的方均根误差为 0.001。以表 4-1 所示的数据作为训练样本，对 BP 神经网络进行训练，通过软件可得其收敛过程，如图 4-5 所示。另外取三组没进行训练的软故障状态的数据，输入训练好的神经网络进行诊断，诊断结果（见表 4-4）完全正确。

表 4-4 诊断结果

参数		试验序号 1	试验序号 2	试验序号 3
待诊断数据	K_{m1}	0.445	0.371	0.429
	K_{m2}	0.103	0.063	0.093
	K_{m3}	0.019	0.010	0.016
神经网络诊断输出	O_1	**0.989**	0.000	0.052
	O_2	0.000	0.116	0.000
	O_3	0.000	**0.998**	0.000
	O_4	0.000	0.003	0.017
	O_5	0.026	0.000	**0.888**

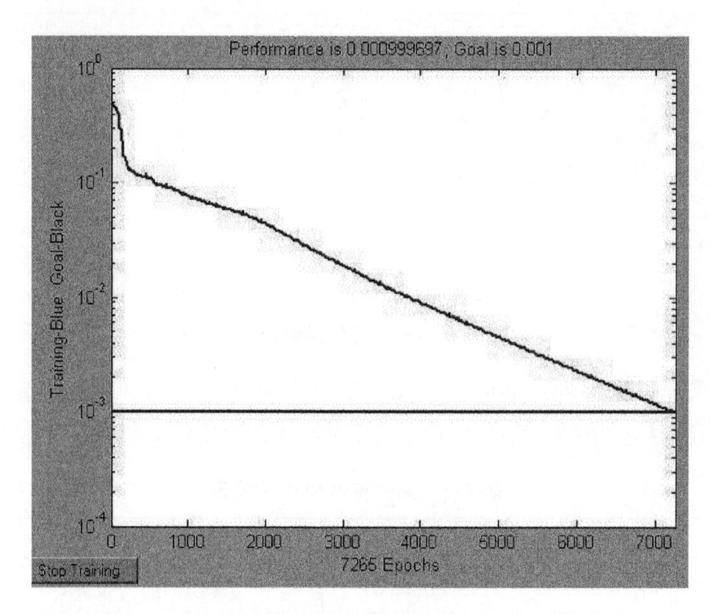

图 4-5　训练进程

综上所述，本章提出的基于维纳核及神经网络的故障诊断方法与非智能方法相比，主要优势如下：一是，需要的可及节点少，只需要输入和输出节点可及；二是，诊断的准确度和效率高，泛化能力强；三是，不仅适用于单故障、硬故障，而且适用于多故障和软故障。与其他智能方法相比，主要优势如下：一是，用于诊断的特征反映了系统的本质，特征稳定，与瞬态响应法相比，特征获取比较容易，对测量的要求低；二是，故障诊断的环节少，效率高，实用性更强；三是，与其他的类似方法相比，特征提取与选择优化效果更好。

4.7　本章小结

非线性系统既可以用沃尔泰拉泛函级数描述，也可以用维纳泛函级数展开法描述。沃尔泰拉级数是多维傅里叶展开，而维纳级数可以理解成按不同阶相关函数展开，更容易理解和接受。与沃尔泰拉级数相比，维纳级数不仅是一种正交展开，而且方均误差最小；有些情况下沃尔泰拉核获取困难，而维纳核相对容易；基于沃尔泰拉核的故障诊断存在测试激励的选择问题，而测维纳核只需施加高斯白噪声，不需选择。另外，当部分非解析的非线性电路不便用沃尔泰拉级数描述时，可以用维纳级数描述。

鉴于此，本章提出了基于维纳核的非线性模拟电路故障诊断方法，并对该诊断方法涉及的各个环节进行了较全面的研究。计算中，以时间相关函数来估计各阶相关函数，求解非线性模拟电路的维纳核，并给出了维纳核的间接求解方法；提出了基于维纳核的改进退火遗传特征选择和提取方法，并通过实例验证该方法优于基于 GA、SA 和 PSO 的特征选择方法；提出了基于维纳核和神经网络的故障诊断方法，可利用 BP 神经网络在线自动识别出电路故障状态，完成电路故障诊断，并用实例证明该诊断方法是有效的。

第5章

模拟电路智能故障诊断系统设计

5.1 引言

与相对成熟的数字电路故障诊断技术相比，模拟电路的故障诊断理论还不完善，没有完善统一的诊断模式，实用性更有待加强。本章介绍的非线性模拟电路智能诊断方法是实用性较强的方法之一，可以应用于生产实践。

因此，为了验证所研究理论方法的正确性和实用性，本章基于前几章讨论的原理对智能故障诊断系统进行设计。设计思想是在本书作者研制的模拟电路故障诊断仪和计算机构成的硬件平台上，充分发挥计算机软件的强大能力，实现基于神经网络和沃尔泰拉核、维纳核的非线性模拟电路智能诊断。所组建的智能故障诊断系统小巧、价廉、功能实用。实验表明，本系统诊断结论正确、运行可靠，也证明了所提出的非线性模拟电路故障诊断理论正确、方法可行。

5.2 模拟电路智能故障诊断系统原理及总体结构

基于前述的非线性模拟电路的智能故障诊断原理，本章介绍了本书作者组建的模拟电路故障诊断实验系统。组建系统所用的模拟电路故障诊断测试仪是自行研制的，它采用 USB 与计算机连接，依靠编制的应用软件实现故障诊断功能。

5.2.1 系统的原理

模拟电路的智能故障诊断主要指基于神经网络的故障诊断，就诊断特征的来源看有很多种，如基于小波系数能量特征向量的故障诊断、基于沃尔泰拉核特征的故障诊断及基于维纳核的故障诊断等。

本章介绍的模拟电路智能故障诊断系统针对后两种原理设计。当然，如果编制相应的应用软件，则也能完成第一种原理的故障诊断，因为该系统的硬件配置是足够的。

在进行基于沃尔泰拉核的故障诊断时，以沃尔泰拉核为系统特征，采用神经网络实现故障推理搜索。智能故障诊断系统的原理见本书第 2 章的图 2-1。较详细的故障诊断步骤见本书 2.4.1 节。

需要说明的是，在特征提取阶段，主要完成三项工作：一是对被测非线性模拟电路进行分类编号，并建立故障状态集；二是测试激励信号的选择和优化；三是各状态核的测量。其中第三步，是保证准确度的一个重要环节，其方法如图 5-1 所示。

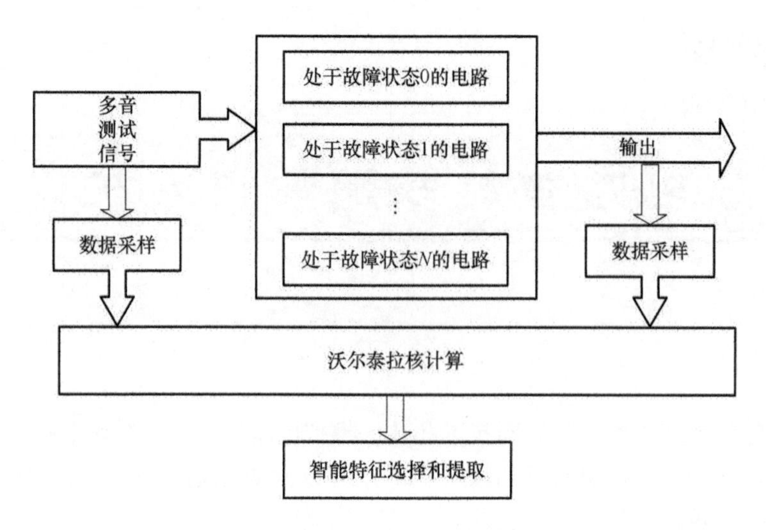

图 5-1　各状态沃尔泰拉核的测量方法

此项工作可以采用仿真软件或实际测量方法实现，但是，由于在实际电路中制造出各种故障状态比较困难，所以多以软件仿真实现。其方法是依次向处于上述各故障状态的被测电路施加选定的多音测试信号，并同时对输入、输出信号进行测量，得到采样数据序列，经过数据处理得到被测电路的各故障状态下对应的前几阶沃尔泰拉频域核。

在进行基于维纳核的故障诊断时，以维纳核为系统特征，采用神经网络实现故障推理搜索。智能故障诊断系统的原理见本书第 4 章的图 4-3。较详细的故障诊断步骤见本书 4. 5 节。

同样，各状态维纳核的测量是关键，其方法如图 5-2 所示。此时的测试信号为高斯白噪声。此过程也多以软件仿真实现。

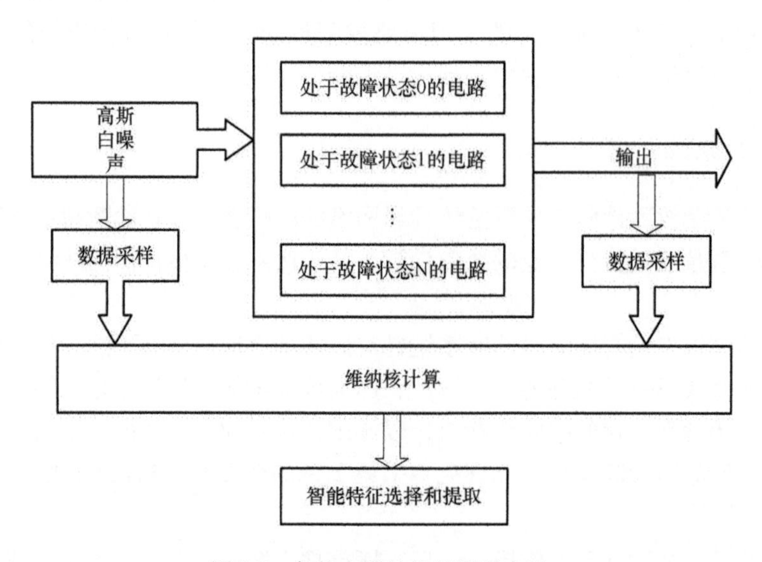

图 5-2　各状态维纳核的测量方法

5.2.2　系统的总体结构

系统的总体结构如图 5-3 所示。主要由两大部分组成，即硬件和软件。

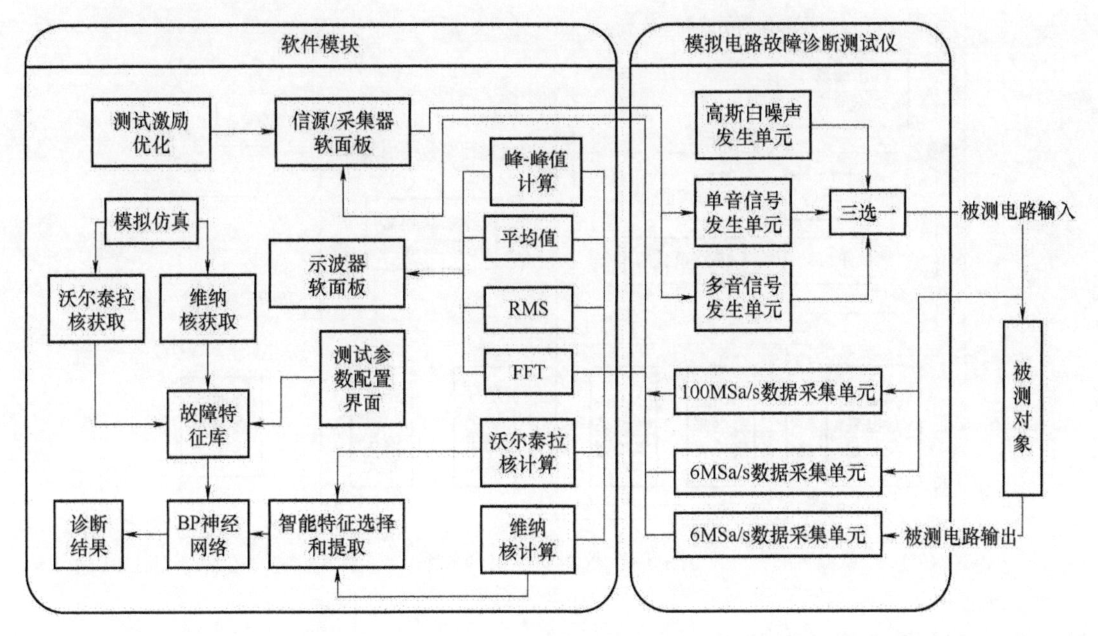

图 5-3　系统的总体结构

系统硬件包括模拟电路故障诊断测试仪、计算机和被测电路。模拟电路故障诊断测试仪由两部分组成：其一是信号发生部分；其二是数据采集部分。针对模拟电路智能故障诊断的需要，信号发生部分由三个单元组成，即单音信号发生单元、多音信号发声单元和高斯白噪声发生单元。其中，单音和多音信号作为基于沃尔泰拉核的故障诊断的激励信号，而高斯白噪声则用作基于维纳核的故障诊断的激励信号。数据采集部分针对故障诊断和电路识别的同步采样及示波器高速采样的不同需要设计，配备一个最高 100MSa/s 和两个最高 6MSa/s 的数据采集通道。

软件实现硬件控制、数据处理、模拟仿真、故障诊断、信源采集器和示波器面板和其他功能。其中，硬件控制是指通过软件控制硬件的信号发生和数据采集等；数据处理包括 FFT、RMS、峰-峰值、平均值、沃尔泰拉核及维纳核的计算、测试激励和特征选择提取的优化计算，以及虚拟仪器功能的标度变换等数据处理功能；模拟仿真指电路的各个状态的仿真和特征采集；诊断软件依据诊断原理通过神经网络实现故障诊断功能；虚拟仪器则利用上述的计算和处理结果实现仪器功能，直观生动展现测量结果，并为使用者提供工具。另外，通过增加软件可丰富系统的功能和测量方法，实现系统升级。

5.3　智能诊断系统设计

本故障诊断系统的设计，在实现系统诊断功能的同时，还要注意一机多用，基于虚拟仪器的思想对软、硬件整体进行设计，灵活组合，实现了示波器、高斯白噪声发生器及双通道信源数据采集器功能。其组合关系如图 5-4 所示。下面将按照三种仪器及诊断系统四部分进行设计。

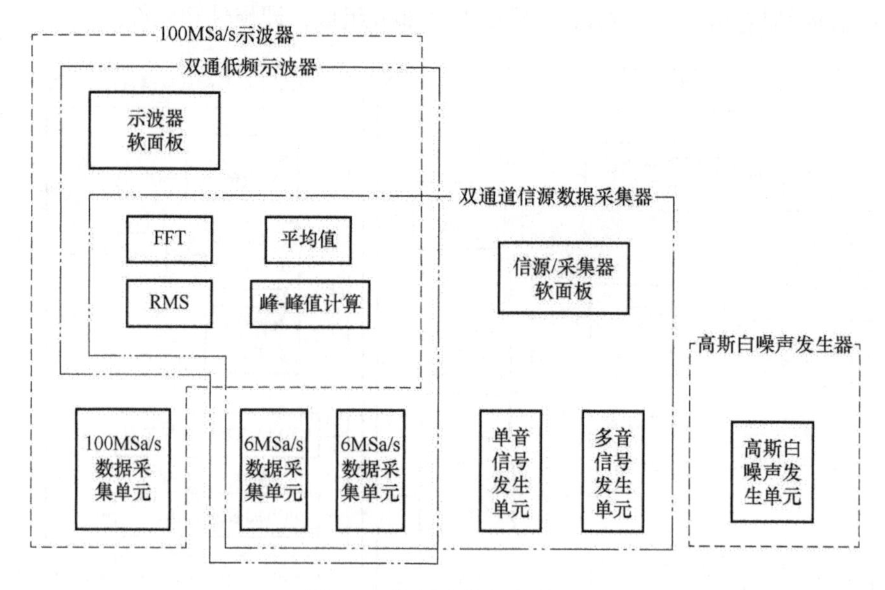

图 5-4　仪器功能组合关系

5.3.1　示波器功能单元设计

示波器功能单元是针对诊断中的高频采样并兼顾示波器功能而设计的。作为电子行业最常用的测量仪器之一，示波器主要用来观测信号的波形及参数等，本章利用采集单元的硬件和应用软件实现了单通道 100MSa/s 和双通道低频示波器功能。

本章介绍的基于 USB 总线的虚拟仪器示波器突破了传统示波器在形态和性能方面的局限，在功能和应用性上发生了显著变化；不仅实现了传统示波器的波形及有效值等参数显示功能，还扩展了频谱分析功能；无论是数据的分析、处理及特征图形显示，还是逼真的仪器面板，都充分体现了计算机功能最大化地服务测量的虚拟仪器思想。

1. 虚拟仪器示波器结构及硬件设计

本章介绍的示波器继承了以前设计示波器的成果，其总体结构如图 5-5 所示，由基础硬件模块和计算机应用软件两部分组成。

硬件电路有两套方案，即高速方案和低速方案。高速方案采用最高转换速度可达 105MSa/s 的 12 位 A/D 转换芯片 ADS6124，低速方案采用最高转换速度可达 6MSa/s 的 12 位 A/D 转换芯片 THS1206。低速方案的硬件为后面介绍的信源/采集器的采集单元方案，即用虚拟示波器软件与信源/采集器的采集单元结合构成双通道低速示波器。因此，先介绍高速方案的设计。

硬件电路主要由信号调理单元、模拟输入单元、FIFO、A/D 转换单元、时序逻辑控制单元及 USB 2.0 接口组成。示波器对存储的深度、采样的速度及数据通信的速度都有较高的要求，所以，芯片的选择和电路设计至关重要。

为了与计算机实现高速数据传输，本设计选择具有 USB 2.0 接口的美国赛普拉斯

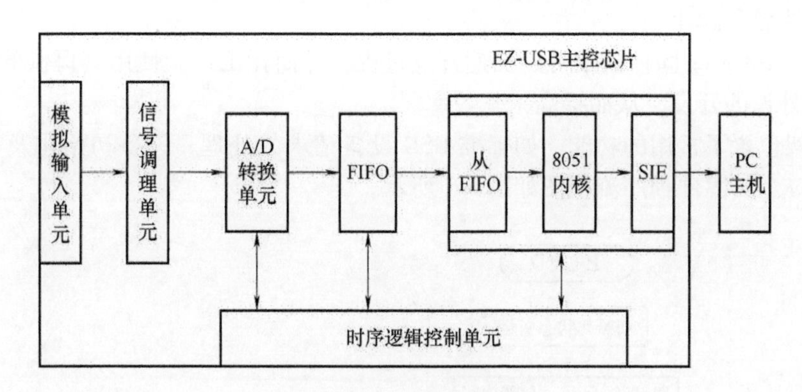

图 5-5　虚拟仪器总体结构

（CYPRESS）公司的控制芯片 CY7C68013 作为控制器，它与计算机通过 USB 接口通信，并可用 DMA 方式传送数据，使设备在 PC 的控制下进行操作。

CY7C68013 经过时序逻辑控制电路实现对 FIFO 和 A/D 转换的控制，A/D 转换产生的数据首先传送到 FIFO 中进行缓冲，再按固定的时序送入 CY7C68013 中的从 FIFO 里，再以 DMA 方式通过串行接口引擎（SIE）传送到上位计算机。

为达到 100MSa/s 以上采集的目标，选用 ADS6124 实现 A/D 转换。它是最高转换速度可达 105MSa/s 的 12 位 A/D 转换芯片。对于 100MSa/s 的 A/D 转换来说，主控器 CY7C68013 中的 4KB FIFO 太小。因此，需要增加一个大容量高速 FIFO 来缓存数据。通常可采用 FPGA 实现逻辑控制和数据存储，但考虑到存储深度要求和性价比，选择采用专用 FIFO 和 CPLD 的方案实现，即用工作频率可达 133MHz 且存储深度为 16384 ×36 的 IDT72V3680 进行数据缓存，而由 XC9572 完成逻辑控制。其数据缓冲电路接口连接如图 5-6 所示。有关细节见相关资料，不赘述。

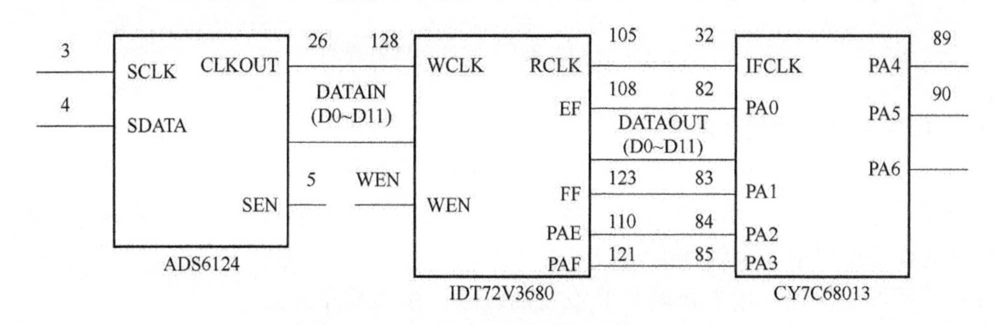

图 5-6　虚拟仪器数据缓冲电路接口连接图

2. USB 设备固件程序开发与软件设计

软件是虚拟仪器不可或缺的组成部分，它不仅提供类似传统仪器的面板，而且可以附带有别于传统仪器的丰富的功能，如在示波器中包含频谱功能等，极大地方便了用户。因此，在虚拟仪器的设计过程中软件开发占有极其重要的地位。

基于 USB 的虚拟示波器软件包括三部分，即下位机的固件程序、上位机的 USB 接口驱动程序和软件界面与控制程序。

（1）固件程序设计

利用 EZ-USB FX2 固件框架可以加速开发过程，并简化工作。使用其提供的固件函数可以加速 USB 外设的开发，从而提高工作效率。

固件框架包含了常用的功能，如标准 USB 设备请求的处理、设备初始化及 USB 挂起时的电源管理等。其固件程序流程图如图 5-7 所示。

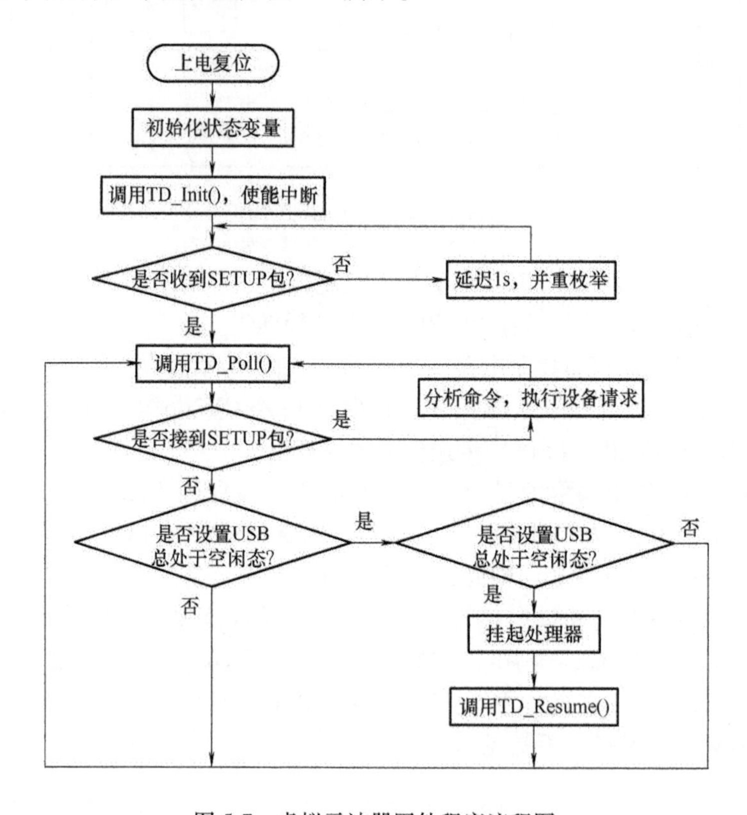

图 5-7　虚拟示波器固件程序流程图

（2）USB 接口驱动程序设计

与 Windows 95 系统下 VXD 有所不同的是，USB 设备驱动程序是 WDM 类型的，它不直接与设备的硬件通信，即驱动程序是一些例程的集合，供主机软件调用，或者激活。通常的 WDM 驱动程序由以下 5 个例程组成：

1）即插即用例程，用于处理 PnP 设备的删除、添加及停止。

2）驱动程序入口例程，用于初始化驱动程序。

3）电源管理例程，用于电源管理请求的处理。

4）卸载例程，用于驱动程序的卸载处理。

5）分发例程，用于用户应用程序所发出的各种 I/O 请求的处理。

（3）软件界面与控制程序设计

本设计采用面向对象的程序设计语言 VC++来开发，运用了数据处理、图像处理和串口通信等相关技术进行软件开发，遵循面向对象的设计思想进行程序设计，采用事件驱动方式，使系统的灵活性增加。

VC++提供的 MFC，不仅封装了 Windows 系统的 API，而且提供了应用程序框架，尤其重要的是“文档-视图”结构。本设计正是利用了这些丰富的资源。由于应用程序软件界面部分输入和显示的信息都较少，所以采用基于对话框的设计方法。在对话框中加入静态文本、按钮、列表框和编辑框等控件，通过属性设置实现仪器的各种功能。虚拟示波器软件基本框架如图 5-8 所示。虚拟示波器软件界面如图 5-9 所示。

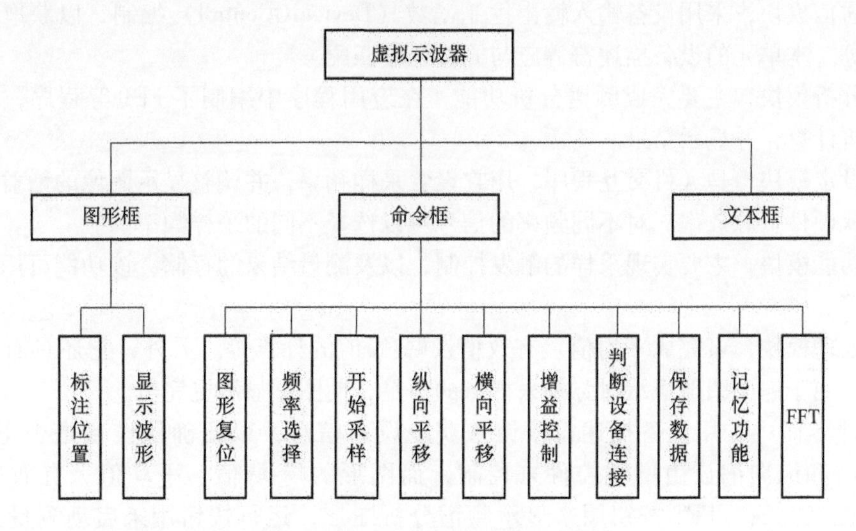

图 5-8 虚拟示波器软件基本框架

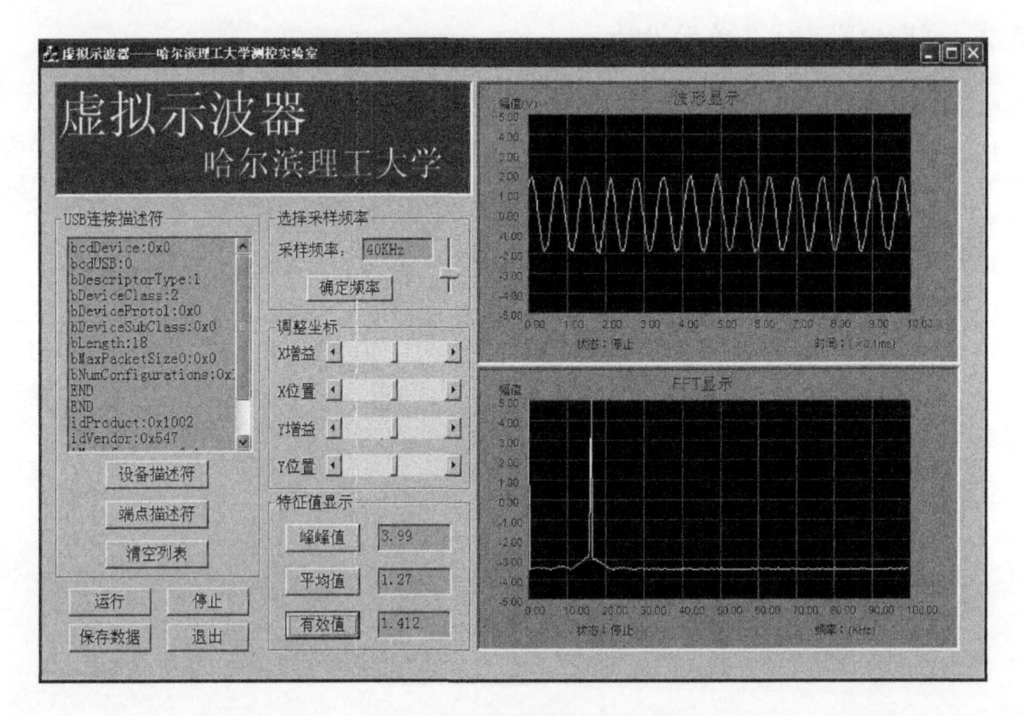

图 5-9 虚拟示波器软件界面

软件界面由 6 个主要部分组成，即波形显示模块、接口通信模块、频谱分析模块、参数设定模块、记忆功能模块和数据处理模块。

波形显示模块，应做到波形显示清晰、准确和稳定。设计中充分发挥了计算机的计算能力，对下位机传送的数据进行格式转换，并根据用户设定的参数进行数据提取，再利用函数来显示图像并存储数据。为了提高显示质量，利用插补计算进行数据处理，还重点解决了波形闪烁问题。

接口通信模块，采用设备输入输出控制函数（DeviceIOControl）编制，以获取正确的设备描述符等。本单元的设备描述符等应与固件程序匹配。

频谱分析模块，主要完成频谱分析功能，在应用程序中编制了 FFT 等程序，利用该程序进行分析计算，并显示结果。

参数设定模块，是人机交互程序，用它设置采样频率，并调整显示图像的增益等。为了充分发挥软硬件资源效率，对不同频率的信号可以选择不同的采样频率。

记忆功能模块，主要实现采样的触发控制，以及测量结果的存储，该功能可用于响应时间的测量等。

数据处理模块，可完成平均值、有效值及峰-峰值的计算等。另外，它还具有线性插值计算功能，用于缩放图形显示时弥补采样点的不足，使图形显示更完美。

在软件界面中，用设备描述符按钮来获取设备信息，以便确认设备是否正常连接，图形的横向和纵向缩放由增益控件来控制，而图形的峰-峰值、平均值、有效值的显示则由显示栏来完成，FFT 按钮用来显示频谱分析图形，运行按钮用来启动测量并显示波形等。

5.3.2 高斯白噪声发生单元设计

功率谱密度在整个频域内都均匀分布的噪声称为白噪声。理想的白噪声具有无限带宽，因而在现实世界中是不存在的。实际上人们通常把在很宽的频率范围内仍具有均匀功率谱密度的噪声称为白噪声，如散弹噪声、热噪声等。如果一个白噪声的幅度服从高斯分布，则称为高斯白噪声。

1. 高斯白噪声发生单元原理

由于白噪声具有无限带宽，因此产生噪声的序列需要有无穷长度的周期。在实际工程中，发生高斯白噪声的方法有很多，其中最简单的方法是 m 序列加低通滤波器的实现方法。为了调节幅度，本设计采用 m 序列通过 D/A 转换器，再通过滤波器的原理发生高斯白噪声。其原理框图如图 5-10 所示。

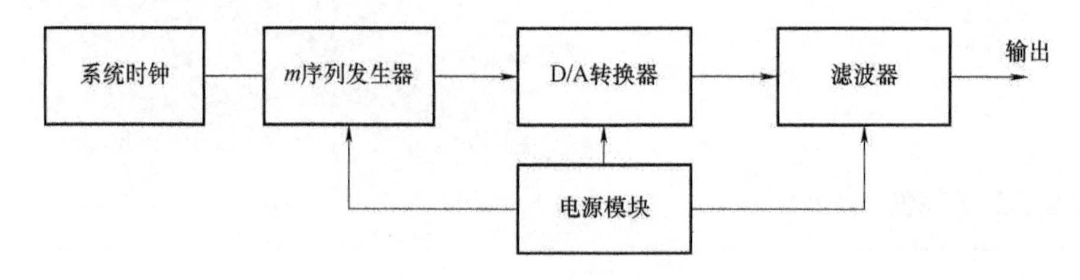

图 5-10　高斯白噪声发生单元原理框图

m 序列又称为最长线性反馈移位寄存器序列，它由线性反馈的移位寄存器产生，且具有

最大周期，是最常用的一种伪随机序列。线性反馈移位寄存器序列的周期，既与其反馈逻辑有关，也与设定的初值有关。但是，在生成最长线性反馈移位寄存器序列时，所设定的初始值并不影响它的周期，合适的线性反馈逻辑至关重要。在实际应用中，根据数据位数需要首先确定 m 序列的长度，然后通过查表就可以方便地得到相应的 m 序列发生器的反馈逻辑。图 5-11 所示为 8 级 m 序列发生器的反馈逻辑原理图。其特征方程为

$$f(x)=X^8+X^4+X^3+X^2+1 \tag{5-1}$$

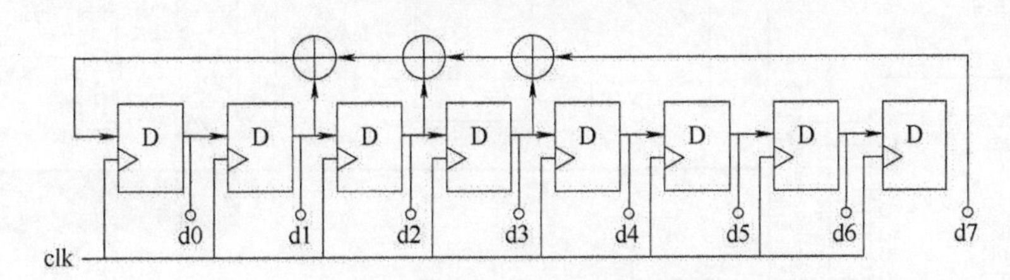

图 5-11 8 级 m 序列发生器的反馈逻辑原理图

从每一个寄存器的输出端都引出一个抽头，组合在一起就是一个 8 位长的二进制数，此二进制数共有（2^8-1）个，而且它们出现的概率是相等的，这是由于 m 序列具有伪随机性。如果把最高位当作符号位，其他位都看作是原码，那么这样所得到的数同样具有随机性，而且这些二进制数均值为零，方差固定。因为交流信号的功率就是它的方差，所以这样生成的信号功率谱是恒定的。由此可见，用这种方法产生的信号就是白噪声。m 序列的长度与产生的噪声质量成正比。序列长度越大，噪声带宽就越大。

图 5-12 所示为利用 QUARTUS Ⅱ实现的 m 序列发生器波形仿真图。clk 是 10MHz 的主系统时钟输入；$a[7\cdots0]$ 是 8 位二进制 m 序列输出。

D/A 转换和滤波电路原理不再赘述。

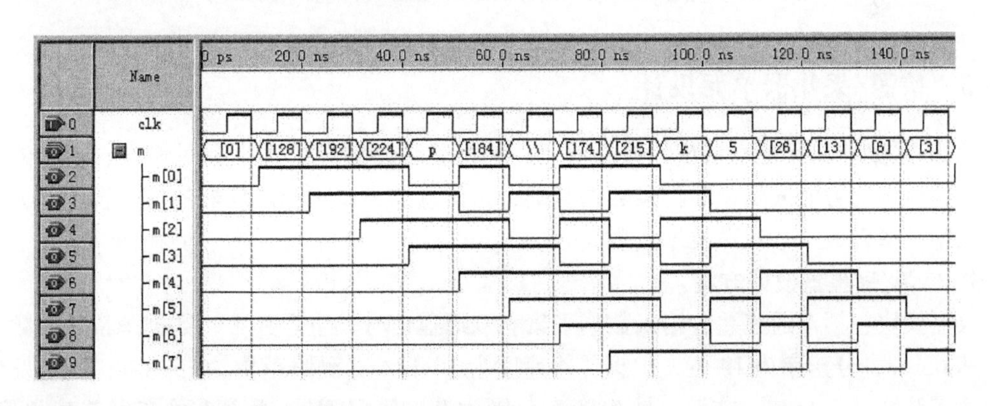

图 5-12 利用 QUARTUS Ⅱ实现的 m 序列发生器波形仿真图

2. 高斯白噪声发生单元实现

本设计采用美国 XILINX 公司的 XC9536 为主控芯片，D/A 转换器选用 DAC0832。通过编程，在 XC9536 内部设计实现 8 级 m 序列，将产生的 8 级 m 序列送给 D/A 转换器 DAC0832，再经过二阶有源滤波和隔直电路，得到高斯白噪声。系统时钟为 10MHz。利用 EDA 软件设计的硬件电路原理图，如图 5-13 所示。

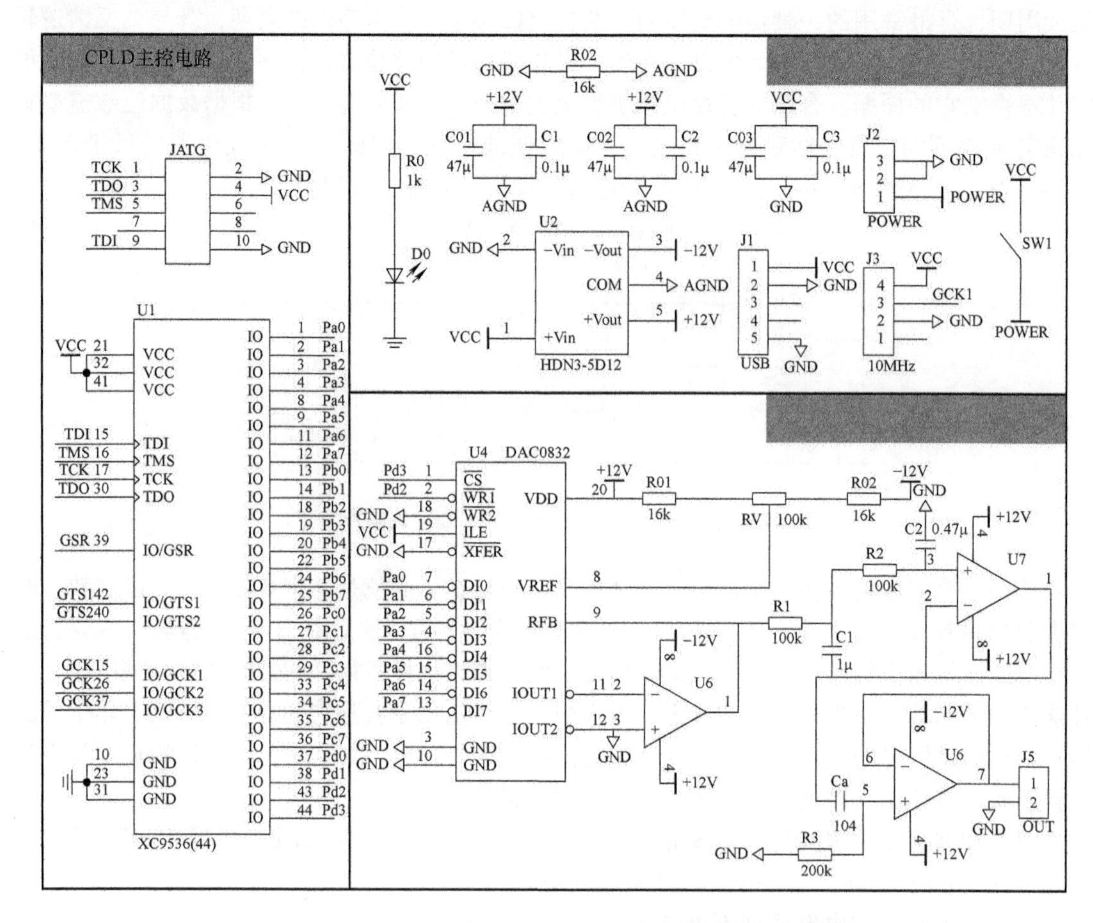

图 5-13　利用 EDA 软件设计的高斯白噪声发生器电路原理图

5.3.3　信源/采集器单元设计

信源/采集器单元是本系统的核心单元，承担着激励信号的发生和对输入、输出的测量任务，为后续的智能故障诊断提供数据基础，是信息的主要来源。仪器的信号发生部分采用直接数字频率合成（DDS）技术实现。

1. 信源/采集器设计方案

仪器模块包括双通道差分输入数据采集和双通道信号发生。其中，数据采集转换频率最高可达 6MHz，分辨率为 12 位，数据传输速度为 10MB/s，测量范围为-5~5V；信号发生器可产生正弦波、三角波、方波，输出频率范围为 0~12.5MHz，通道 1 可产生单基频信号，通道 2 可产生多基频的多音信号。信源/采集器总体方案如图 5-14 所示。

数据采集方面，主控芯片 CY7C68013 通过 CPLD XC9572 与 A/D 转换器 THS1206 连接，对 A/D 转换器进行配置和控制，并将 A/D 转换器采集的数据传输到其内部 FIFO 中，再以 DMA 方式传给主计算机。

信号发生方面，主控芯片 CY7C68013 通过 SPI 与三片 DDS 芯片 AD9833 相连，根据需要控制信号的发生。由于发生正弦信号时，AD9833 的输出信号幅值只有 600~700mV，而且

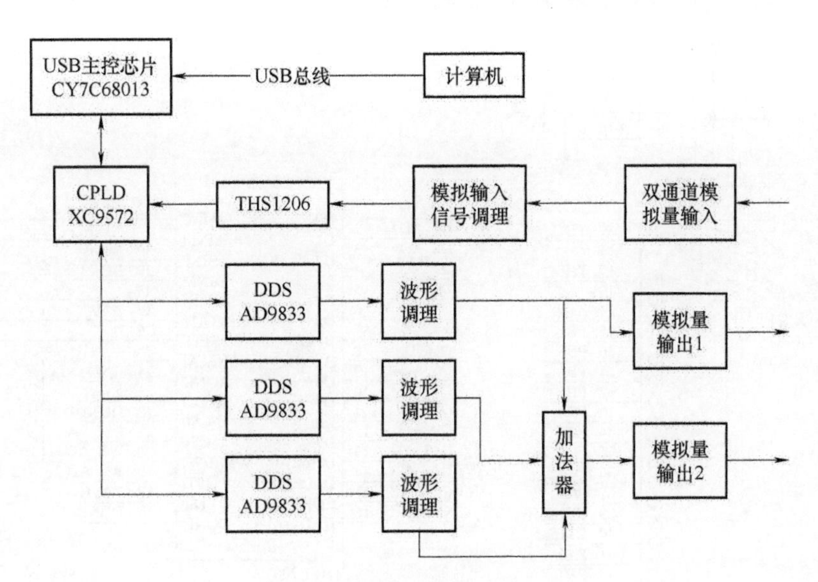

图 5-14 信源/采集器总体方案

是带有直流分量的正弦波，所以必须进行调理。需要采用隔直电路去除直流分量，采用放大电路调整信号的幅值。三路信号通过加法器进行相加，以产生多音信号，由模拟量输出 2 输出。

2. 信源/采集器硬件设计

从前面的原理介绍可知，整个仪器的硬件主要分三部分，即 USB 接口单元、数据采集单元和信号发生单元。其中，USB 接口单元设计在示波器部分已介绍过。利用 EDA 软件设计的数据采集单元单通道电路原理图如图 5-15 所示。

A/D 转换采用美国 TI 公司的 12 位 4 输入通道、6MSa/s 的 A/D 转换器 THS1206。CPLD 采用 Xilinx XC9572。被测信号经高输入阻抗差动电路和滤波电路进入 A/D 转换器。转换器由 CPLD 编程而实现的逻辑时序控制单元控制，进行数据采集。采集数据经过 CPLD 缓冲后送入 CY7C68013 的 FIFO 中，再通过 USB 总线传给上位机进行数据处理。利用 EDA 软件设计的信号发生单元单通道电路原理图如图 5-16 所示。

通道由信号发生单元、电平转换电路、隔直电路和放大电路组成。微处理器 CY7C68013 与 AD9833 之间采用 SPI 通信，通过 SCLK、SDATA 和 FSYNC 三条串行接口线进行。由于 CY7C68013 的 I/O 口为 3.3V 电平，而稳定工作时 AD9833 控制引脚的触发高电平为 5V，因此需要电平转换。本设计采用锁存器 SN74HCT244 实现 3.3V 到 5V 的电平转换。

结构相同的三路信号发生电路用加法器实现信号相加，若每个通道发生不同频率的信号，则相加后得到多音信号。

3. 信源/采集器软件设计

本仪器的控制软件包括三部分，即下位机微处理器固件程序和上位机的用户应用软件及设备驱动程序。接收到上位机的指令后，下位机软件执行仪器的相应功能，实现对外围模块的控制。

上位机软件是仪器的中枢，用户通过它设定信号发生和测试任务，向下位机发送测试命令，接收下位机上传的测量数据并对数据进行分析处理，得出测试结论。

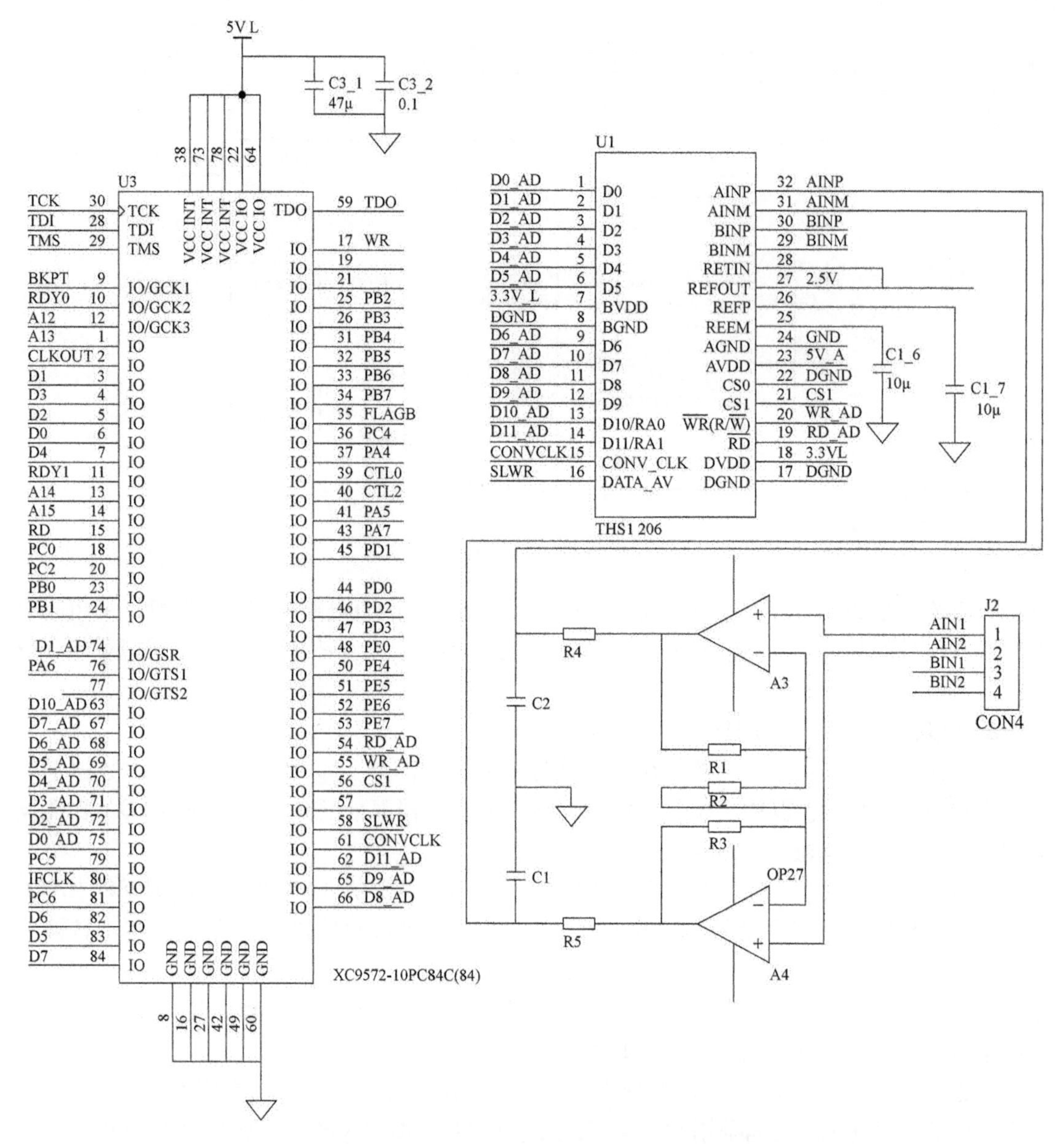

图 5-15 利用 EDA 软件设计的数据采集单元单通道电路原理图

图 5-17 所示为信源/采集器软件设计的总体方案。使用者通过用户应用软件，调用驱动程序，实现与下位机固件程序的通信，来实现计算机与设备的通信。

（1）信源/采集器固件程序总体设计

信源/采集器固件程序流程图如图 5-18 所示。

首先对全局变量进行初始化，将描述符调入到设备内部 RAM 中，打开中断并进行重列举。为了给设备配置资源，计算机向设备发送命令以读取设备信息，设备接收到计算机的命令后加以解析并进行相应处理。

如果连续 3ms 内 USB 上没有任何操作，则设备自动进入低功耗状态。当远程唤醒信号来到时，设备将被唤醒，固件程序会再次初始化设备，并执行设备的各项功能。

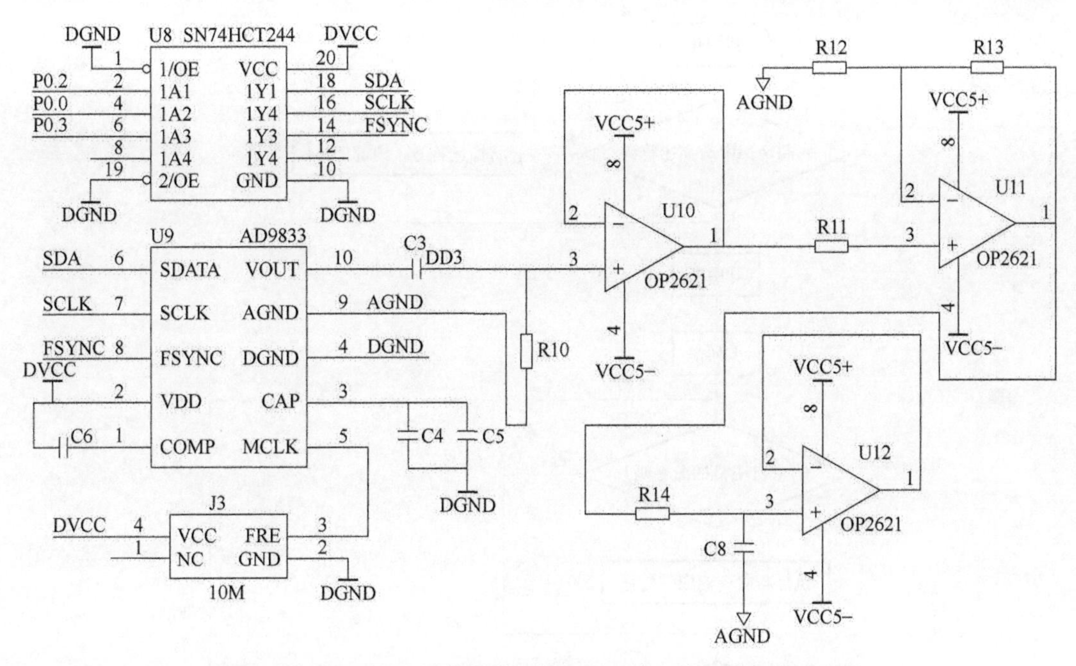

图 5-16　利用 EDA 软件设计的信号发生单元单通道电路原理图

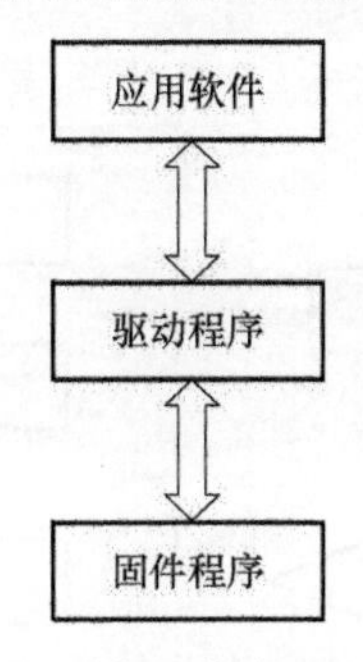

图 5-17　信源/采集器软件设计的总体方案

USB 接口程序前面已经介绍，不再重复。下面简要介绍设备功能软件中的注意要点。

1）AD9833 的控制时序。激励源发生器的核心芯片 AD9833 有 3 根串行接口线，与 SPI、QSPI、MICROWIRE 和 DSP 接口标准兼容，在串口时钟信号 SCLK 的作用下，数据是以 16 位的方式加载到设备上。FSYNC 引脚是使能引脚，电平触发方式，低电平有效。其串行时序图如图 5-19 所示。

当 AD9833 初始化时，为了避免产生虚假输出，RESET 必须置为 1（RESET 不会复位频率、相位和控制寄存器），直到配置完毕，需要输出时才将 RESET 置为 0；RESET 为 0 后的 8~9 个 MCLK 时钟周期可在 DAC 的输出端观察到波形。

另需注意的是，AD9833 写入数据到输出端得到响应，中间有一定的响应时间，每次给频率或相位寄存器加载新的数据，都会有 7~8 个 MCLK 时钟周期的延时，之后输出端的波形才会产生改变，但有 1 个 MCLK 时钟周期的不确定性。这里因为数据加载到目的寄存器时，MCLK 的上升沿位置不确定。

2）AD9833 的内部寄存器功能。AD9833 内部有 5 个可编程寄存器，其中包括 3 个 16 位控制寄存器、2 个 28 位频率寄存器和 2 个 12 位相位寄存器。

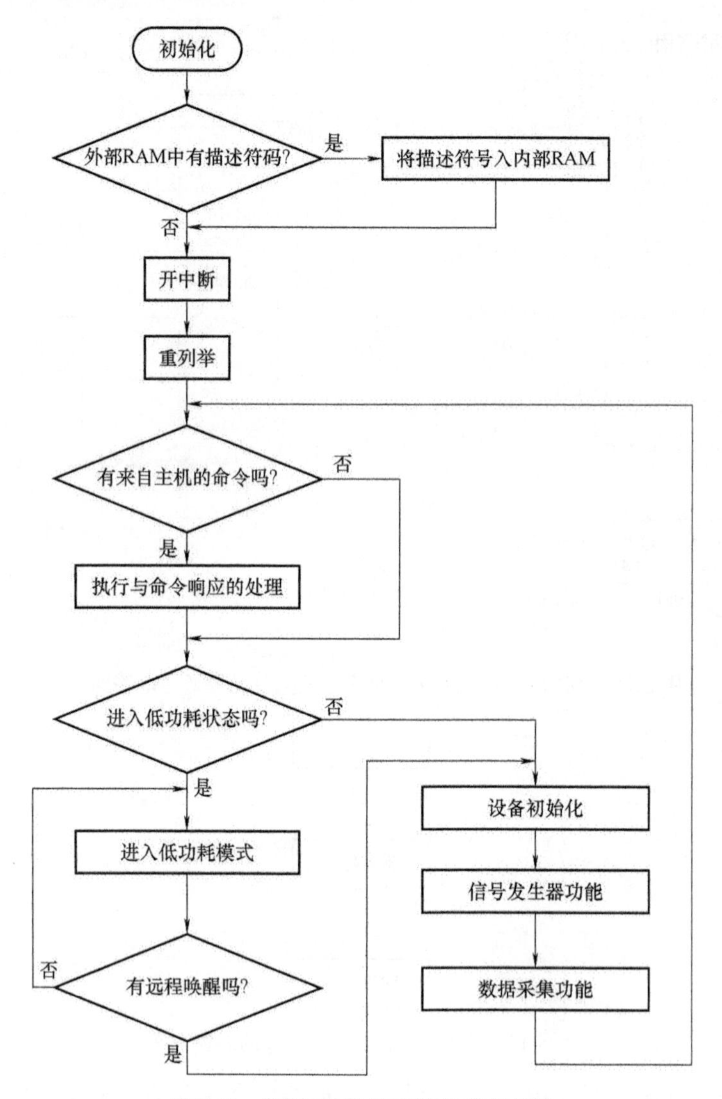

图 5-18　信源/采集器固件程序流程图

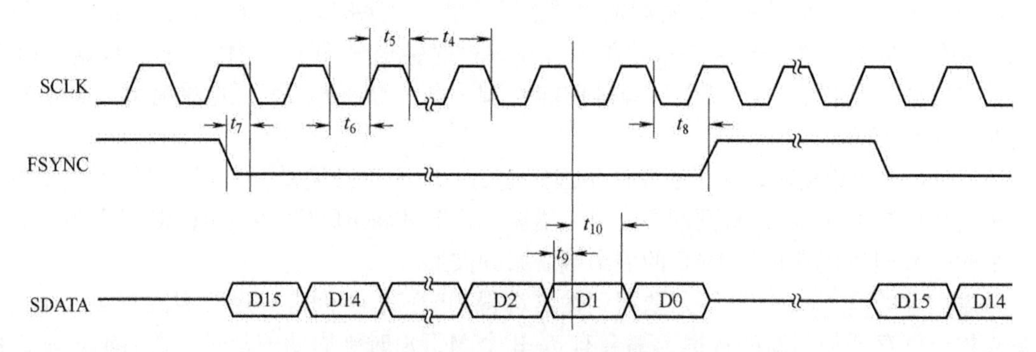

图 5-19　AD9833 串行时序图

① 控制寄存器设置。AD9833 中的 16 位控制寄存器供用户设置所需的功能。除模式选择位外，其他所有控制位均在内部时钟 MCLK 的下沿被 AD9833 读取并动作。控制寄存器各位的功能请参考数据手册。如要更改 AD9833 控制寄存器的内容，D15 和 D14 位必须均为 0。

② 频率寄存器和相位寄存器设置。AD9833 包含 2 个频率寄存器和 2 个相位寄存器，其模拟输出为

$$f_{\mathrm{MCLK}}/2^{28}\times \mathrm{FREQEG} \tag{5-2}$$

式中，FREQEG 为所选频率寄存器中的频率字。该信号会被移相，有

$$2\pi/4096\times \mathrm{PHASEREC} \tag{5-3}$$

式中，PHASEREC 为所选相位寄存器中的相位字。频率和相位寄存器的操作见表 5-1，应用中根据需要进行设置。

表 5-1　频率和相位寄存器操作

寄 存 器	D15	D14	D13	D12	D11	D0
相位寄存器 0	1	1	0	×	MSB 12 PHASED0 Bits	LSB
相位寄存器 1	1	1	1	×	MSB 12 PHASED1 Bits	LSB
频率寄存器 0	0	1	MSB 14 FREQ0 REG Bits			LSB
频率寄存器 1	1	0	MSB 14 FREQ1 REG Bits			LSB

（2）应用软件总体设计

应用软件的总体结构如图 5-20 所示，主要包括初始化面板、信号发生、数据采集和其他功能。

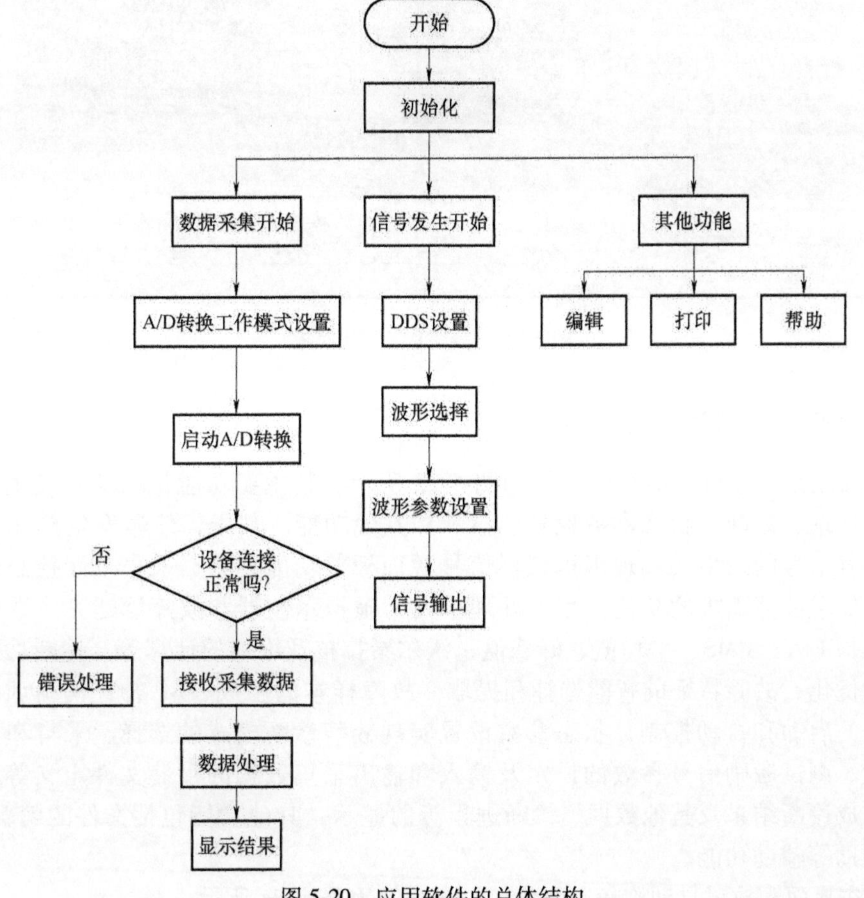

图 5-20　应用软件的总体结构

信源采集器软面板如图 5-21 所示，表示输出和输入互接。

对于信号发生，在“设置激励信号”处可以选择发生信号的类型（正弦波、三角波和方波）、频率和初始相位；信号发生器显示窗口显示信号源发生的信号波形，并可通过下面的“增益”和“移动”滚动条实现显示画面的调整，得到理想的观察效果。

对于数据采集，可以设置采集的频率，采集结果可以保存到文件，也可以在采集数据显示窗口显示，还可以通过图形显示窗口显示波形；同样，可以利用下方的“增益”和“移动”调节条实现显示画面的调整。

数据处理单元可以进行 FFT、RMS、平均值和峰峰值的计算，还设计了如存储、编辑等辅助功能。

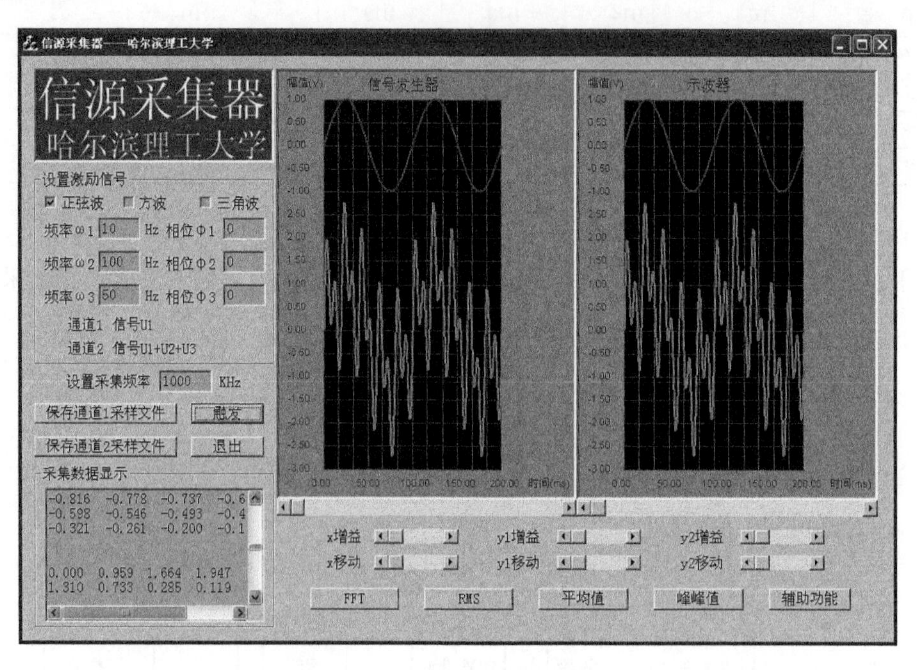

图 5-21 信源采集器软面板

5.3.4 智能诊断系统软件设计

智能诊断系统软件功能总体结构如图 5-22 所示。其主要功能包括信号发生、数据采集、数据处理、诊断、状态参数设置、显示和其他功能。其中，信号发生单元包括控制单音和多音信号的发生及实现虚拟仪器信号源面板等功能；数据采集单元控制数据采集及虚拟仪器示波器面板的功能；数据处理单元为虚拟示波器和故障诊断完成数据的计算处理，包括 FFT、RMS、平均值、峰峰值、沃尔泰拉核及维纳的计算等；诊断功能实现测试激励的优化、故障特征的智能选择和提取、故障样本的生成、BP 神经网络训练及故障诊断过程的启动和自动控制；状态参数设置实现故障诊断模式的选择、采集和显示等参数的配置、测试激励信号参数的设定及输入和输出采集数据的存储文件定义等功能；显示功能完成诊断结果及其他数据、诊断进程等的显示，其他功能包括文件的编辑、存储、打印和帮助等辅助功能。

系统主界面和故障自动诊断界面分别如图 5-23 和图 5-24 所示。

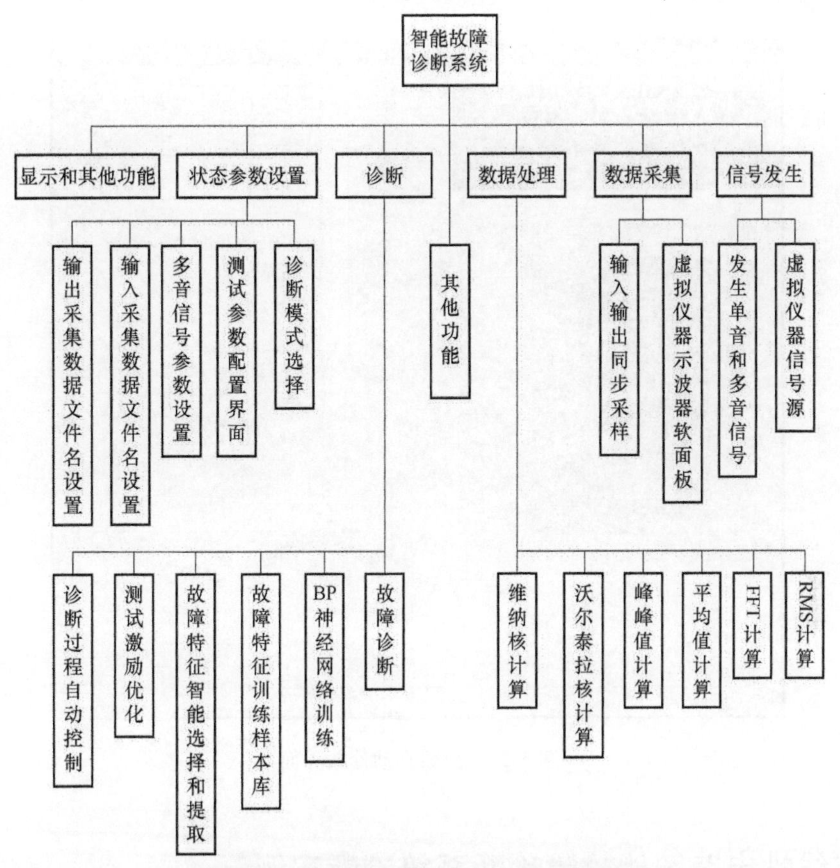

图 5-22　智能诊断系统软件功能总体结构

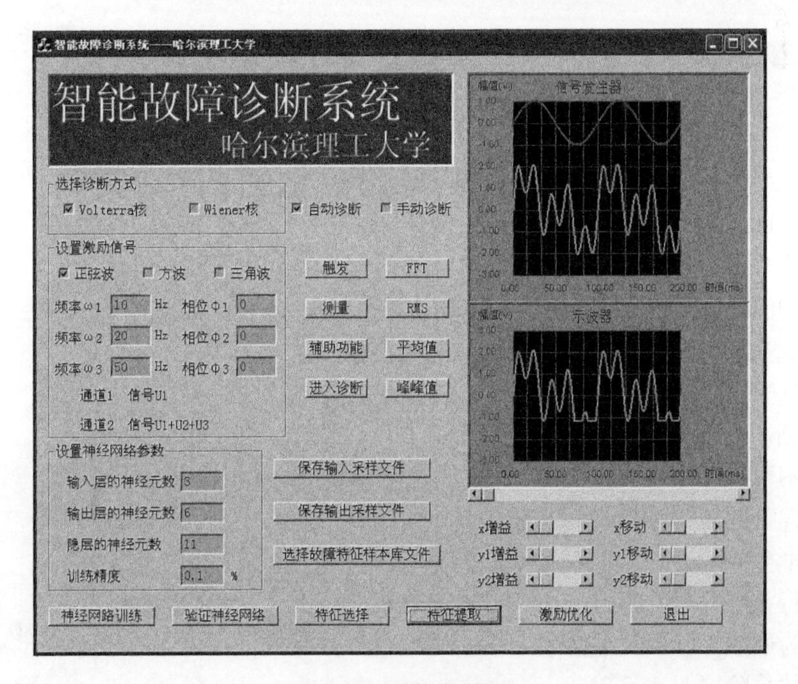

图 5-23　系统主界面

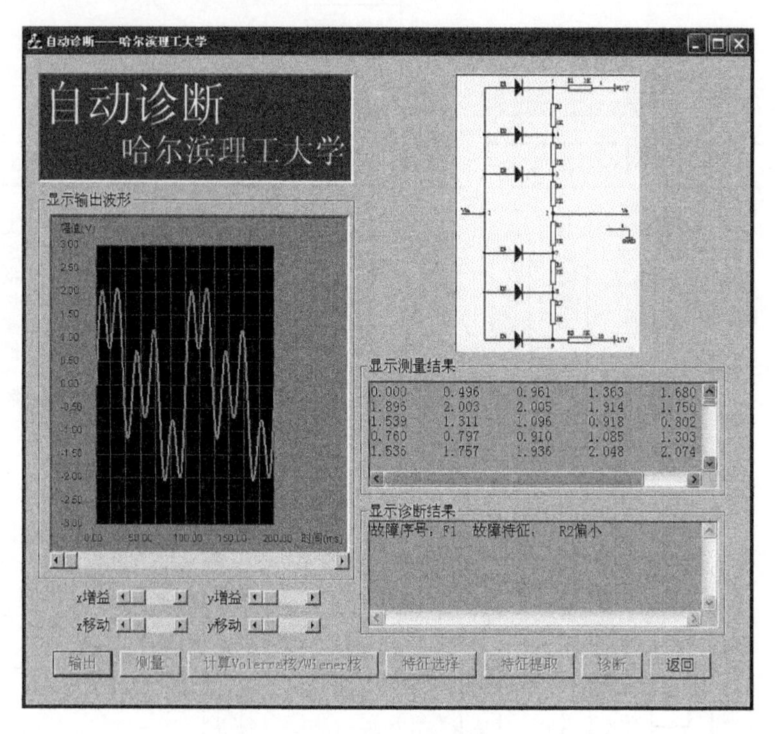

图 5-24 故障自动诊断界面

5.4 非线性电路智能故障诊断系统诊断实例

系统组建完成后进行了多次实验，下面介绍以二极管波形整形电路为对象进行故障诊断的情况。

二极管波形整形电路原理图如图 5-25 所示。信号由节点 1 输入，节点 2 输出；各电阻的标称值均为 2kΩ，二极管的参数是饱和电流 $I_S=1\times10^{-13}$A，寄生电阻 $R_S=16\Omega$，反向击穿电压 $V_{BV}=100$V，反向击穿电流 $I_{BV}=1\times10^{-13}$A。

下面以基于沃尔泰拉核的智能故障诊断方法进行故障诊断。基于维纳核的诊断原理过程相似，这里就不再重复了。

诊断过程可分三个阶段进行，第一阶段是特征提取和样本生成阶段。

首先进行状态分类，即定义各种待诊断的故障状态。因为硬故障诊断比较容易，所以本实验仅定义几种软故障（见表 5-2）。

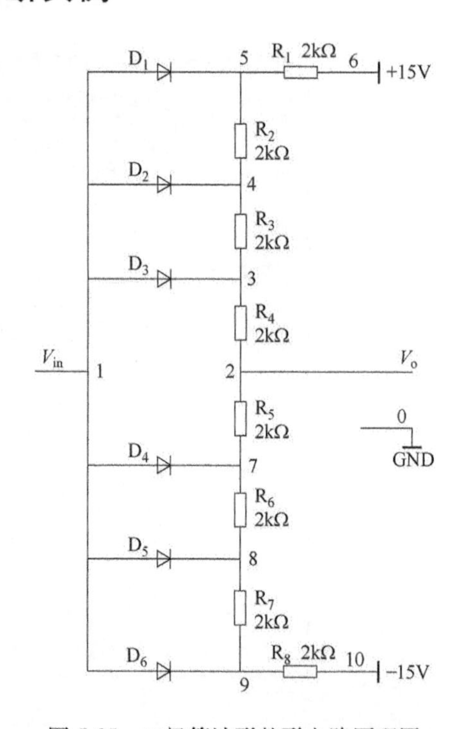

图 5-25 二极管波形整形电路原理图

表 5-2 故障状态表

状态类型	故障元件	故障元件取值
F_0	正常	
F_1	R_2	1.9kΩ
F_2	R_2	2.1kΩ
F_3	R_5	1.9kΩ
F_4	R_5	2.1kΩ
F_5	D_5	$I_S=1\times10^{-4}$A，$R_S=160\Omega$，$V_{BV}=200$V，$I_{BV}=1\times10^{-8}$A

用仿真软件Pspice建立电路模型，分别使电路处于上述6种状态，选定测试激励信号进行模拟运行，得到电路输入和输出的采样数据序列，分别存于指定的文件中待用。

单击“计算Volterra核/Wiener核”按钮，系统软件进行核的计算，得到电路不同状态的前几阶沃尔泰拉核。

然后单击“特征选择”或“特征提取”按钮，进行特征选择或提取。经过智能选择或提取，从沃尔泰拉核中得到用于诊断的特征参数，再经过编码处理后形成神经网络的训练样本集。样本集中有多组参数，用于训练和验证神经网络。其中的一组测试参数及对应的故障编码见表5-3。

表 5-3 一组测试参数及对应的故障编码

状态类型	F_0	F_1	F_2	F_3	F_4	F_5
K_{m1}	0.2233	0.2251	0.2216	0.2209	0.2257	0.2165
K_{m2}	0.1932	0.1948	0.1917	0.1911	0.1952	0.1872
K_{m3}	0.0475	0.0479	0.0471	0.0470	0.0478	0.0460
故障编码	000001	000010	000100	001000	010000	100000

第二阶段是神经网络设计和训练阶段。在系统组建的过程中，神经网络已经设计为三层的BP神经网络。应用中只需选择几项参数，如输入层的神经元数、输出层的神经元数、隐层的神经元数及训练精度（方均根误差）。单击“神经网络训练”按钮，程序将以训练样本集训练神经网络。训练完成后，单击“验证神经网络”按钮，程序将以检验样本验证神经网络的正确性。

以表5-3所示的样本对网络进行训练，用另三组没参加训练的样本进行诊断，结果完全正确，训练成功。

第三阶段为实际电路测试诊断阶段，可以单步执行，也可以自动连续运行。此阶段由信号发生器对待诊断电路施加优化的测试激励信号，采集器同时对输入和输出进行采样，得到的数据序列存到事先指定的文件，程序从指定文件读取数据并计算电路的沃尔泰拉核，然后进行特征选择和提取，最终用提取的电路特征参数输入到训练好的神经网络进行故障诊断，直到得出诊断结果。本例分别设置了两种故障，经过上述步骤后得到了诊断结果。两次诊断的特征参数及诊断结果见表5-4，智能故障诊断系统实物图如图5-26所示。

诊断结果为状态类型 F_1 和 F_4，即 R_2 偏小和 R_5 偏大。

实验结果表明，采用该实验系统进行的非线性电路故障诊断结果正确，从而也验证了文中给出的故障诊断的多种方法可行、可靠。

表 5-4　两次诊断的特征参数及诊断结果

参　　数		试验组号	
		1	2
待诊断数据	K_{m1}	0.2254	0.2255
	K_{m2}	0.1950	0.1949
	K_{m3}	0.0482	0.0475
神经网络诊断输出	O_1	**0.9563**	0.0000
	O_2	0.0322	0.0000
	O_3	0.0281	0.0853
	O_4	0.0000	**0.9064**
	O_5	0.0083	0.0000
	O_6	0.0000	0.0396

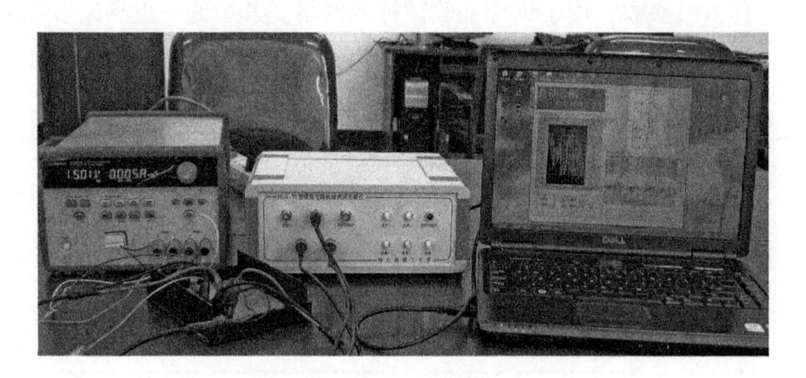

图 5-26　诊断系统实物图

5.5　本章小结

本章根据前面提出的基于沃尔泰拉核诊断的测试激励优化、特征选择和提取，以及基于维纳核诊断的故障诊断方法，设计了实验系统；研制了组建系统所需的模拟电路故障测试诊断仪——该仪器中包含了示波器、信源采集器和高斯白噪声发生器等仪器功能，并编制了系统应用软件。

在此基础上，本章对二极管波形整形电路等待诊断对象进行了实际诊断，诊断结果正确，从而验证了本书给出的故障诊断方法是正确可行的，也为今后进一步研究非线性电路的智能故障诊断理论和方法提供了一个实验研究平台。

第 6 章

MIMO 非线性系统的建模及故障诊断

6.1 引言

非线性模拟电路的故障诊断在 20 世纪 80 年代才开始系统研究，主要针对单输入单输出（SISO）电路展开。相关的研究成果较多，如大偏差灵敏度分析、节点故障诊断、L1-范数、精确符号分析等方法，还有融合了非线性泛函（主要采用沃尔泰拉和维纳级数）和人工智能理论的诸多智能故障诊断方法，使故障诊断的实用性和效率日益提高。

在实际应用中，除了 SISO 外，多输入多输出（MIMO）非线性电路也很多。由于其建模的难度较大而研究成果较少，所以近几年 MIMO 非线性模拟电路故障诊断逐渐被学者们重视。但是，该方面的研究成果寥寥无几，亟待深入、系统地开展研究。现有研究主要集中在电路建模、故障特征选择和提取及故障诊断等环节。

电路的建模主要采用非线性微分方程和非线性泛函沃尔泰拉级数，但由于非线性微分方程理论还不成熟，对于复杂电路求解难度大、处理复杂、实用性弱，因此现有的 MIMO 建模主要采用沃尔泰拉核建模。诊断时，普遍采用与 SISO 相同的方法，如基于人工神经网络的智能故障诊断等。

智能故障诊断方法把诊断转化为模式识别，所以对于 MIMO 故障诊断，其建模和特征提取是关键。因此，本章以电路的建模和优化特征提取为切入点，采用沃尔泰拉核作为电路的本质特征进行建模，研究基于改进优化算法的智能特征提取方法，以提取出各种故障状态之间特征差异最大的特征，从而提高故障诊断的准确率。

6.2 MIMO 非线性电路的沃尔泰拉核建模

6.2.1 MIMO 的沃尔泰拉级数描述

设一个 N 阶 MIMO 非线性系统，共有 r 个输入，m 个输出，则其第 p 个子系统的输出 $y_p(t)$ 可以用沃尔泰拉级数表示为

$$y_p(t)=\sum_{n=1}^{N} y_p^{(n)}(t) \tag{6-1}$$

式中，$y_p^{(n)}(t)$ 为该 MIMO 非线性系统中第 p 个子系统的第 n 阶输出，它的数学表达式为

$$y_p^{(n)}(t)=\sum_{l_1=1}^{r}\cdots\sum_{l_n=l_{n-1}}^{r}\int_{-\infty}^{+\infty}\cdots\int_{-\infty}^{+\infty} h_n^{(p;l_1,\cdots,l_n)}(\tau_1,\cdots,\tau_n)\prod_{i=1}^{n}u_{l_i}(t-\tau_i)\mathrm{d}\tau_i \tag{6-2}$$

式中，$h_n^{(p;l_1,\cdots,l_n)}(\tau_1,\cdots,\tau_n)$ 为该 MIMO 非线性系统中第 p 个子系统的 n 阶沃尔泰拉时域核，

称为该子系统的广义脉冲响应函数（GIRF）。上标 l_1，…，l_n 对应着参与和 GIRF 做卷积的激励信号 $u_{l_i}(t)$，它们每一个都可以取 1 到 r 的整数值。当 l_1，…，l_n 的取值相同时，$h_n^{(p:l_1,\cdots,l_n)}(\tau_1,\cdots,\tau_n)$ 称为该电路的第 p 个子系统的第 n 阶沃尔泰拉自身核（self-kernel），其他情况称为第 n 阶沃尔泰拉交叉核（cross-kernel）。不同输入路径之间的非线性相互作用反映在多输入系统的交叉核中。每个自身核与一个输入卷积，而每个交叉核与至少两个不同的输入卷积。

MIMO 系统的自身核可以假设为对称的，但交叉核有可能是对称的，也有可能是非对称的，这取决于系统的性质。

需要注意的是，自身核变换的对称版本是通过对非对称核变换的频率参数的所有排列进行平均运算而获得的。但是对于多输入系统，交叉核变换不具有对称性。因此不可能定义对称的交叉核变换，取而代之的是一个平均的交叉核变换，它相当于对称的自身核变换。

对时域核 GIRF 进行多维傅里叶变换，就得到 MIMO 第 p 个子系统的 n 阶沃尔泰拉频域核 $H_n^{(p:l_1,\cdots,l_n)}(\omega_1,\cdots,\omega_n)$，称为广义频率响应函数（GFRF）。其表达式为

$$H_n^{(p:l_1,\cdots,l_n)}(\omega_1,\cdots,\omega_n)=\int_{-\infty}^{+\infty}\cdots\int_{-\infty}^{+\infty}h_n^{(p:l_1,\cdots,l_n)}(\tau_1,\cdots,\tau_n)\mathrm{e}^{-\mathrm{j}(\omega_1\tau_1+\cdots\omega_n\tau_n)}\mathrm{d}\tau_1\cdots\mathrm{d}\tau_n \tag{6-3}$$

用 GFRF 表示 $y_p^{(n)}(t)$，有

$$y_p^{(n)}(t)=\frac{1}{(2\pi)^n}\int_{-\infty}^{\infty}\cdots\int_{-\infty}^{\infty}H_n(\mathrm{j}\omega_1,\cdots,\mathrm{j}\omega_n)\prod_{i=1}^{n}U(\mathrm{j}\omega_i)\mathrm{e}^{\mathrm{j}(\omega_1+\cdots+\omega_n)t}\mathrm{d}\omega_i \tag{6-4}$$

MIMO 系统的自身核是对称的，但其交叉核是否对称取决于其自身的性质，但可以通过取相同的输入通道和激励来为每个交叉核定义一个平均核。

6.2.2　MIMO 非线性模拟电路 GFRF 的参数辨识

MIMO 的沃尔泰拉时域核 GIRF 和频域核 GFRF 都是电路的固有特征，能够可靠地反映 MIMO 电路的状态特征，因此可以用这两个核作为电路的模型。由于频域中运算相对简单，所以频域核应用更普遍些。

MIMO 的沃尔泰拉频域核 GFRF 的参数辨识相较于 SISO 非线性系统辨识要困难，其中交叉核的获得过程比较复杂。对于已经建立微分方程的 MIMO 系统，可以采用参数辨识方法得到 GFRF。

具体而言，不是必须对时域核进行多维傅里叶变换求频域核，而是可以用提取算子 ε_n 求一阶、二阶直至 n 阶广义频响函数矩阵 $\mathrm{GFRFM}^{(1)}$、$\mathrm{GFRFM}^{(2)}$、…、$\mathrm{GFRFM}^{(n)}$。

提取算子 ε_n 提取 n 阶核包括如下三个步骤：

1）将 n 音输入激励进行拆分，分别施加到不同的输入端口上，得到系统受上述输入激励的输出表达式。

2）将输入和输出表达式代入系统的微分方程。

3）通过提取 $\mathrm{e}^{\mathrm{j}(\omega_1+\omega_2+\cdots+\omega_n)t}$ 的系数相等，求得核的表达式。

以 2 输入 2 输出的系统为例，通过提取算子 ε_n，可以求得前三阶 GFRFM 如下：

$$\mathrm{GFRFM}^{(1)}=\begin{bmatrix}H_1^{(1:1)}(\mathrm{j}\omega_1) & H_1^{(1:2)}(\mathrm{j}\omega_1)\\ H_1^{(2:1)}(\mathrm{j}\omega_1) & H_1^{(2:2)}(\mathrm{j}\omega_1)\end{bmatrix} \tag{6-5}$$

$$\mathrm{GFRFM}^{(2)}=\begin{bmatrix}H_2^{(1:11)}(\mathrm{j}\omega_1,\mathrm{j}\omega_2) & H_2^{(1:12)}(\mathrm{j}\omega_1,\mathrm{j}\omega_2) & H_2^{(1:22)}(\mathrm{j}\omega_1,\mathrm{j}\omega_2)\\ H_2^{(2:11)}(\mathrm{j}\omega_1,\mathrm{j}\omega_2) & H_2^{(2:12)}(\mathrm{j}\omega_1,\mathrm{j}\omega_2) & H_2^{(2:22)}(\mathrm{j}\omega_1,\mathrm{j}\omega_2)\end{bmatrix} \tag{6-6}$$

$$\mathrm{GFRFM}^{(3)}=\begin{bmatrix}H_3^{(1:111)}(\mathrm{j}\omega_1,\mathrm{j}\omega_2,\mathrm{j}\omega_3) & H_3^{(1:112)}(\mathrm{j}\omega_1,\mathrm{j}\omega_2,\mathrm{j}\omega_3) & H_3^{(1:122)}(\mathrm{j}\omega_1,\mathrm{j}\omega_2,\mathrm{j}\omega_3) & H_3^{(1:222)}(\mathrm{j}\omega_1,\mathrm{j}\omega_2,\mathrm{j}\omega_3)\\ H_3^{(2:111)}(\mathrm{j}\omega_1,\mathrm{j}\omega_2,\mathrm{j}\omega_3) & H_3^{(2:112)}(\mathrm{j}\omega_1,\mathrm{j}\omega_2,\mathrm{j}\omega_3) & H_3^{(2:122)}(\mathrm{j}\omega_1,\mathrm{j}\omega_2,\mathrm{j}\omega_3) & H_3^{(2:222)}(\mathrm{j}\omega_1,\mathrm{j}\omega_2,\mathrm{j}\omega_3)\end{bmatrix} \tag{6-7}$$

为了简单易懂，下面以一个 MIMO 系统示例说明提取算子 ε_n 的用法。

【示例】 MIMO 系统的方程为

$$a_1\dot{y}_1+a_2y_1=b_1u_1+b_2u_2+c_1y_1^2+c_2y_1^3+c_3y_1u_2^2 \tag{6-8}$$

若系统的一、二、三阶 GFRFM 表示为 $\mathrm{GFRFM}^{(1)}$、$\mathrm{GFRFM}^{(2)}$、$\mathrm{GFRFM}^{(3)}$，则有

$$\begin{aligned}&\mathrm{GFRFM}^{(1)}=[H_1^{(1:1)}(\mathrm{j}\omega_1)\quad H_1^{(1:2)}(\mathrm{j}\omega_1)]\\&\mathrm{GFRFM}^{(2)}=[H_2^{(1:11)}(\mathrm{j}\omega_1,\mathrm{j}\omega_2)\quad H_2^{(1:12)}(\mathrm{j}\omega_1,\mathrm{j}\omega_2)\quad H_2^{(1:22)}(\mathrm{j}\omega_1,\mathrm{j}\omega_2)]\\&\mathrm{GFRFM}^{(3)}=[H_3^{(1:111)}(\mathrm{j}\omega_1,\mathrm{j}\omega_2,\mathrm{j}\omega_3)\quad H_3^{(1:112)}(\mathrm{j}\omega_1,\mathrm{j}\omega_2,\mathrm{j}\omega_3)\\&\qquad\qquad H_3^{(1:122)}(\mathrm{j}\omega_1,\mathrm{j}\omega_2,\mathrm{j}\omega_3)\quad H_3^{(1:222)}(\mathrm{j}\omega_1,\mathrm{j}\omega_2,\mathrm{j}\omega_3)]\end{aligned} \tag{6-9}$$

1）计算 $H_1^{(1:1)}(\mathrm{j}\omega_1)$ 和 $H_1^{(1:2)}(\mathrm{j}\omega_1)$。

用单音信号 $u_1(t)=\mathrm{e}^{\mathrm{j}\omega_1 t}$施加于输入 1，而点 2 输入 $u_2(t)=0$，则系统的输出将表示为

$$y_1(t)=H_1^{(1:1)}(\mathrm{j}\omega_1)\mathrm{e}^{\mathrm{j}\omega_1 t} \tag{6-10}$$

把 $y_1(t)$、$u_1(t)$ 和 $u_2(t)$ 的值代入式（6-8），并令 $\mathrm{e}^{\mathrm{j}\omega_1 t}$的系数相等，得到

$$H_1^{(1:1)}(\mathrm{j}\omega_1)=\frac{b_1}{a_1\mathrm{j}\omega_1+a_2} \tag{6-11}$$

同理，令 $u_1(t)=0$，$u_2(t)=\mathrm{e}^{\mathrm{j}\omega_1 t}$，则系统的输出表示为

$$y_1(t)=H_1^{(1:2)}(\mathrm{j}\omega_1)\mathrm{e}^{\mathrm{j}\omega_1 t} \tag{6-12}$$

把 $y_1(t)$、$u_1(t)$ 和 $u_2(t)$ 的值代入式（6-8），并令 $\mathrm{e}^{\mathrm{j}\omega_1 t}$的系数相等，得到

$$H_1^{(1:2)}(\mathrm{j}\omega_1)=\frac{b_2}{a_1\mathrm{j}\omega_1+a_2} \tag{6-13}$$

2）计算 $H_2^{(1:12)}(\mathrm{j}\omega_1,\mathrm{j}\omega_2)$。

内核转换的输入点数为 2，把双音输入信号 $\mathrm{e}^{\mathrm{j}\omega_1 t}+\mathrm{e}^{\mathrm{j}\omega_2 t}$拆分为两个单音信号，分别从不同输入端口输入，有

$$u_1(t)=\mathrm{e}^{\mathrm{j}\omega_1 t}\quad u_2(t)=\mathrm{e}^{\mathrm{j}\omega_2 t} \tag{6-14}$$

则系统的输出变为

$$\begin{aligned}y_1(t)&=H_1^{(1:1)}(\mathrm{j}\omega_1)\mathrm{e}^{\mathrm{j}\omega_1 t}+H_1^{(1:2)}(\mathrm{j}\omega_2)\mathrm{e}^{\mathrm{j}\omega_2 t}+\\&\quad[H_2^{(1:12)}(\mathrm{j}\omega_1,\mathrm{j}\omega_2)+H_2^{(1:21)}(\mathrm{j}\omega_2,\mathrm{j}\omega_1)]\mathrm{e}^{\mathrm{j}(\omega_1+\omega_2)t}+\\&\quad\text{频率重复组合的项}\\&=H_1^{(1:1)}(\mathrm{j}\omega_1)\mathrm{e}^{\mathrm{j}\omega_1 t}+H_1^{(1:2)}(\mathrm{j}\omega_2)\mathrm{e}^{\mathrm{j}\omega_2 t}+\\&\quad 2!H_{2\mathrm{avg}}^{(1:12)}(\mathrm{j}\omega_1,\mathrm{j}\omega_2)\mathrm{e}^{\mathrm{j}(\omega_1+\omega_2)t}+\\&\quad\text{频率重复组合的项}\end{aligned} \tag{6-15}$$

式中，$H_{2\mathrm{avg}}^{(1:12)}(\mathrm{j}\omega_1,\mathrm{j}\omega_2)$ 为交叉平均核。

将 $y_1(t)$、$u_1(t)$ 和 $u_2(t)$ 代入式（6-8），并提取 $\mathrm{e}^{\mathrm{j}(\omega_1+\omega_2)t}$ 的系数，即可得到

$$2!H_{2\mathrm{avg}}^{(1:12)}(\mathrm{j}\omega_1,\mathrm{j}\omega_2)=\frac{c_1[H_1^{(1:1)}(\mathrm{j}\omega_1)H_1^{(1:2)}(\mathrm{j}\omega_2)+H_1^{(1:2)}(\mathrm{j}\omega_2)H_1^{(1:1)}(\mathrm{j}\omega_1)]}{a_1(\mathrm{j}\omega_1+\mathrm{j}\omega_2)+a_2} \tag{6-16}$$

3）计算 $H_2^{(1:112)}(\mathrm{j}\omega_1,\mathrm{j}\omega_2,\mathrm{j}\omega_3)$。

将三音输入分开，分别从不同端口输入，有

$$u_1(t)=\mathrm{e}^{\mathrm{j}\omega_1 t}+\mathrm{e}^{\mathrm{j}\omega_2 t},u_2(t)=\mathrm{e}^{\mathrm{j}\omega_3 t} \tag{6-17}$$

则系统的输出为

$$\begin{aligned}y_1(t)=&H_1^{(1:1)}(\mathrm{j}\omega_1)\mathrm{e}^{\mathrm{j}\omega_1 t}+H_1^{(1:1)}(\mathrm{j}\omega_2)\mathrm{e}^{\mathrm{j}\omega_2 t}+H_1^{(1:2)}(\mathrm{j}\omega_3)\mathrm{e}^{\mathrm{j}\omega_3 t}+\\&2!H_{2\mathrm{avg}}^{(1:11)}(\mathrm{j}\omega_1,\mathrm{j}\omega_2)\mathrm{e}^{\mathrm{j}(\omega_1+\omega_2)t}+\\&2!H_{2\mathrm{avg}}^{(1:12)}(\mathrm{j}\omega_2,\mathrm{j}\omega_3)\mathrm{e}^{\mathrm{j}(\omega_2+\omega_3)t}+\\&2!H_{2\mathrm{avg}}^{(1:12)}(\mathrm{j}\omega_1,\mathrm{j}\omega_3)\mathrm{e}^{\mathrm{j}(\omega_1+\omega_3)t}+\\&3!H_{3\mathrm{avg}}^{(1:112)}(\mathrm{j}\omega_1,\mathrm{j}\omega_2,\mathrm{j}\omega_3)\mathrm{e}^{\mathrm{j}(\omega_1+\omega_2+\omega_3)t}+\\&\text{频率重复组合的项}\end{aligned} \tag{6-18}$$

把 $y_1(t)$、$u_1(t)$ 和 $u_2(t)$ 的值代入式（6-8），得到 3 阶交叉平均核为

$$\begin{aligned}&3!H_{3\mathrm{avg}}^{(1:112)}(\mathrm{j}\omega_1,\mathrm{j}\omega_2,\mathrm{j}\omega_3)\\&=c_1\sum_{[\omega,\beta]\text{的所有排列}}H_1^{(1:1)}(\mathrm{j}\omega_1)H_2^{(1:12)}(\mathrm{j}\omega_2,\mathrm{j}\omega_3)+\\&\quad c_2\sum_{[\omega,\beta]\text{的所有排列}}H_1^{(1:1)}(\mathrm{j}\omega_1)H_1^{(1:1)}(\mathrm{j}\omega_2)H_1^{(1:1)}(\mathrm{j}\omega_3)\end{aligned} \tag{6-19}$$

可见，对于参数辨识法，当 MIMO 非线性模拟电路的非线性较强，即阶数较高时，推导比较复杂，但是可以得到各阶核的表达式。从这些核的表达式出发可以对核进行全角度的更有效的特征提取，从而改善诊断效果。

6.2.3 MIMO 非线性模拟电路 GFRF 的非参数辨识

对于 MIMO 非线性系统，在建立和求解系统微分方程困难的情况下，可以采用非参数辨识的方法求 GFRF，以建立系统模型。

研究表明，MIMO 非线性系统辨识时，在每个输入端无论是施加单音激励信号，还是多音激励信号，对应的输出都可以用相同的公式来表示。因此，这里以单音激励为例给出结论。

假设输入为

$$u_{l_i}(t)=|A_{l_i}|\cos(\omega_{l_i}+\theta_{l_i})=\sum_{k_{l_i}=-1,k_{l_i}=0}^{1}\frac{A_{l_ik_{l_i}}}{2}\mathrm{e}^{\mathrm{j}\omega_{l_ik_{l_i}}t} \tag{6-20}$$

式中，$A_{l_i}=|A_{l_i}|\mathrm{e}^{\mathrm{j}\theta_{l_i}}$，有 $A_{-l_i}=A_{l_i}^*$、$\omega_{-l_i}=-\omega_{l_i}$，则第 p 个子系统的第 n 阶输出为

$$y_p^{(n)}(t)=\sum_{l_1=1}^{r}\sum_{l_2=1}^{r}\cdots\sum_{l_n=1}^{r}\sum_{\substack{k_1=-1\\k_1\neq 0}}^{1}\cdots\sum_{\substack{k_n=-1\\k_n\neq 0}}^{1}\frac{1}{2^n}\prod_{m=1}^{n}A_{l_mk_m}H_n^{(j_1:l_1,\cdots,l_n)}(\mathrm{j}\omega_{l_1k_1},\cdots,\mathrm{j}\omega_{l_nk_n})\mathrm{e}^{\mathrm{j}\omega_M t} \tag{6-21}$$

式中，$\omega_M=\sum_{i=1}^{n}\omega_{l_ik_i}=\sum_{i=1}^{r}(m_i-m_{-i})\ \omega_i$；$m_i$ 和 m_{-i} 为非负整数。

考虑实际系统的输出是以共轭形式出现的，并利用频域核的共轭对称性，第 p 个子系统的 n 阶核输出实信号为

$$\tilde{y}_p^{(n)}(t,\omega_M)=\frac{n!}{2^{n-1}}\left(\prod_{\substack{i=-r\\i\neq 0}}^{r}\frac{|A_i^{m_i}|}{m_i!}\right)|H_n^{(p:l_1,\cdots,l_n)}|\cos\left(\omega_M t+\sum_{\substack{i=-K\\i\neq 0}}^{K}m_i\theta_i+\phi(\omega_M)\right)\tag{6-22}$$

由此可得幅度和相位表达式为

$$|H_n^{(p:\beta_1,\cdots,\beta_n)}|=\frac{|Y_p^{(n)}(\mathrm{j}\omega_M)|}{\frac{n!}{2^{n-1}}\left(\prod_{\substack{i=-r\\i\neq 0}}^{r}\frac{|A_i^{m_i}|}{m_i!}\right)}\tag{6-23}$$

$$\phi(\omega_M)=\mathrm{angle}[Y_p^{(n)}(\mathrm{j}\omega_M)]-\sum_{\substack{i=-r\\i\neq 0}}^{r}m_i\theta_i\tag{6-24}$$

式中，angle( ) 为相角提取函数。根据 GFRF 的性质可知，低阶核的输出频率都可以在高阶核的输出中找到，所以在计算频域核的幅度核相位之前，先应用范德蒙法分离不同阶核产生的响应。范德蒙法详见前面的介绍。

6.3 基于整体退火遗传的特征提取

6.3.1 整体退火遗传算法

整体退火遗传算法（WAGA）是在 GA 中引入时变的退火准则，并允许父代参加竞争的优化算法。WAGA 在 GA 的基础上做了如下改进：

1）根据个体适应度的大小，从第 k 代种群 P_k 中依据概率选择个体构建父本种群 F_k。温度 T_k 的退火策略为

$$T_k=\ln\left(\frac{k}{T_0}+1\right)\tag{6-25}$$

为了提高收敛速度，这里对退火参数进行了优化，$T_0=50$；进化代数 $k=1,\ 2,\ \cdots,\ 40$，随着退火进程逐渐变化。

2）适应度函数为

$$J_k(x)=\mathrm{e}^{\frac{x}{T_k}}\tag{6-26}$$

3）F_k 接受个体的概率为

$$P(b_i)=\mathrm{e}^{f(b_i)/T_k}\Bigg/\left(\sum_{b_i\in P_k}\mathrm{e}^{f(b_i)/T_k}\right)\tag{6-27}$$

式中，b_i 为 P_k 中备选个体。

4）新种群 P_{k+1} 由父本种群 F_k 和经过杂交、变异后产生的中间种群 M_{u_k} 合成而成，即

$$P_{k+1}=F_k\oplus M_{\mathrm{u}_k}\tag{6-28}$$

为了检验 WAGA 的寻优效果，对多种类型的标准函数进行了极小值的对比搜索实验。下面仅以一元多峰值函数为例介绍仿真结果。

其函数表达式为

$$f(x)=-20\mathrm{e}^{-0.2|x|}-\mathrm{e}^{\cos 2\pi x}+20+\mathrm{e} \tag{6-29}$$

仿真时设定自变量 x 在（−5,5）取值，目标函数曲线如图 6-1 所示。可以看出，该函数是一个多峰值函数，在仿真区间内有多个局部极值点，全局极小值则在 $x=0$ 处。

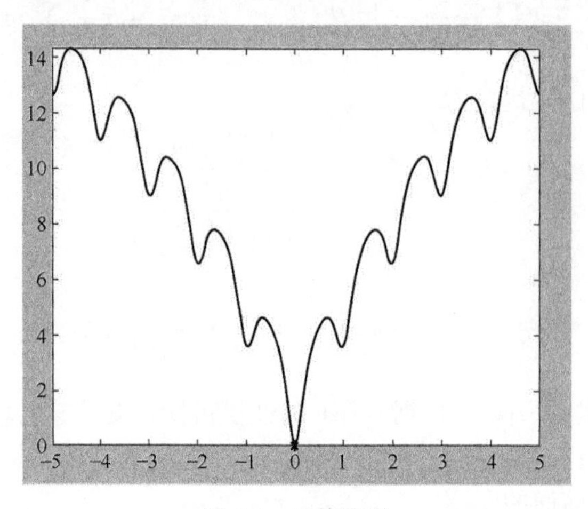

图 6-1　函数波形

用 MATLAB 软件进行仿真，初始种群个体数取 10，染色体取 8 位，初始种群个体均匀分布，WAGA 依据上述策略进行退火，退火次数取 40 次。统计 100 次仿真结果进行对比分析。在极值寻优允许误差≤1%的情况下，40 次迭代时 WAGA 成功率达 100%；GA 搜索到最小值的次数不足 50%，增加迭代次数则成功率增加，但仍有陷入局部最优的问题。

图 6-2 给出了某次仿真时 GA 和 WAGA 种群进化过程中个体的分布情况，图 a 所示为 GA 的，图 b 所示为 WAGA 的。两种方法都能成功搜索到最小值，但是 GA 的个体较分散，而 WAGA 种群趋同性明显，都收敛于最优解“0”。

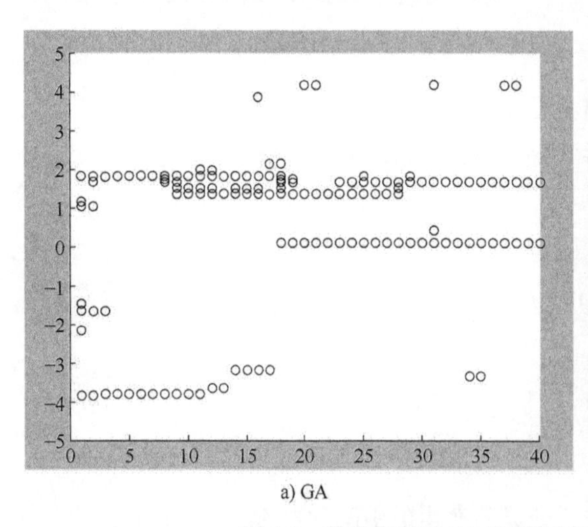

a) GA

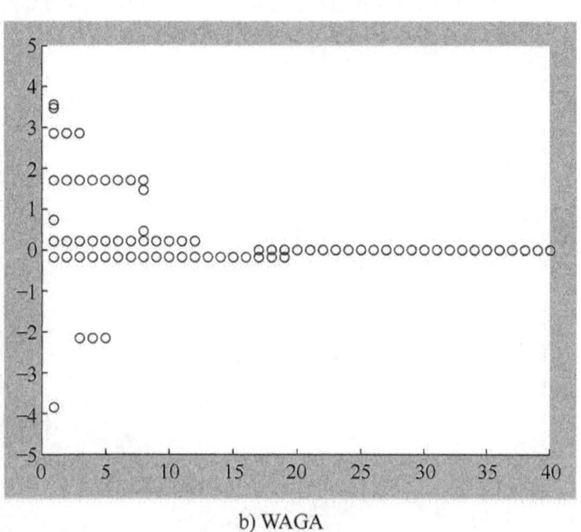

b) WAGA

图 6-2　某次仿真时 GA 和 WAGA 种群进化过程中个体的分布情况

6.3.2　基于 WAGA 的特征提取

简而言之，特征提取就是通过映射或变换等方法，在不损失主要特征的前提下，对特征

向量进行降维处理，以便于特征的使用。对于故障诊断，特征提取的关键是如何有效压缩特征向量，还能获得较好的故障状态区分效果。

特征提取可以用如下的转移矩阵来实现：

$$\boldsymbol{A}_i=\boldsymbol{H}^{\mathrm{T}}\boldsymbol{B}_i \tag{6-30}$$

式中，$\boldsymbol{A}_i$ 和 $\boldsymbol{B}_i$ 都为列矩阵，$\boldsymbol{A}_i$ 比 $\boldsymbol{B}_i$ 的维数低，$\boldsymbol{B}_i$ 是第 i 个电路状态的原始特征矩阵，$\boldsymbol{A}_i$ 是第 i 个电路状态特征提取后的矩阵；$\boldsymbol{H}$ 为变换矩阵。$\boldsymbol{H}$ 矩阵在保留特征的基础上实现降维，以降低后续处理的复杂度，并提高诊断的准确率。

对于故障诊断而言，特征提取得到的不同故障状态的特征矢量差异越明显越好。差异的大小，既可以用集总欧式距离当作评价函数来评价，也可以直接用神经网络进行故障诊断，根据诊断的准确率来评价。

为了找到理想的转换矩阵，从而提高故障诊断的准确率，本书把故障特征提取变换为最佳转换矩阵参数的优化问题，提出了基于 WAGA 的智能特征提取方法。基本思路就是，利用 WAGA 的全局寻优能力，根据评价函数来寻找最优转换矩阵 $\boldsymbol{H}$，实现系统状态特征的智能优化提取。基于 WAGA 的故障特征提取流程图如图 6-3 所示。

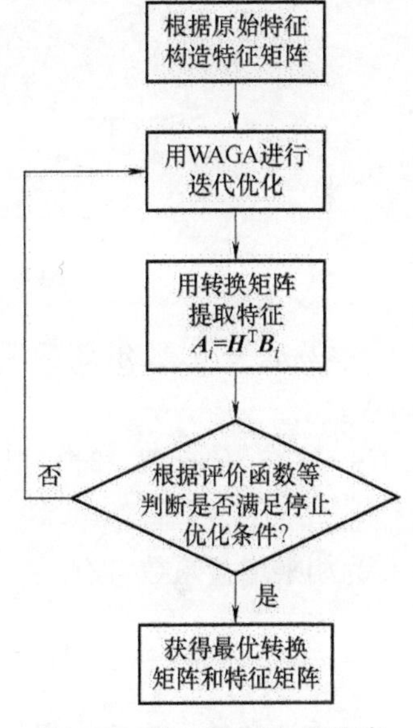

图 6-3　基于 WAGA 的故障特征提取流程图

退火遗传特征提取步骤如下：

1）确定评价函数。对于故障诊断，可以选用集总欧式距离作为评价函数。

2）对不同状态的原始特征进行编码，生成原始特征矩阵 $\boldsymbol{B}_i$。

3）确定特征矢量维数，即确定矩阵 $\boldsymbol{A}_i$ 维数，从而确定转换矩阵 $\boldsymbol{H}$ 的维数和初始值。

4）执行 WAGA 对转换矩阵 $\boldsymbol{H}$ 进行一次迭代优化，得到新的转换矩阵。

5）用式（6-18）计算 $\boldsymbol{A}_i$，并计算评价函数。判断是否需要进一步优化，若需要，则转回第 4 步循环，直至满足结束条件；否则结束优化循环，输出优化的转换矩阵 $\boldsymbol{H}$。

6.4　乘法电路的建模与故障特征提取

6.4.1　乘法电路简介

为了验证本章的建模及特征提取方法的可行性，选用双输入单输出的四象限模拟乘法器电路作为对象进行实验。乘法器电路是常用的电路之一，它广泛地应用于单相、三相功率和电能的测量、真有效值测量、调制解调及滤波等电路中。四象限模拟乘法器电路原理图如图 6-4 所示。

乘法电路的输出

$$U_0=-I_0R[\tanh(U_x/2U_{\mathrm{T}})][\tanh(U_y/2U_{\mathrm{T}})] \tag{6-31}$$

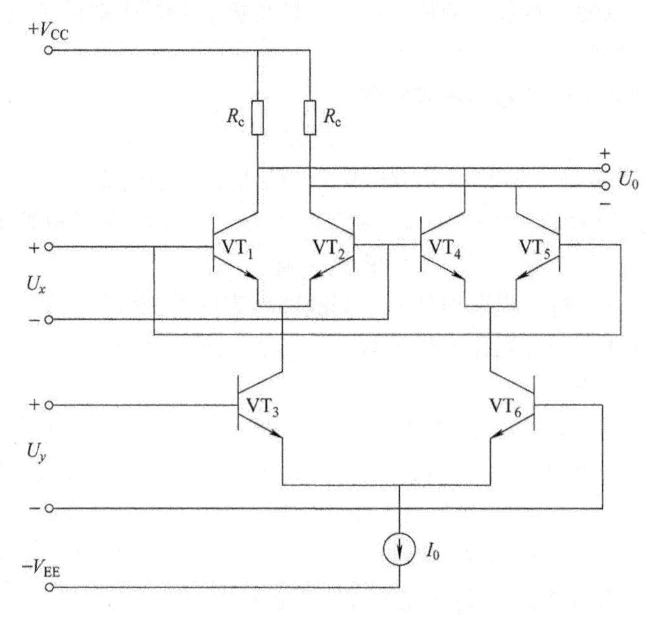

图 6-4　四象限模拟乘法器电路原理图

式中，$U_T=kT/q$，k 为玻尔兹曼常数，T 为热力学温度；R 为负载电阻。当 $T=300K$ 时，$U_T \approx 26mV$。

当 $U_x \ll 2U_T$，$U_y \ll 2U_T$ 时，根据双曲正切函数的性质，可近似得到乘法器输出为

$$U_0=-KU_xU_y \tag{6-32}$$

式中，K 为相乘增益系数，有

$$K=\frac{RI_0}{4U_T^2} \tag{6-33}$$

可见，乘法器的理想输出仅是输入信号较小情况下的一种近似，其非线性特性是客观存在的。在进行故障诊断时，不必局限在理想条件下进行建模分析，而是要充分利用其非线性的本质特征，实现准确诊断的目标。对于多输入非线性电路，可以先采用参数辨识法或非参数辨识法对其进行建模，再进行特征提取及识别诊断。

6.4.2　四象限乘法器的非参数建模及特征提取

由于 MIMO 非线性模拟电路的微分方程的建立比较困难，所以非参数辨识法就显得更加实用。由于 GFRF 的低阶核的输出频率都可以在高阶核的输出中找到，所以在计算频域核的幅度和相位之前，需要先用范德蒙法把不同阶核产生的响应分离开。

范德蒙法是依据沃尔泰拉级数的齐次性对各阶核产生的响应进行分离的。

由式（6-1）可知，若系统的输入为 $x(t)$，则其对应的输出为

$$y'(t)=\sum_{n=1}^{\infty}y_n(t) \tag{6-34}$$

系统的输入为 $ax(t)$ 时，其对应的输出为

$$y'(t)=ay_1(t)+a^2y_2(t)+a^3y_3(t)+\cdots+a^ny_n(t)+\cdots \tag{6-35}$$

当系统的非线性较弱时，高阶沃尔泰拉核衰减得很快，此时系统可以近似地用前 n 阶核来近似表示。由于篇幅所限，下面仅以 $n=3$ 为例说明原理。设 3 组输入信号分别为 $a_1x(t)$、$a_2x(t)$、$a_3x(t)$，得到的响应分别为 $y_1'(t)$、$y_2'(t)$、$y_3'(t)$，忽略高阶核截断误差及测量误差，可得

$$\begin{bmatrix} y_1'(t) \\ y_2'(t) \\ y_3'(t) \end{bmatrix} = \begin{bmatrix} a_1 & a_1^2 & a_1^3 \\ a_2 & a_2^2 & a_2^3 \\ a_3 & a_3^2 & a_3^3 \end{bmatrix} \begin{bmatrix} y_1(t) \\ y_2(t) \\ y_3(t) \end{bmatrix} \tag{6-36}$$

式中，$y_1(t)$、$y_2(t)$ 和 $y_3(t)$ 分别为 1、2、3 阶核产生的响应。

由于该电路的晶体管的软故障会导致非线性失真，改变电路的输出特性，因此实验以电路中晶体管的软故障为例，选定了 6 种软故障及正常状态共 7 种状态。约定晶体管的非线性失真为 1.5%~3%的为软故障。故障状态表见表 6-1。

表 6-1　故障状态表

故 障 编 号	故 障 元 件	非线性失真度
F_0	无故障	0%
F_1	VT_1 软故障	3.0%
F_2	VT_2 软故障	2.5%
F_3	VT_3 软故障	2.0%
F_4	VT_4 软故障	1.5%
F_5	VT_5 软故障	2.0%
F_6	VT_6 软故障	2.3%

实验中，使用 MULTISIM14.0 仿真软件建立电路模型，用上述的四象限乘法器连接成混频器工作方式进行测试。软件中实验的混频电路原理图如图 6-5 所示。

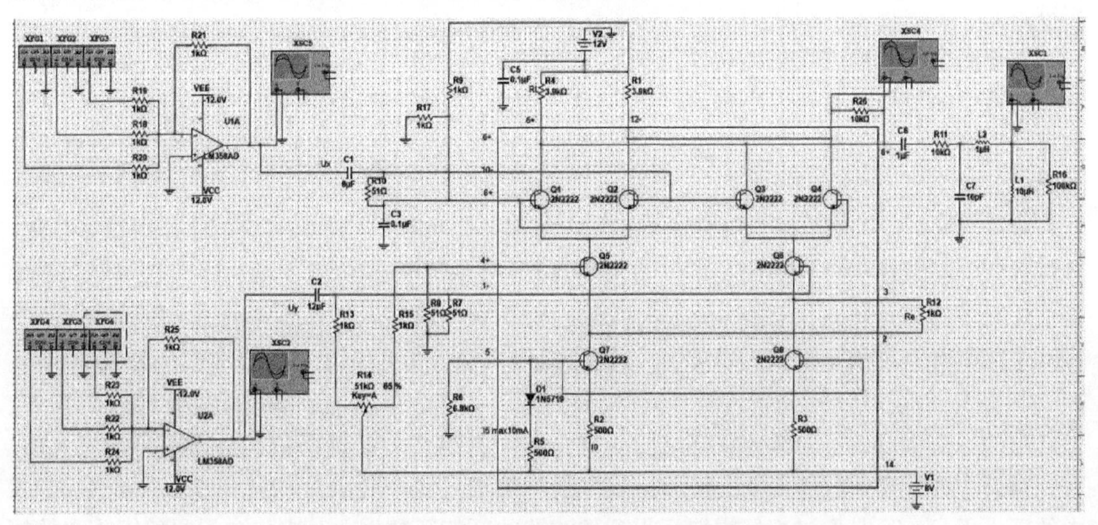

图 6-5　软件中实验的混频电路原理图

使电路分别处于上述 7 种不同状态。采用经过优化选择的多音信号作为激励，在电路的输入端分别施加激励信号，表达式如下：

$$u_x=\sin(41\omega_0 t)+\sin(55\omega_0 t)+\sin(74\omega_0 t) \tag{6-37}$$

$$u_y=\sin(\omega_0 t)+\sin(7\omega_0 t)+\sin(29\omega_0 t) \tag{6-38}$$

式中，ω_0 为基础频率，可以根据电路的带宽取值。这里取 10Hz、20Hz、30Hz、40Hz 和 50Hz 分别进行实验。对输入 U_x、U_y 及输出 U_o 进行同时采样，按照前述方法进行建模分析。输入 u_x 和 u_y 的基础频率，幅值均为 600mV，$\omega_0=10$Hz，输出信号的频谱如图 6-6 所示。

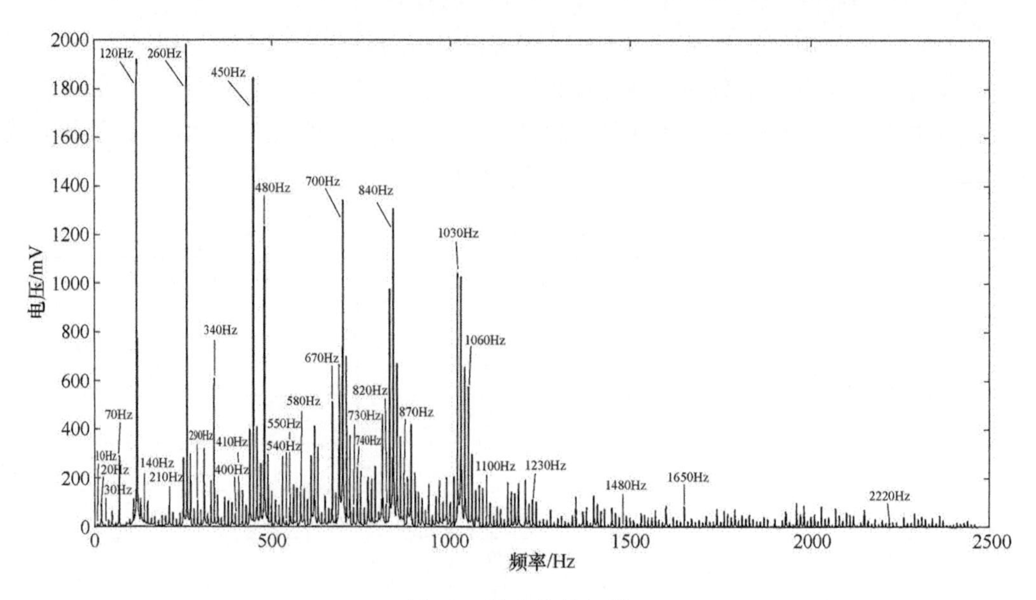

图 6-6　输出信号频谱

可见，频谱中基波的混频幅值最高，此外还包含输入频率，以及由于非线性而产生的三次谐波的和频及差频等成分，这与双曲正切函数幂级数展开及 MIMO 非线性系统理论分析相符。

由于两个输入通道在电路中所起的作用不同，每个输入通道的幅值传递系数不同，U_x 输入通道的幅值传递系数要小于 U_y 通道，那么体现在输出频谱图中，该通道输入信号的频率成分的幅值就要低些。输出频谱中某频率的总幅值与采样周期之积等于信号中该频率成分的幅值。

测得数据后，采用范德蒙法把 1、2、3 阶核的输出剥离开，再用式（6-11）和式（6-12）计算前 3 阶频域核中自身核或交叉核的主要频率点的幅度和相位值。将这些值归一化，并编码生成原始特征矩阵 $\boldsymbol{B}_i$，目标矩阵 $\boldsymbol{A}_i$ 维数定为 3。

采用本章介绍的基于 WAGA 的智能特征提取方法，分别对表 6-1 所示的 7 种状态的 1、2、3 阶自身核和交叉核的特征进行特征提取。按照 6.3.2 节所述步骤不断优化转换矩阵 $\boldsymbol{H}$，以选出的特征构成的不同故障状态之间的集总欧式距离作为评价函数，寻找距离的极大值，直到得到 7 种状态的故障特征。实验中提取的一组经过归一化处理的特征参数见表 6-2。表中的 K_1、K_2 和 K_3 是经过特征提取后得到的浓缩的新特征数据，其中包含了原始矩阵中的幅频和相频信息。

表 6-2 实验中提取的一组经过归一化处理的特征参数

状态类型	K_1	K_2	K_3	故障编码
F_0	0. 1530	0. 3696	0. 6533	000
F_1	0. 1521	0. 3629	0. 6425	001
F_2	0. 1517	0. 3572	0. 6381	010
F_3	0. 1526	0. 3617	0. 6409	011
F_4	0. 1489	0. 3596	0. 6342	100
F_5	0. 1502	0. 3583	0. 6402	101
F_6	0. 1538	0. 3741	0. 6441	110

为了验证所提取的故障特征的有效性，采用 BP 神经网络进行了诊断验证。对每种状态的参数施加 0. 3%以内的扰动，进行 100 次实验，随机选择其中的 60 组实验数据作为训练样本，另外 40 组数据作为检验样本。对神经网络进行训练后，分别用 60 组训练样本和 40 组检验样本进行了识别检验，都能正确地诊断出上述 7 种软故障状态。

6. 5 本章小结

本章介绍了 MIMO 非线性模拟电路的基于沃尔泰拉频域核 GFRF 的建模方法，并给出了 MIMO 电路 GFRF 的参数辨识方法和非参数辨识方法，为 MIMO 非线性模拟电路的建模提供了可行的具体方法；还介绍了退火遗传特征提取方法，用于提取故障诊断特征；最后以简单的乘法器电路为例，介绍了从建模到特征提取的过程，并说明了后续进行故障诊断的方法，供大家参考。

第7章

基于信息融合技术的电路故障诊断

7.1 引言

信息融合又称数据融合，也可以称为传感器信息融合或多传感器信息融合，是一个对从单个和多个信息源获取的数据和信息进行关联、相关和综合，以获得精确的位置和身份估计，以及对态势和威胁及其重要程度进行全面及时评估的信息处理过程。该过程是对多种信息的获取、表示及其内在联系进行综合处理和优化，并估计、评估和额外信息源需求评价的一个持续精练过程。同时，它也是信息处理上不断自我修正的一个过程，以获得结果的改善。

信息融合是一种信息综合处理技术，它充分利用多源信息的互补性提高信息处理的质量。在一个信息融合系统中，不同传感器所检测的数据往往有较大区别，如线性或非线性的、抽象或确定的、互补或矛盾的、实时或非实时的。而该技术主要对各种传感器的信息进行采集、传输、分析和综合，通过对这些传感器及其观测信息的合理支配和使用，把多个传感器在时间和空间上的冗余或互补信息依据某种准则进行组合，以获取被观测对象的一致性解释或描述。这样可使该信息系统获得比它的各组成部分的子集所构成的系统更优越的性能。因此，将信息融合技术应用于模拟电路故障诊断必将具有强大的生命力，可为模拟系统故障诊断方法的实用化找到突破口。

7.2 信息融合技术的起源与发展

融合（fusion）的概念出现于20世纪70年代初期，当时称之为多源相关、多源合成、多传感器混合或数据融合（data fusion），现在多称为信息融合。

信息融合技术自1973年初次提出以后，经历了20世纪80年代初、90年代初和90年代末三次研究热潮。各个领域的研究者们都对信息融合技术在所研究领域的应用展开了研究，取得了一大批研究成果，并总结出了行之有效的工程实现方法。美国在该项技术的研究方面处于领先地位，1973年美国国防部资助开发的声呐信号系统首次提出了数据融合技术，1988年美国国防部把数据融合技术列为20世纪90年代重点研究开发的20项关键技术之一。据统计，1991年美国已有54个数据融合系统引入军用电子系统中，其中87%已有试验样机、试验床或已被应用。

随着系统的复杂性日益提高，依靠单个传感器对物理量进行监测显然限制颇多。因此，在故障诊断系统中使用多传感器技术来进行多种特征量的监测（如振动、温度、压力、流量等），并对这些传感器的信息进行融合，以提高故障定位的准确性和可靠性。此外，人工

观测也是故障诊断的重要信息来源。但是，这一信息来源往往由于不便量化或不够精确而被人们忽略。

信息融合技术的出现为解决这些问题提供了有力的工具，为故障诊断的发展和应用开辟了广阔的前景。通过信息融合将多个传感器检测的信息与人工观测事实进行科学、合理的综合处理，可以提高状态监测和故障诊断智能化程度。

由于各类传感器的性能相互差别很大，所测物理量各不相同，有互补性，所以它们协同动作就能获取比单传感器更多、更有效的信息，主要体现在以下几方面：

1）系统可靠性高。

2）更大的空间和时间覆盖范围。

3）良好的置信度和分辨率。

4）增加了测量空间的维数，拓宽了侦察范围。

5）系统生存能力强、抗毁性好。

信息融合就是指采集并集成各种信息源、多媒体和多格式信息，从而生成完整、准确、及时和有效的综合信息过程；利用计算机技术对按时序获得的若干传感器的观测信息在一定准则下加以自动分析、综合处理，以完成所需的决策和估计任务而进行的信息处理过程。按照这一定义，多传感器系统是信息融合的硬件基础，多源信息是信息融合的加工对象，协调优化和综合处理是信息融合的核心。

7.3　信息融合层次分类及过程

7.3.1　依据抽象程度的信息融合层次分类

信息融合是对多源数据进行处理最终得到融合结果的过程。根据信息的抽象程度，信息融合按层次可划分为，低级层次的数据（data，DA）层融合、中间层次的特征（feature，FE）层融合和最高层的决策（decision，DE）层融合。信息融合技术的优点在于处理的信息量更大、更复杂、更全面。信息融合层次分类如图7-1所示。

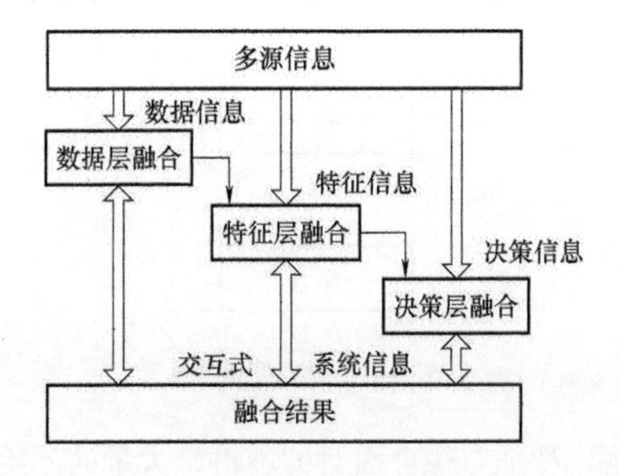

图7-1　信息融合层次分类

1. 数据层融合

数据层融合，如图7-2所示，是对传感器采集的原始数据进行融合，再在融合信息中提取出目标的特征向量，最后依据目标的特征向量信息获取识别结果。

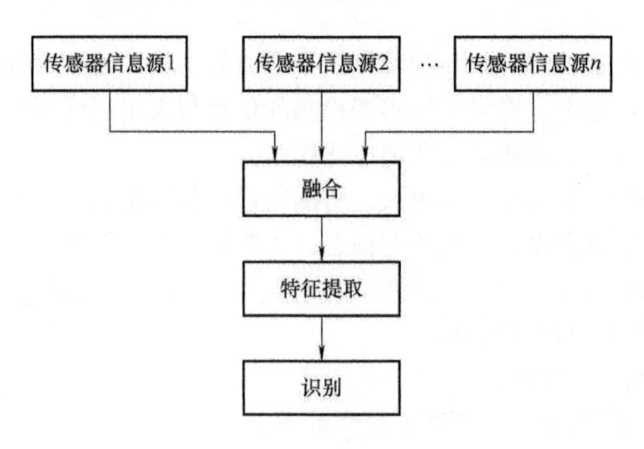

图 7-2　数据层融合

数据层的融合数据具有最大的真实性和全面性，所以数据层融合的结果往往比特征层融合和决策层融合更准确。

数据层融合也有自身的局限性，如原始数据量大、融合时间长、原始数据不完整、不确定性、无法排除干扰信号等。

2. 特征层融合

特征层融合，如图 7-3 所示，属于中间层次的融合，每个传感器首先进行目标信息的探测，然后分析并提取出探测目标的原始特征，将其表示成向量形式，最后将各个传感器信息源提取出的特征数据传送给系统融合中心，融合中心集中对这些数据进行融合处理并做最终判断。

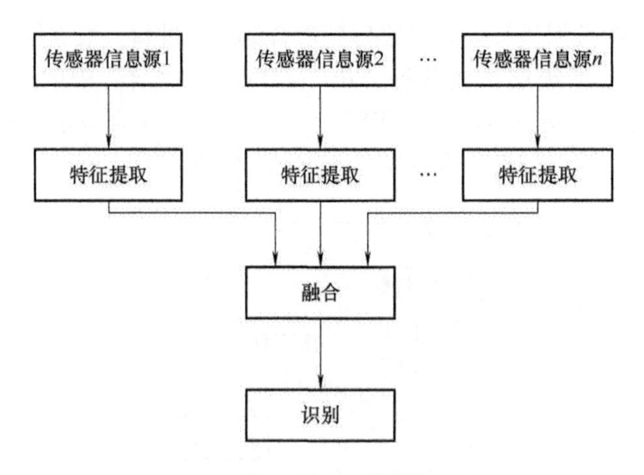

图 7-3　特征层融合

相对于数据层融合而言，特征层融合面对的不再是大量的原始数据，而是依据目标核心特征提取出的部分数据，因而数据量大大减少，这样能降低计算复杂度，有利于实时处理。不过，该模式融合的只是特征向量信息，抛弃了非特征向量信息，这样也会造成融合性能降低。

3. 决策层融合

决策层融合，如图 7-4 所示，属于最高层的融合模式。融合的具体过程是使用不同类型的传感器，从不同角度来探测同一个目标传感器采集到不同维度的信息之后，各自独立地进行信息预处理和特征提取等工作，之后独立做出预决策，然后融合系统在各个传感器已完成相关决策的基础上对信息进行综合处理，得到对观测目标的联合推断结果。

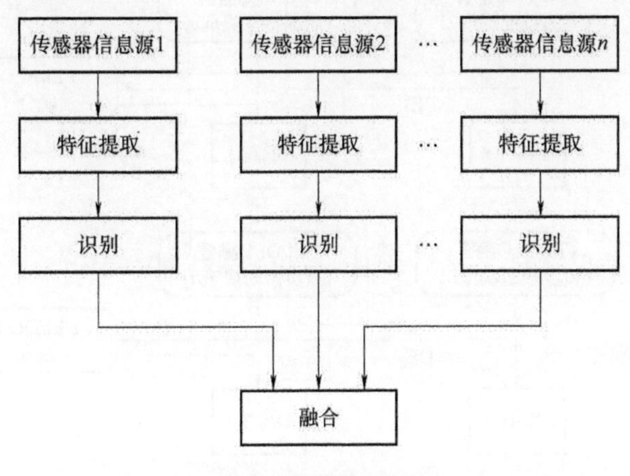

图 7-4　决策层融合

决策层融合就是对不同传感器根据各自感知信息所做出的独立决策结果进行最后分析，得到多传感器特征信息的联合推断决策结果，即最后的判决。如果单个传感器的测量数据出现误差，通过多传感器信息融合处理可以最小化该错误，从而获得正确的决策估计。

7.3.2　依据 I/O 特征的信息融合层次分类

以信息处理的单元的 I/O 特征作为分类原则，信息融合技术模型可由以下五个层次组成：数据输入/数据输出（DAI/DAO）、数据输入/特征输出（DAI/FEO）、特征输入/特征输出（FEI/FEO）、特征输入/决策输出（FEI/DEO）、决策输入/决策输出（DEI/DEO）。其中，每个层次结构上对数据信息的分析和处理方式都不同，从而构成了传统的信息融合系统。根据信息处理单元的信息融合层次分类如图 7-5 所示。

图 7-5 所示的信息融合层次也展现了传统信息融合的整体结构，在实际的信息融合过程中，可能选择部分或全部结构来完成，信息源可能是两个或更多个。数据输入/数据输出层次融合（图 7-5 所示的Ⅰ）的输入、输出信息均为数据，可表现为原始数据的时间与空间上的标准化与统一化；数据输入/特征输出层次融合（图 7-5 所示的Ⅱ）一般为频域与时域等相关数据分析后的特征提取方法；特征输入/特征输出层次融合（图 7-5 所示的Ⅲ）为特征信息在时间或空间上的合并，即常见的特征提取算法的组合以提取更有效的特征信息；特征输入/决策输出层次融合（图 7-5 所示的Ⅳ）则对应于常见的对特征信息进行的模糊处理、神经网络辨识等处理过程；决策输入/决策输出层次融合（图 7-5 所示的Ⅴ）的 I/O 均为决策信息，为对各子系统决策信息的再融合处理，其输出构成了该融合系统的最终系统决策结果。信息融合是一种数据分析与处理的技术，在系统五个层次的结构中，每个层次所处理的单元有一定的差异性，并且每个处理单元的分析过程及融合决策算法也有很大的不同，所以基于信息融合技术的模式识别及故障诊断可以采用融合中的多种方法。

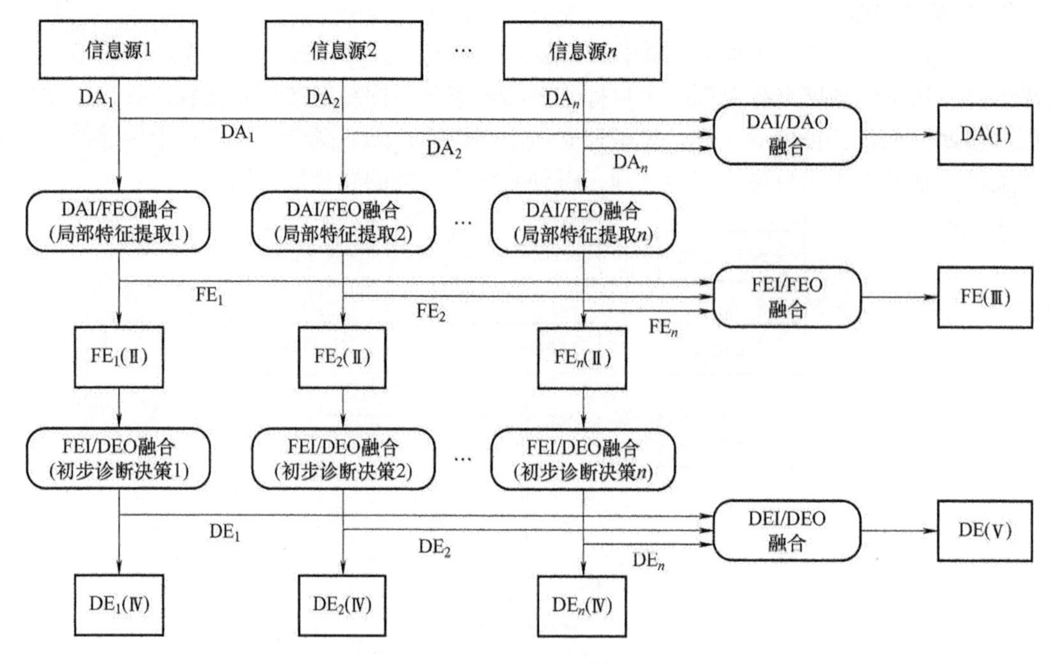

图 7-5　根据信息处理单元的信息融合层次分类

7.3.3　信息融合的过程

图 7-6 所示的信息融合过程比较常见，是一个特征输入/决策输出层次的信息融合过程。它通常分为以下五步：

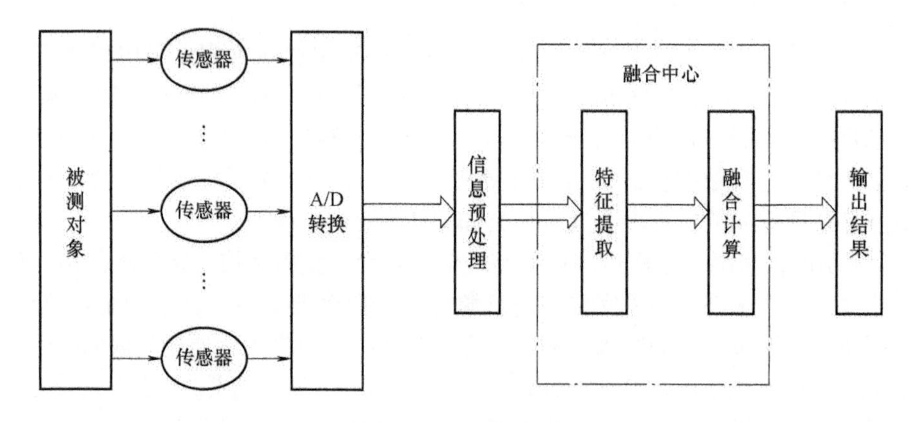

图 7-6　信息融合过程

（1）信号采集

利用多个传感器进行信号采集，变成电信号。采集的对象不同，则信号的种类不同。信号既可以是电参量，也可以是非电参量。只要对分析被采集对象有帮助的，都可以纳入信源之中。

（2）A/D 转换

通过前面的采集环节，利用传感器将各种有用的信号（如电压、电流、温度、流量、

压力等）转换成适当的电信号；然后 A/D 转换器将这些电信号转换为数字信号，供后续环节处理、使用。

（3）信息预处理

前面 A/D 转换得到的电信号可能包含噪声干扰等，需要利用数字滤波等手段进行去噪、插值等预处理，提高信噪比，提高数据的完整性等。

（4）特征提取

提取有利于决策的特征向量，即按照一定的原理和方法提取能准确表达目标信息的特征参数，为后续的信息融合提供有益的特征信息。

（5）融合计算

根据不同的应用场景，采用适当的融合算法对信息进行融合处理，得到结果，并依据制定的判决规则对结果进行判断。

7.4　信息融合方法

信息融合方法的种类多，每一类中又有多种方法，主要分类有最优估计理论方法、统计推理方法、信息论方法及人工智能方法等。常用的信息融合方法的分类如图 7-7 所示。下面仅就其中几种常用方法予以简要介绍。

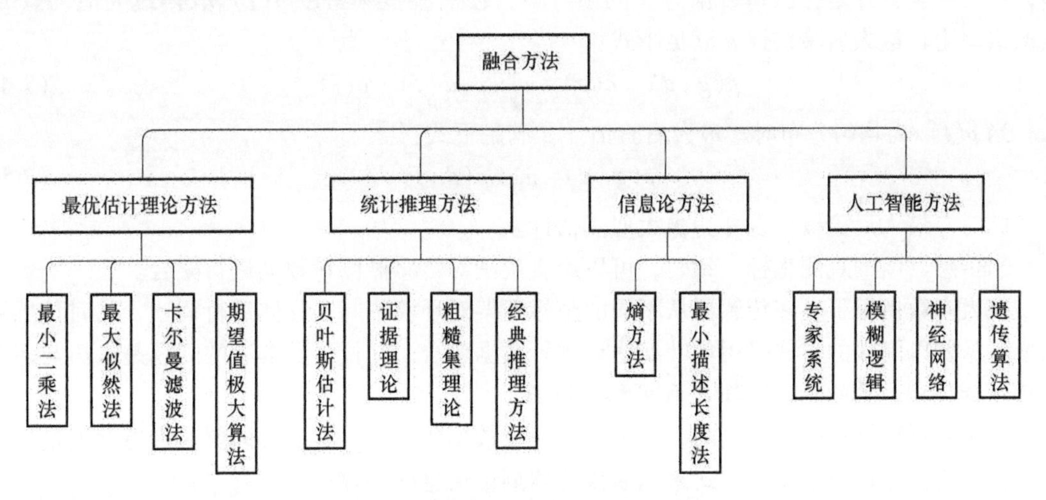

图 7-7　常用的信息融合方法的分类

7.4.1　贝叶斯估计法

贝叶斯（Bayes）估计，是融合静态环境中多传感器低层数据的一种常用方法。其信息描述为概率分布，适用于具有可加高斯噪声的不确定性信息。

假定完成任务所需的有关环境的特征用向量 $\boldsymbol{f}$ 表示，通过传感器获得的数据信息用向量 $\boldsymbol{d}$ 来表示，$\boldsymbol{d}$ 和 $\boldsymbol{f}$ 都可看成是随机向量。信息融合的任务就是由数据 $\boldsymbol{d}$ 推导和估计环境 $\boldsymbol{f}$。假设 $p(\boldsymbol{f},\boldsymbol{d})$ 为随机向量 $\boldsymbol{f}$ 和 $\boldsymbol{d}$ 的联合概率分布密度函数，则有

$$p(\boldsymbol{f},\boldsymbol{d})=p(\boldsymbol{f}|\boldsymbol{d})\cdot p(\boldsymbol{d})=p(\boldsymbol{d}|\boldsymbol{f})\cdot p(\boldsymbol{f}) \tag{7-1}$$

式中，$p(\boldsymbol{f}|\boldsymbol{d})$ 为在已知 $\boldsymbol{d}$ 的条件下 $\boldsymbol{f}$ 关于 $\boldsymbol{d}$ 的条件概率密度函数；$p(\boldsymbol{d}|\boldsymbol{f})$ 为在已知 $\boldsymbol{f}$ 的

条件下 $\boldsymbol{d}$ 关于 $\boldsymbol{f}$ 的条件概率密度函数；$p(\boldsymbol{d})$ 和 $p(\boldsymbol{f})$ 分别为 $\boldsymbol{d}$ 和 $\boldsymbol{f}$ 的边缘分布密度函数。

已知 $\boldsymbol{d}$ 时，要推断 $\boldsymbol{f}$，只需掌握 $p(\boldsymbol{f}|\boldsymbol{d})$ 即可，即

$$p(\boldsymbol{f}|\boldsymbol{d})=p(\boldsymbol{d}|\boldsymbol{f})\cdot p(\boldsymbol{f})/p(\boldsymbol{d}) \tag{7-2}$$

式（7-2）为概率论中的贝叶斯公式。

信息融合通过数据信息 $\boldsymbol{d}$ 做出对环境 $\boldsymbol{f}$ 的推断，即求解 $p(\boldsymbol{f}|\boldsymbol{d})$。由贝叶斯公式知，只需知道 $p(\boldsymbol{f}|\boldsymbol{d})$ 和 $p(\boldsymbol{f})$ 即可。

因为 $p(\boldsymbol{d})$ 可看成是使 $p(\boldsymbol{f}|\boldsymbol{d})\cdot p(\boldsymbol{f})$ 成为概率密度函数的归一化常数，$p(\boldsymbol{d}|\boldsymbol{f})$ 是在已知客观环境变量 $\boldsymbol{f}$ 的情况下，传感器得到的 $\boldsymbol{d}$ 关于 $\boldsymbol{f}$ 的条件密度。当环境情况和传感器性能已知时，$p(\boldsymbol{f}|\boldsymbol{d})$ 由决定环境和传感器原理的物理规律完全确定。而 $p(\boldsymbol{f})$ 可通过先验知识的获取和积累，逐步渐近准确地得到，因此一般总能对 $p(\boldsymbol{f})$ 有较好的近似描述。

在嵌入约束法中，反映客观环境和传感器性能与原理的各种约束条件主要体现在 $p(\boldsymbol{f}|\boldsymbol{d})$ 中，而反映主观经验知识的各种约束条件主要体现在 $p(\boldsymbol{f})$ 中。

在传感器信息融合的实际应用过程中，通常的情况是在某一时刻从多种传感器得到一组数据信息 $\boldsymbol{d}$，由这一组数据给出当前环境的一个估计 $\boldsymbol{f}$。因此，实际中应用较多的方法是寻找最大后验估计 g，即

$$p(g|\boldsymbol{d})=\max_{f} p(\boldsymbol{f}|\boldsymbol{d}) \tag{7-3}$$

即，最大后验估计是在已知数据为 $\boldsymbol{d}$ 的条件下，使后验概率密度 $p(\boldsymbol{f})$ 取得最大值的点 g，根据概率论，最大后验估计 g 满足下式：

$$p(g|\boldsymbol{d})\cdot p(g)=\max_{f} p(\boldsymbol{d}|\boldsymbol{f})\cdot p(\boldsymbol{f}) \tag{7-4}$$

当 $p(\boldsymbol{f})$ 为均匀分布时，最大后验估计 g 满足下式：

$$p(\boldsymbol{g}|\boldsymbol{d})=\max_{f} p(\boldsymbol{d}|\boldsymbol{f}) \tag{7-5}$$

此时，最大后验概率也称为极大似然估计。

当传感器组的观测坐标一致时，可以用直接法对传感器测量数据进行融合。

在大多数情况下，多传感器从不同的坐标框架对环境中同一物体进行描述，这时传感器测量数据要以间接的方式采用贝叶斯估计进行数据融合。间接法要解决的问题是求出与多个传感器读数相一致的旋转矩阵 $\boldsymbol{R}$ 和平移矢量 $\boldsymbol{H}$。

在传感器数据进行融合之前，必须确保测量数据代表同一实物，即要对传感器测量进行一致性检验。常用以下距离公式来判断传感器测量信息的一致：

$$T=\frac{1}{2}(\boldsymbol{x}_1-\boldsymbol{x}_2)^{\mathrm{T}}\boldsymbol{C}^{-1}(\boldsymbol{x}_1-\boldsymbol{x}_2) \tag{7-6}$$

式中，$\boldsymbol{x}_1$ 和 $\boldsymbol{x}_2$ 为两个传感器测量信号；$\boldsymbol{C}$ 为与两个传感器相关联的方差阵。当距离 T 小于某个阈值时，两个传感器测量值具有一致性。

这种方法的实质是，剔除处于误差状态的传感器信息而保留“一致传感器”数据计算融合值。

7.4.2 卡尔曼滤波法

该方法用于实时融合动态的低层次冗余传感器数据，用测量模型的统计特性，递推决定统计意义下最优融合数据合计。如果系统具有线性动力学模型，且系统噪声和传感器噪声可

用高斯分布的白噪声模型来表示，卡尔曼滤波（Kalman Filtering，KF）为融合数据提供唯一的统计意义下的最优估计。KF 的递推特性使系统数据处理上不需大量的数据存储和计算。KF 分为分散卡尔曼滤波（DKF）和扩展卡尔曼滤波（EKF）。

DKF 可实现多传感器数据融合完全分散化。其优点是，每个传感器节点失效不会导致整个系统失效。

而 EKF 的优点是，可有效克服数据处理不稳定性或系统模型线性程度的误差对融合过程产生的影响；缺点是，需要对多源数据的整体物理规律有较好的了解，才能准确地获得 $p(\boldsymbol{d}\mid\boldsymbol{f})$，但需要预知先验分布 $p(\boldsymbol{f})$。

7.4.3　证据组合法

证据组合法认为，完成某项智能任务是依据有关环境某方面的信息做出几种可能的决策，而多传感器数据信息在一定程度上反映环境这方面的情况。因此，分析每一数据作为支持某种决策证据的支持程度，并将不同传感器数据的支持程度进行组合，即证据组合，分析得出现有组合证据支持程度最大的决策作为信息融合的结果。

证据组合法是为完成某一任务的需要而处理多种传感器的数据信息，完成的是某项智能任务，实际是做出某项行动决策。

它先对单个传感器数据信息每种可能决策的支持程度给出度量（即数据信息作为证据对决策的支持程度），再寻找一种证据组合方法或规则；在已知两个不同传感器数据（即证据）对决策的分别支持程度时，通过反复运用组合规则，最终得出全体数据信息的联合体对某决策总的支持程度，得到最大证据支持决策，即信息融合的结果。

利用证据组合进行数据融合的关键如下：

1）选择合适的数学方法描述证据、决策和支持程度等概念。

2）建立快速、可靠并且便于实现的通用证据组合算法结构。

证据组合法较嵌入约束法的优点如下：

1）对多种传感器数据间的物理关系不必准确了解，即无须准确地建立多种传感器数据体的模型。

2）通用性好，可以建立一种独立于各类具体信息融合问题背景形式的证据组合方法，有利于设计通用的信息融合软、硬件产品。

3）人为的先验知识可以视同数据信息一样，赋予对决策的支持程度，参与证据组合运算。

常用证据组合方法如下：

1）概率统计方法。

2）登姆普斯特-谢弗（Dempster-Shafer，D-S）证据推理方法。

7.4.4　概率统计方法

假设一组随机向量 $[x_1, x_2, \cdots, x_n]$ 分别表示 n 个不同传感器得到的数据信息，根据每一个数据 x_i 可对所完成的任务做出一决策 d_i。x_i 的概率分布为 $p_{a_i}(x_i)$，a_i 为该分布函数中的未知参数，若参数已知时，则 x_i 的概率分布就完全确定了。用非负函数 $L(a_i, d_i)$ 表示当分布参数确定为 a_i 时，第 i 个信息源采取决策 d_j 时所造成的损失函数。在实际问题中，a_i

是未知的，因此，当得到 x_i 时，并不能直接从损失函数中定出最优决策。

先由 x_i 做出 a_i 的一个估计，记为 $a_i(x_i)$，再由损失函数 $L[a_i(x_i),d_i]$ 决定损失最小的决策。其中，利用 x_i 估计 a_i 的估计量 $a_i(x_i)$ 有很多种方法。

概率统计方法适用于分布式传感器目标识别和跟踪信息融合问题。

7.4.5 D-S 证据推理方法

证据推理方法又称 D-S 证据推理。D-S 证据推理将假设视作一个集合，引入信任函数、似信度函数、类概率函数等概念，来描述命题的精确信任程度、信任程度和估计信任程度，对命题的不确定性做多角度的描述。

D-S 证据推理的优点是，算法确定后，无论是静态还是时变的动态证据组合，其具体的证据组合算法都有一共同的算法结构。缺点是，当对象或环境的识别特征数增加时，证据组合的计算量会以指数速度增长。

证据理论是建立在辨识框架基础上的推理模型，其基本思想如下：

1） 建立辨识框架。

2） 建立初始信任度分配。

3） 根据因果关系，计算所有命题的信任度。

4） 证据合成。

5） 根据融合后的信任度进行决策。

7.4.6 人工神经网络法

通过模仿人脑的结构和工作原理，设计和建立相应的机器和模型并完成一定的智能任务。

神经网络根据当前系统所接收到的样本的相似性，确定分类标准。这种确定方法主要表现在网络权值分布上，同时可采用神经网络特定的学习算法来获取知识，得到不确定性推理机制。

神经网络多传感器信息融合的实现，分如下三个重要步骤：

1） 根据智能系统要求及传感器信息融合的形式，选择其拓扑结构。

2） 各传感器的输入信息综合处理为一总体输入函数，并将此函数映射定义为相关单元的映射函数，通过神经网络与环境的交互作用以环境的统计规律反映网络本身结构。

3） 对传感器输出信息进行学习、理解，确定权值的分配，完成知识获取信息融合，进而对输入模式做出解释，将输入数据向量转换成高层逻辑（符号）概念。

基于神经网络的传感器信息融合特点如下：

1） 具有统一的内部知识表示形式，通过学习算法可将网络获得的传感器信息进行融合，获得相应网络的参数，并且可将知识规则转换成数字形式，便于建立知识库。

2） 利用外部环境的信息，便于实现知识自动获取及并行联想推理。

3） 能够将不确定环境的复杂关系，经过学习推理，融合为系统能理解的准确信号。

4） 由于神经网络具有大规模并行处理信息的能力，使得系统信息处理速度很快。

人工神经网络具有分布式存储和并行处理方式、自组织和自学习功能，以及很强的容错性和鲁棒性等优点。

将神经网络用于多传感器信息融合技术中，首先要根据系统的要求及传感器的特点，选择合适的神经网络模型；然后再对建立的神经网络系统进行离线学习，确定网络的连接权值

和连接结构；最后把得到的网络用于实际的信息融合当中。

由于处理对象和处理过程的复杂性，而且每种方法都有自己的适用范围，目前还没有一套系统的方法可以很好地解决多传感器融合中出现的所有问题。比较理想的解决方案，就是多种融合方法的综合使用。

7.5　基于信息融合的电路故障诊断方法

故障诊断的实质，就是从大量的故障征兆出发，通过信息的处理，确定故障的类型和位置，这就是信息融合的过程。如前所述，以 I/O 特性作为分类标准，可以把信息融合的 3 个层次划分为 5 种融合过程，如图 7-8 所示。

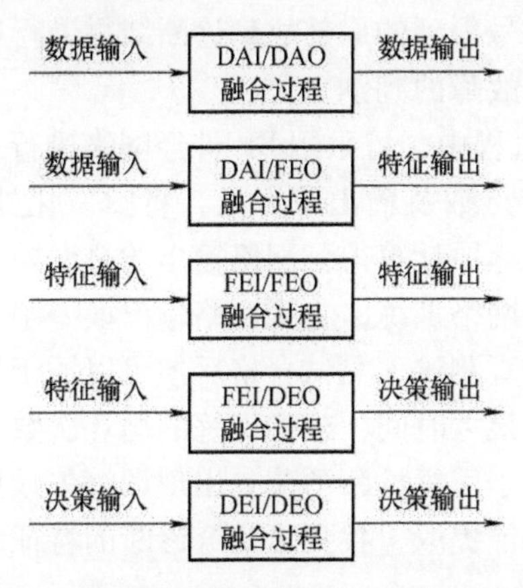

图 7-8　信息融合的 3 个层次与 5 种融合过程

可以选用经典的融合框架（FEI+DEI3）/DEO 对电路进行故障诊断：首先，采集电路的 3 种不同的信号，进行采集信号的预处理，并进行特征选择，构建特征向量；然后，利用神经网络实现局部诊断；最后，由 D-S 证据理论进行决策融合，得出最终诊断结果。该融合模型属于典型的决策融合模式，以特征和决策作为输入，以最终决策结果作为输出。

根据上述基于信息融合的电路故障诊断原理，建立故障诊断的信息融合模型，如图 7-9 所示。该故障诊断系统由被测电路、数据采集系统、特征提取单元、神经网络局部诊断单元和 D-S 故障决策融合单元 5 个部分构成。

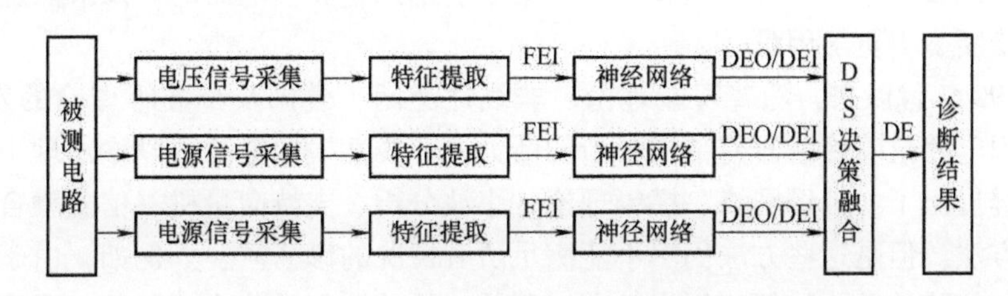

图 7-9　故障诊断的信息融合模型

对诊断过程可进行简单的数学描述。若对电路上的 n 个相互独立的信号进行采集，其特征参数 $X(t)$ 可描述为

$$X(t)=[x_1(t),x_2(t),x_3(t),\cdots,x_n(t)] \tag{7-7}$$

进而得到 $X(t)\to S(t)$ 的映射，特征和状态的该映射关系由电路特性决定。若电路发生故障，判定规则 $T_i(t)$ 可以定义为

$$T_i(t)=[S_i(t),I_i(t)]\to D_i(t) \tag{7-8}$$

式中，$I_i(t)$ 为判断电路是否出现异常的标准；$D_i(t)$ 为判断的输出，一般取值为 $[0,1]$，表示检测点异常或正常。所以，定义好判断标准 $I_i(t)$，就可以实现对故障的检测。特征信号的检测规则定义如下：

$$\begin{gathered} E_i=\{e_{i1},e_{i2},e_{i3},\cdots,e_{ik}\}\ (D_i(t)=1) \\ M_i[S_i(i)]\to Q_i=\{q_{i1},q_{i2},q_{i3},\cdots,q_{ik}\} \end{gathered} \tag{7-9}$$

$D_i(t)=1$ 表示出现故障。E_i 需要依据被测对象的原理分析确定。M_i 可以通过电路的数据确定 E_i 中所有的元素。Q_i 表示故障出现的可能性。

最终的决策融合对检测信号得到的局部故障诊断结果进行决策分析判断，对相互独立的多个证据进行决策融合，实现故障的判别。

在 FEI/DEO 的局部诊断过程中，可采用 BP 神经网络进行。先根据具体情况设置好神经网络的输入节点数、隐含层节点数及输出节点数，将归一化处理后的特征向量输入神经网络，由初始权值和阈值等参数逐层计算得到网络输出的总误差，再根据此误差反向传播，对各层参数逐层修正，反复进行网络训练，直到网络输出误差小于设定值。经过训练后，成功收敛的神经网络还需要进行仿真测试，测试合格后便可以用于局部故障诊断。

如果训练用时超过设定的最大时间，或者训练的循环次数大于设定的最大次数限制，则确定网络训练失败，不能应用于后续诊断环节。出现训练失败情况，可以重新回到特征提取环节，按照一定的规则优化特征提取，找到更适合诊断的特征向量后，再进行神经网络训练和局部故障诊断。

以 BP 神经网络初级诊断结果为证据体作为输入，再对电路的故障进行基于 D-S 证据推理的决策级信息融合诊断，得到最终的融合诊断结果。

7.6 非线性模拟电路多软故障的信息融合诊断

非线性模拟电路的故障诊断研究开始于 20 世纪 80 年代，经过多年的发展，故障诊断理论和方法取得了很多成果，但系统性和实用性仍有待加强，容差和非线性等因素使得非线性模拟电路诊断比较困难，而且，随着电路的集成度越来越高，电路的可及节点越来越少，使测量和故障诊断变得更加困难。

20 世纪 90 年代以来，随着智能理论、非线性泛函、模糊及小波等理论的发展和应用，给非线性模拟电路故障诊断研究带来了新的活力。非线性模拟电路故障诊断理论得到了较大的发展，相继提出了如神经网络、模糊理论、小波分析、支持向量机、信息融合等的模拟电路故障诊断方法。但是这些方法仍然不能满足所有情况的诊断需要。例如，由于电路的可及节点少，部分故障的某种特征相似度较高，用单一的特征很难分辨，因此，采用基于多传感器信息融合的故障诊断方法被寄予希望。

下面针对非线性模拟电路的多软故障，以信息融合的方法开展研究，提取非线性模拟电路及其电源电流的维纳核作为原始特征，并将特征提取和融合作为一个优化问题，提出利用遗传算法进行特征的优化融合提取，实现不同来源信息的互补性融合，再利用 BP 神经网络

完成故障诊断，以提高多软故障的准确性。

7.6.1 基于双维纳核信息融合的智能故障诊断

本节介绍的基于信息融合的智能故障诊断方法只要求电路的输入、输出及电源可及，这个条件普遍都能满足。该方法的原理框图如图7-10所示。

基于维纳核信息融合的智能故障诊断的过程可分为四个阶段：第一阶段进行维纳核的获取；第二阶段采用智能优化算法对得到的两个核进行特征的优化融合提取，并生成样本；第三阶段设计神经网络并训练；第四阶段进行对实际电路的测试诊断。

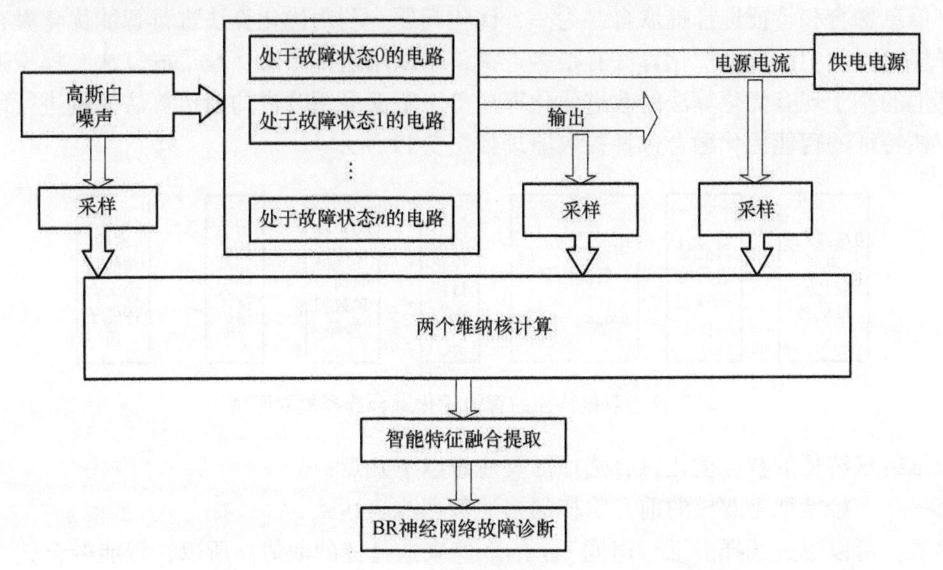

图7-10 基于信息融合的智能故障诊断方法原理框图

7.6.2 维纳核的获取

核的获取分两步完成。

（1）状态分类

对被测非线性模拟电路所处的状态进行分类和编号，这些状态包括电路的正常状态及所有要诊断的故障状态，包括软故障、硬故障及多故障状态，建立故障状态集。

（2）各状态维纳核的测量

依次向处于上述各状态的被测非线性模拟电路施加高斯白噪声作为测试激励信号，并对输入、输出及电源电流信号同时采样，得到采样数据序列。利用离散维纳核获取的数据处理方法，可得到被测电路及被测电路电源系统的每种状态的前几阶维纳核（为叙述方便，分别简称为电路维纳核和电源维纳核），并用仿真验证核的正确性。第 n 阶维纳核的计算公式如下：

$$k_n(\tau_1,\tau_2,\cdots,\tau_n)=\frac{1}{n!A^n}E[y_{n-1}(t)x(t-\tau_1)\cdots x(t-\tau_n)] \tag{7-10}$$

$$y_{n-1}(t)=y(t)-\sum_{i=0}^{n-1}G_i(t) \tag{7-11}$$

核的阶数根据电路的非线性程度适当选择，多数情况下非线性较弱，取前几阶核即可，以满足诊断准确度要求为准。

7.6.3 双核特征的智能优化融合选择提取

如上所述，获得了每个电路状态的电路维纳核和电源维纳核。如果只用其中一个核的特征进行故障诊断，有些状态之间的区别较小，甚至相同，很难判定到底是哪种状态，当出现多软故障时，就更加难以准确诊断。因此，需要将两个核的信息有效融合，充分利用它们特征的互补性提高诊断的准确率。另外，两个核中包含大量信息，对于诊断来说很多信息是冗余的，为了提高效率，应该进行有效的特征提取。

将信息融合和特征选择提取合二为一，优化问题，利用优化算法进行智能优化融合及特征选择提取。其中的智能优化算法有很多选择，可以用遗传算法、粒子群算法、模拟退火算法及其他的基于现有优化算法的改进优化算法等。下面采用改进的遗传算法为例进行研究。

双核特征的智能优化融合选择提取原理如图 7-11 所示。

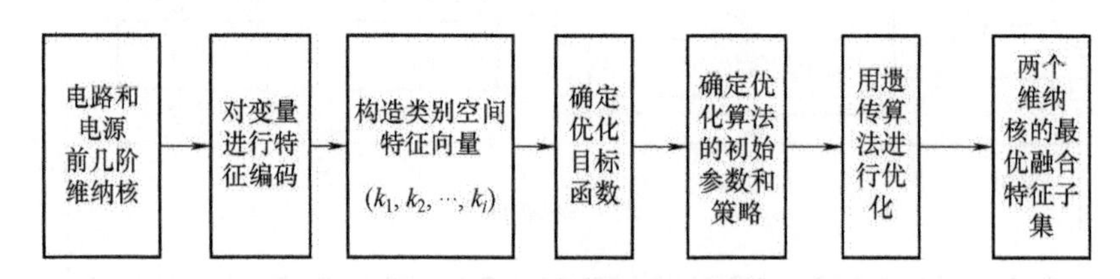

图 7-11　双核特征的智能优化融合选择提取原理

双维纳核特征的智能优化融合选择需要注意以下几点：

第一，初始特征是双核的前几阶核的描述数据或表达式。

第二，可以通过选择多维“时间”τ 的取值来选择核的取值。所以，智能融合选择优化时可以对“时间”τ 进行编码作为个体的特征码。

第三，类别空间的特征向量可以选择双核的各阶核的一个选择值，也可以根据需要在某阶核中选择多个值。

第四，目标函数可以选择为待诊断各故障状态特征向量的集总距离。

经过智能融合选择优化后，记录对应最优特征向量的多维“时间”τ 的取值，对得到的各个状态的故障特征数据进行归一化等处理，生成训练样本集和测试集，用于神经网络的训练和验证。

7.6.4 神经网络设计和训练

本节采用 BP 神经网络进行诊断：首先，进行参数和算法设计，包括确定初始权值、设计学习率的自适应调整方法及 BP 神经网络系统学习算法等；然后，进行神经网络训练和验证，利用训练样本集对神经网络进行学习训练，直到达到设定的目标精度为止；再利用测试样本集进行验证，检验神经网络的训练效果，若不理想，则适当改进网络并重新训练，直到满意为止。保留训练成功的神经网络，用于诊断。

7.6.5 故障诊断实例

为了验证上述的基于维纳核信息融合的智能故障诊断方法对于多、软故障诊断效果的改

善，选择 ITC′97 国际标准电路为例进行实验。实验电路原理图如图 7-12 所示。

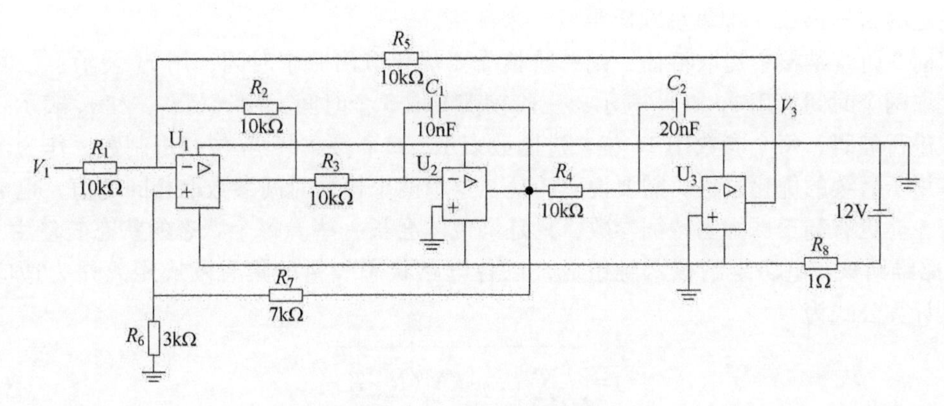

图 7-12 实验电路原理图

图 7-12 中，为了测量电源电流，在供电电源入口串联了一个 1Ω 的采样电阻 R_8。V_1 为电压输入端，V_3 为电路的电压输出端。

第一步，双维纳核的提取。

在正常状态下，$R_1=R_2=R_3=R_4=R_5=10\text{k}\Omega$，$R_6=3\text{k}\Omega$，$R_7=7\text{k}\Omega$，$C_1=10\text{nF}$，$C_2=20\text{nF}$。约定元件的参数值±10%为容差限，在±10%~±20%范围的为软故障。由于硬故障相对来说比较容易诊断，所以这里选择多个软故障（2 个或 3 个元件同时出现软故障）的情况进行诊断，实验电路状态分类及参数见表 7-1。

表 7-1 实验电路状态分类及参数

故障序号	故障元件	故障特征来源	神经网络故障编码
F_0	无	K_{V_1}，K_{V_2}，K_{V_3}，K_{I_1}，K_{I_2}，K_{I_3}	10000000
F_1	$R_1=R_5=8.5\text{k}\Omega$	K_{V_1}，K_{V_2}，K_{V_3}，K_{I_1}，K_{I_2}，K_{I_3}	01000000
F_2	$R_1=R_2=8.2\text{k}\Omega$	K_{V_1}，K_{V_2}，K_{V_3}，K_{I_1}，K_{I_2}，K_{I_3}	00100000
F_3	$R_2=8\text{k}\Omega$ 和 $R_4=11\text{k}\Omega$	K_{V_1}，K_{V_2}，K_{V_3}，K_{I_1}，K_{I_2}，K_{I_3}	00010000
F_4	$R_2=8\text{k}\Omega$ 和 $C_1=8\text{nF}$	K_{V_1}，K_{V_2}，K_{V_3}，K_{I_1}，K_{I_2}，K_{I_3}	00001000
F_5	$C_1=8\text{nF}$ 和 $C_2=23\text{nF}$	K_{V_1}，K_{V_2}，K_{V_3}，K_{I_1}，K_{I_2}，K_{I_3}	00000100
F_6	$R_1=8\text{k}\Omega$ 和 $C_2=8\text{nF}$	K_{V_1}，K_{V_2}，K_{V_3}，K_{I_1}，K_{I_2}，K_{I_3}	00000010
F_7	$R_1=R_2=R_3=8.5\text{k}\Omega$	K_{V_1}，K_{V_2}，K_{V_3}，K_{I_1}，K_{I_2}，K_{I_3}	00000001

表 7-1 中，K_{V_i}，K_{I_i}，$(i=1,2,3)$ 分别为电路和电源的 1、2、3 阶维纳核。

如前所述，对每个状态的电路输入高斯白噪声，并同时测量输入、输出电压及电源电流，并根据式（7-10）和式（7-11）分别计算前 3 阶维纳核的数据矩阵，再通过曲线拟合得到各阶核的表达式。

第二步，双核特征的智能优化融合选择提取。

所要进行的特征智能优化融合选择提取过程，实质就是要找到一些自变量的取值点，在这些点上 8 种电路状态的双维纳核的取值所构成的 8 个特征向量总体区别最大，总体区别采用所设定的目标函数（即集总欧氏距离）来衡量。

从前 3 阶维纳核中提取特征，则一阶核需要优化取出一个时间，用 τ_0 表示；二阶核需要优化取两个时间，用 τ_1 和 τ_2 表示；三阶核需要取 3 个时间，用 τ_3、τ_4、和 τ_5 表示。对这些参数进行编码，每个参数用 16 位二进制数表示，6 个参数共 96 位二进制数，作为个体的染色体用于后续的优化过程。需要说明的是，这里两个核的时间参数取相同的值，也可以分别取值，会更有利于选择出特征参数，只是染色体会长一些。每个状态的状态矢量由 1、2、3 阶电路维纳核和电源维纳核六维组成，以各电路状态矢量的集总欧氏距离作为适应度函数。其计算公式为

$$J=\sqrt{\sum_{i=1}^{N}(\boldsymbol{K}_i-\overline{K})^{\mathrm{T}}(\boldsymbol{K}_i-\overline{K})} \tag{7-12}$$

式中，$\boldsymbol{K}_i$ 为某激励下各种故障状态的核特征向量；$\overline{K}$ 为特征向量的平均值。适应度 J 越大，表明电路的各故障状态的可区分性越强，那么故障诊断的效率和准确性越高。

采用改进的遗传算法进行优化。研究表明，典型的遗传算法的杂交算子具有强迫算法收敛的特性，既可能收敛于全局最优，也可能过早成熟而收敛于局部最优。因此，为了防止遗传算法早熟，可采取动态调整适应度函数和依据多样度判定接受的方法。由于篇幅有限，本书就不赘述了。

采用如前所述的方法生成训练样本集和测试样本集。

第三步，神经网络的设计和训练。

利用 3 层 BP 神经网络来诊断本例的电路故障。设输入层由 6 个神经元组成，输出层由 8 个神经元组成，选取隐含层由 12 个神经元组成。由于 BP 神经网络的预测误差等于训练误差与网络复杂度引起的误差之和，网络的泛化能力和学习集函数的均值与期望输出的偏差成正比，所以设定训练的方均根误差为 0.001。

用第二步得到的数据作为训练样本，对 BP 神经网络进行训练，直至其收敛到预设误差。另外，取 6 组没进行训练的软故障状态的数据，输入训练好的神经网络进行测试诊断，诊断结果完全正确。

第四步，故障诊断。

依据原理所述的方法，对两个多故障状态进行诊断，诊断完全正确。

为了对比诊断效果，还以电路维纳核和电源维纳核的特征单独进行诊断，对多软故障的诊断准确率明显不如基于信息融合的诊断方法。

7.7 本章小结

本章介绍了信息融合技术的原理、特点，说明了信息融合的 3 个层次和 5 种融合过程，然后介绍了基于（FEI+DEI）/DEO 融合框架的电路故障诊断模型，给出了电路故障信号特征向量的构建方式，确定了实现决策级融合的技术方案，最后通过非线性模拟电路多软故障的信息融合诊断实例介绍了基于维纳核原理的融合故障诊断方法。

第8章

数字电路的可测性设计

8.1 可测性设计研究背景

高科技领域对数字系统工作的可靠性要求越来越高，因此数字系统的可测试性变得极为重要。电路测试一般分成两种：功能测试和制造测试。功能测试是为了测试电路的逻辑、时序等是否正确。芯片设计过程中的模拟和验证都是围绕着电路的功能进行的，因而属于功能测试的范畴。而一个正确的设计并不能保证制造出的芯片就能正常工作，因为在制造过程中可能出现这样或那样的问题，如线与线、层与层之间的短路、线与线之间出现开路等问题，都会导致电路不能正常工作，因此在芯片制造完成后还要对它进行测试，这就是制造测试。

然而，随着集成电路规模的增大、复杂程度的提高，电路测试变得十分复杂和困难，测试生成的费用呈指数增长，单凭改进和研究测试生成方法已无法满足对测试的要求。解决测试问题的根本方法，是在系统设计时就充分考虑测试的要求，即在设计阶段就开始考虑如何对电路进行测试，并将一些实用的可测性技术引入芯片设计中，以降低测试生成的复杂性，也就是进行可测性设计。

电路的可测性涉及可控制性和可观察性两个最基本的概念。可测性设计（design for testability，DFT）技术就是试图增加电路中信号的可控制性和可观察性，以便及时、经济地产生一个成功的测试程序。

一般来说，进行可测性设计肯定会增加硬件的开销。在这方面有两种基本的策略：一种是为了获得最大的可测性而不惜成本地进行设计；另一种是希望采取一些切实有效的方法，增加少量或有限的硬件开销来提高系统和电路的可测性。这两种策略是根据不同的可测性要求来确定的。

8.2 数字电路可测性设计方法

在可测性设计技术发展的早期，大多采用特定点对点（AdHoc）方法。AdHoc技术可用于特殊的电路和单元设计，对具体电路进行特定的测试设计十分有效，但它不能解决成品电路的测试生成问题。因此，从20世纪70年代中后期起，人们开始采用结构化的测试设计方法，即研究如何设计容易测试的电路，进而又考虑在芯片内部设计起测试作用的结构。如果电路不仅具有正确的功能，而且有比较高的可测试程度，这样的设计就实现了可测性。这种方法的另外一个优点是能与EDA工具结合，进行自动设计。

数字系统的可测性设计，目前常采用两种方法：一种是可测性的改善设计；另一种是可测性的结构设计。数字系统可测性改善设计可以提高可测性，然而，其效果是十分有限的。

特别对于时序系统，实施起来会出现某些困难，因而提出了可测性的结构设计方法。

结构可测性设计，就是从可测性的观点对电路的结构提出一定的设计规则，使得设计的电路容易测试。它主要解决电路中的状态可控、可观察及电路规模等方面的问题，降低测试向量生成的复杂度，提高故障覆盖率。扫描设计是主要的时序电路的可测性设计方法。

8.2.1 全扫描技术

全扫描（full scan）技术是将电路中的所有触发器用特殊设计的具有扫描功能的触发器替代，使其在测试时连接成一个或几个移位寄存器。这样电路就被分成可以进行分别测试的纯组合电路和移位寄存器，电路中所有的状态都可以直接从原始输入端和原始输出端得到控制和观察。全扫描设计将时序电路的测试向量的生成，简化成组合电路的测试向量生成。由于组合电路的测试向量生成算法目前已经比较完善，并且在测试向量自动生成方面比时序电路容易得多，因此大大降低了测试向量生成的难度。

由于全扫描设计能够保证实现100%的故障覆盖率，该技术广泛应用于微处理器等大规模集成电路的测试。

已有的全扫描测试设计技术主要有以下4种：

1）由日本NEC公司于1975年开发的采用多路数据触发器结构的扫描通路（scan path）法。其中的时序器件为可扫描的无竞争D型触发器。采用扫描通路法测试的芯片，必须采用同步时序。

2）由美国IBM公司于1977年开发的级敏扫描双锁存器设计（LSSD）法。这是一种被广泛采用的扫描测试技术，主要优点是系统时钟和数据之间不存在冒险条件，这是由严格的LSSD规则所保证的。它用了比单个锁存器复杂得多的移位寄存锁存器（shift register latch，SRL），并需要附加多达4个的I/O引脚，其中两个用于测试模式的时钟，一个用于扫描数据的输入，一个用于扫描数据的输出。

3）由美国斯佩里-通用自动计算机（Sperry-Univac）公司于1977年开发的扫描置入（scan/set）法，其中的移位寄位器不在数据通路上，因此不与所有系统触发器共享。从时序网络内部采样n点后，将采样值用一个时钟脉冲送到n位移位寄存器中。数据置入后就开始移位，数据通过扫描输出端扫描输出。同时，移位寄存器中的n位数据也可置入系统触发器中，用于控制不同的通路，以简化测试。这就要求系统中有适当的时钟结构。虽然全扫描设计可以显著地减少测试生成的复杂度和测试费用，但这是以面积和速度为代价的。近年来，部分扫描（partial scan）方法因为只选择一部分触发器构成移位寄存器，降低了扫描设计的硬件消耗和测试响应时间而受到重视。

4）由日本富士通公司于1980年开发的随机存取扫描（random access scan）法。在随机存取扫描技术中，SRL和RAM阵列相类似，即用X-Y地址对每个锁存器进行编码，并直接通过地址选择变化的SRL，加快了测试过程。但是，为了保证X-Y编码器的正确，在系统的集成度上要花更高的代价。

8.2.2 部分扫描技术

部分扫描技术，因只选择一部分触发器构成移位寄存器，与全扫描技术相比，它降低了扫描设计的硬件开销和电路性能损失，因此受到了广泛的重视和应用。但是，目前大多数算法还不能保证100%的故障覆盖率。

目前，部分扫描设计方法的研究大多是在测试向量生成、面积开销及对系统性能影响等之间寻求一种折中。部分扫描设计的方法主要有基于可测性分析的设计、基于电路结构分析的设计、基于测试向量生成的设计及基于优化方法的设计等。

部分扫描设计与全扫描设计的主要差异在于，部分扫描设计只利用了电路的部分触发器构成移位寄存器，因此，移位寄存器之外的电路仍是时序的，这部分电路的测试可以采用时序电路的自动测试矢量生成（ATPG）技术。但是，时序电路ATPG的难易程度与时序电路的时序深度和反馈回路有关。Rajesh Gupta Rajiv等人提出一种时序电路的平衡结构——B结构，并给出了如何选取触发器来构造B结构的算法。应用此算法后得到的剩余电路是一种平衡结构，可以用改进的组合电路的ATPG技术产生测试矢量，减少了测试矢量生成的复杂度，同时可获得较高的故障覆盖率。

8.3　边界扫描

边界扫描技术的主要思想是，在芯片的每个信号引脚和芯片内部逻辑电路之间，插入边界扫描单元（boundary scan cell，BSC）。BSC像一个虚拟的物理探头，在系统控制下很容易捕捉芯片输入引脚和芯片内部功能逻辑输出的信息，也很容易将测试矢量施加到芯片逻辑的输入端和芯片的输出引脚上。

8.3.1　边界扫描技术原理

如图8-1所示，在测试模式下各BSC以串行方式连接成扫描链，既可以通过扫描输入端将测试矢量以串行扫描的方式输入，对相应的引脚状态进行设定，实现测试矢量的加载；也可以通过扫描输出端将系统的测试响应串行输出，进行数据分析与处理。在正常工作期间，这些附加的移位寄存器单元不影响电路板的正常工作。

通过这些BSC，可以从测试数据输入端口将指定的状态串行输入到芯片1的输出引脚，再从测试数据输出端口串行读出芯片2的输入引脚状态，从而达到判断芯片之间连线有无故障的目的；还可以通过扫描路径移位将测试向量施加到某芯片的核心逻辑输入端，输出单元捕获其核心逻辑的响应向量，以检测芯片的内部故障；除此之外，还可借此实现观察集成电路正常工作时并行输入、输出引脚的数据流，对其进行“快拍”等测试功能。

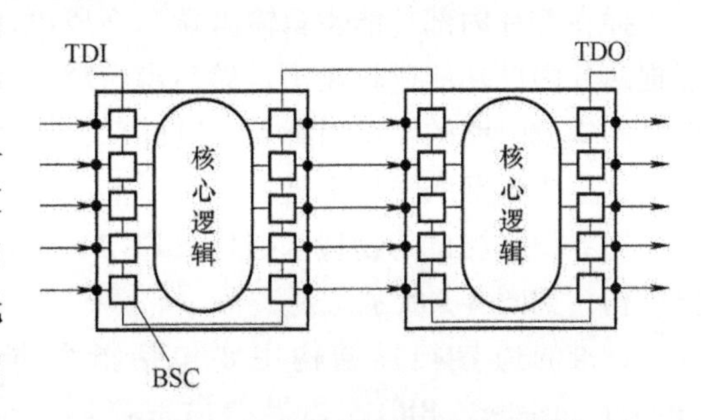

图8-1　边界扫描测试原理示意图

典型的BSC电路逻辑结构图如图8-2所示。从输入输出关系来看，BSC有4个引脚。DI(Data_in)——BSC的普通输入引脚。对于插在集成电路输入引脚和芯片内部逻辑之间的BSC而言，DI接集成电路的输入引脚；对于插在芯片内部逻辑和集成电路输出引脚之间的BSC而言，DI接芯片内部逻辑输出。DO(Data_out)——BSC的普通输出引脚。同样，该引脚也可能接芯片内部逻辑的输入端，或者是集成电路的输出引脚。SI(Scan_in)——BSC串行数据输入，接上一个 BSC 的 SO。SO(Scan_out)——BSC 串行数据输出，接下一个 BSC 的 SI。通过 SI 和 SO，这些 BSC 构成一个串行移位的边界扫描寄存器。

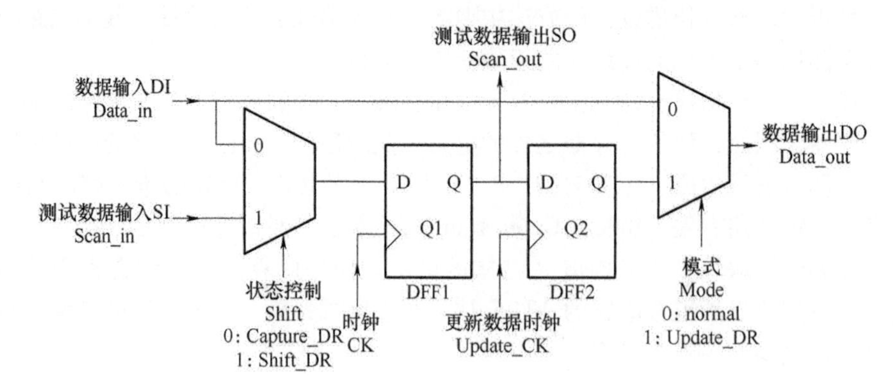

图 8-2　典型的 BSC 电路逻辑结构图

从其内部逻辑来看，通常 BSC 由两个多路复用器和两个数据锁存器构成。第一个捕捉/扫描多路复用器在 TAP 控制下可以捕捉 DI 的输入信息，或者将上一个 BSC 的 SO 的输出扫描到本 BSC 中，被第一个数据锁存器锁存。被锁存的信息出现在 SO 上，或者被第二个数据锁存器锁存。第二个数据选择器可以选择锁存器的输出或 DI 引脚的输入。当选择 DI 的输入信息时，BSC 对集成电路来说是透明的，集成电路处于正常工作状态。注意，DI 引脚上的信息不会通过第一个锁存器后又被第二个锁存器锁存。当多路复用器选择锁存器的输出时，BSC 处于测试状态。

插在集成电路输入引脚和芯片内部逻辑之间的 BSC，在 TAP 的控制下，可以并行捕捉集成电路的输入引脚信息，然后串行移出 TDO；或者，将 BSC 锁存器中的测试矢量并行施加到芯片内部功能逻辑的输入端；或者，让集成电路输入引脚的信号透明地通过该 BSC，直达芯片内部功能逻辑的输入端。

插在芯片内部功能逻辑输出端和集成电路输出引脚的 BSC，在 TAP 的控制下，将并行捕捉芯片内部功能逻辑输出，然后串行移出 TDO；或者，把 BSC 锁存器中的测试矢量并行施加到集成电路的输出引脚上，以进行芯片之间的互连测试；或者，让内部芯片逻辑透明地输出到集成电路的输出引脚。

边界扫描测试的物理基础是 IEEE 1149.1 的边界扫描测试总线和设计在器件内的边界扫描结构，如图 8-3 所示。

标准的边界扫描结构主要包括指令寄存器（instruction register，IR）、旁路寄存器（bypass register，BR）、边界扫描寄存器（boundary scan register，BSR）和测试访问端口（test access port，TAP）控制器。BSC 电路一般采用四线测试接口，如果测试信号中有复位信号（TRST），则采用五线测试接口。这些信号被分别定义如下：

1）TDI，测试数据输入，测试数据输入至移位寄存器（SR）。

2）TDO，测试数据输出，测试数据从 SR 移出。

3）TCK，测试时钟。

4）TMS，测试模式选择，如选择寄存器、加载数据、形成测试、移出结果等。

5）TRST，复位信号，低电平有效。

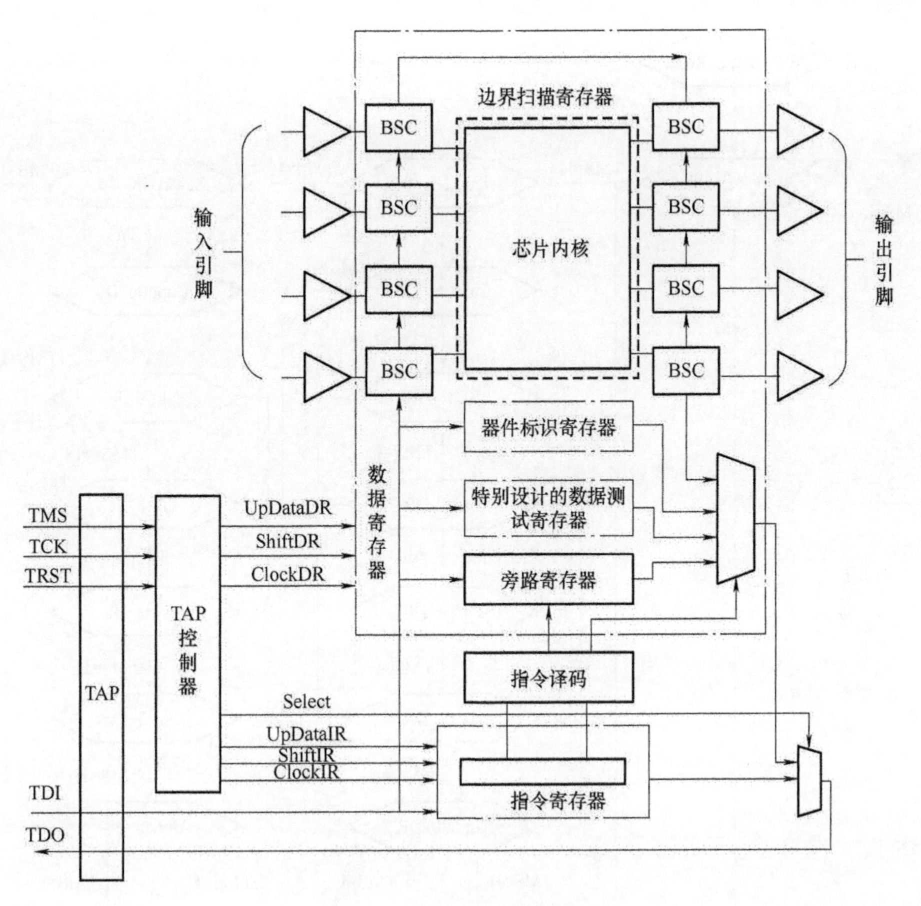

图 8-3　BSC 测试逻辑结构

IEEE 1149.1 标准测试总线使用 TCK 的两个时钟沿，TMS 和 TDI 在 TCK 的上升沿被采样，TDO 在 TCK 的下降沿变化。下面将逐一介绍标准边界扫描结构的三个主要组成部分：测试端口 TAP 控制器、测试数据寄存器、指令寄存器（包括指令译码器）。

8.3.2　TAP 控制器

如图 8-4 所示，状态机的输入信号为 TCK 和 TMS，TRST 可选。状态机的状态转换总是发生在 TCK 的上升沿。边界扫描结构在状态机 TAP 的控制下可以处于复位状态或测试状态。在复位状态时 BS 器件正常工作；在测试状态时边界扫描结构可以对 DR 或 IR 进行操作。

复位状态 Test_Logic_Reset 是指在 BS 器件上电复位或 TRST 为高时 TAP 进入。只要 TMS 恒为高，TAP 总会处于此状态。无论当前处于何种状态，只要 TMS 保持连续 5 个上升沿为高，TAP 都将返回复位状态。

边界扫描结构在 Run_Test/Idle 状态中运行自测试指令 RUNBIST。

Select_DR_Scan 状态和 Select_IR_Scan 状态都是过渡状态，分别用于保持被当前指令选择的 DR 和 IR 的原有值。

Capture_DR 状态用于捕捉其输入端口（芯片外部输入引脚或内部逻辑输出端）的值并行地装填到 DR 中。

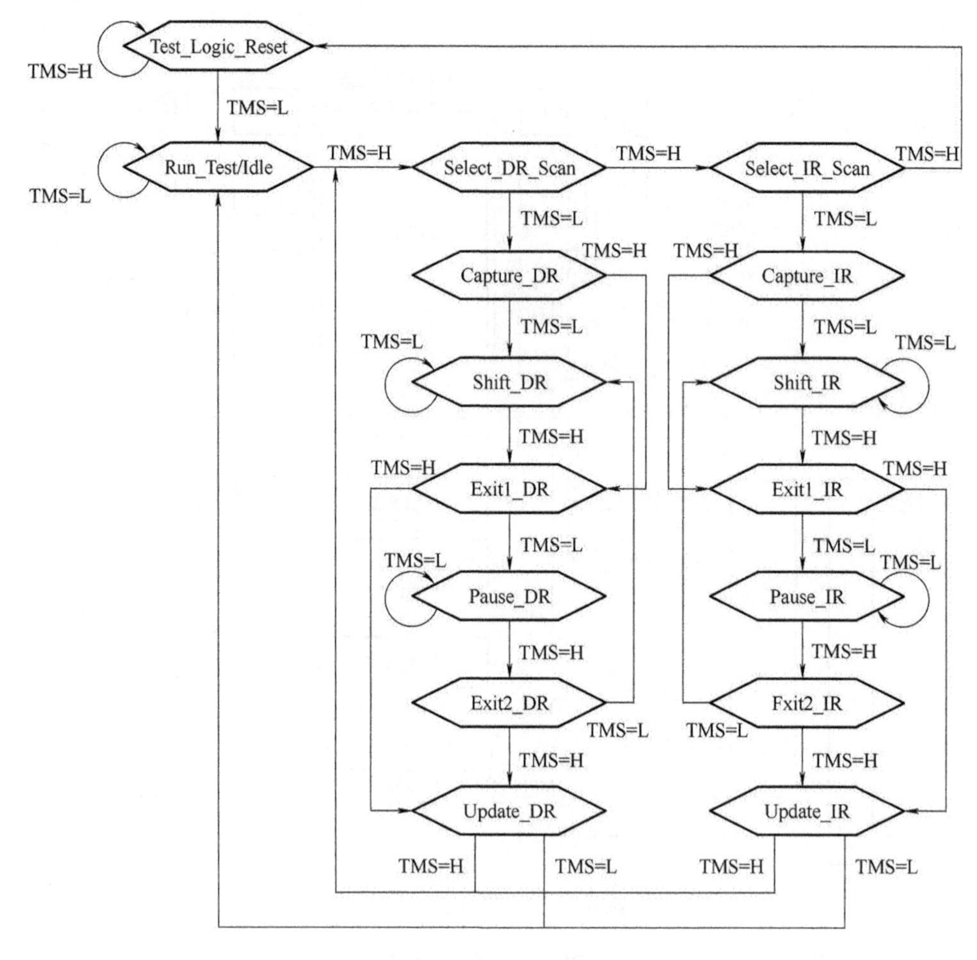

图 8-4　TAP 控制器的状态图

Capture_IR 状态用于 IR 并行装入器件内部预设的任何固定值，但此刻该值没有成为当前指令。

Shift_DR 状态用于指令选择的 DR 在 TCK 上升沿的作用下将数据逐位从 TDI 向 TDO 串行移出。

Shift_IR 状态下 IR 将被连接在 TDI 和 TDO 之间，并在 TCK 上升沿的作用下逐位将指令串行移出。

Update_DR 状态作用下 DR 将在 TCK 的下降沿装入该 DR 串行寄存器中的值，并将该值并行输出。

Update_IR 状态作用下 IR 将在 TCK 的下降沿装入该 IR 串行寄存器中的指令，并将该值并行输出。同时，该指令将变成当前指令。

8.3.3　测试数据寄存器

数据寄存器主要有三种：边界扫描寄存器、器件标志寄存器和旁路寄存器。

边界扫描寄存器，构成边界扫描路径，它的每一个单元由存储器、发送/接收器和缓冲

器组成。BSR 置于集成电路的输入/输出端附近，并首尾相连构成一个移位寄存器链，首端接 TDI，末端接 TDO。在测试时钟 TCK 的作用下，从 TDI 加入的数据可在移位寄存器链中移动进行扫描。BSR 的基本结构同 BSC，其主要作用是加载测试向量和捕捉测试响应。

器件标志寄存器，有 32 位。其中，第 28~31 位是版本号，第 12~27 位是器件序列号，第 1~11 位是厂商标识，第 0 位为 1。借助它可以辨别板上元器件的生产商，还可以通过它来测试是否将正确的器件安装在 PCB 的正确位置上。

旁路寄存器，只有 1 位。它提供了一条从 TDI 到 TDO 之间的最短通道，用来将不参加串行扫描的数据寄存器旁路掉，以减少不必要的扫描时间，简化扫描通道。在 Shift_DR 下，数据可以直接从 Data_in 到 Data_out，而不需经过任何边界扫描寄存器。

8.3.4　指令寄存器和边界扫描测试指令集

在边界扫描设计中，指令一般从 TDI 处以串行方式移入指令寄存器中。指令用于确定哪一个测试数据寄存器被选择且接入从 TDI/TDO 的扫描链中。在 IEEE 1149.1 标准指令分公共指令和专用指令两类。公共指令为 IEEE 1149.1 标准规定，它包括必备 3 条指令——旁路指令 BYPASS、采样/预装指令 SAMPLE/PRELOAD 和外测试指令 EXTEST，还包括另外 4 条非必备指令——内测试指令 INTEST、运行内建自测试指令 RUNBIST、取器件标志码指令 IDCODE和用户代码指令 USERCODE。此外，还有两个可选指令：组件指令 CLAMP 和输出高阻指令 HIGH。

根据 IR 的长度，BYPASS 指令编码被标准规定为｛111…11｝。当 BYPASS 指令称为当前指令，则 BYPASS 寄存器将被连接在 TDI 和 TDO 之间。Update_DR 和 Capture_DR 状态对寄存器没有影响；Shift_DR 状态将数据或指令从 TDI 经 BYPASS 寄存器串行移位到 TDO。这样缩短了测试路径。此时，测试逻辑以透明方式存在，BS 器件正常工作。SAMPLE/PRELOAD 指令的编码格式由 BS 器件制造商自主编码，用来允许边界扫描寄存器捕捉并检查 BS 器件的正常操作。在此指令的 Shift_DR 状态，边界扫描寄存器被连接在 TDI 和 TDO 之间。在此指令的 Capture_DR 状态，边界扫描寄存器将捕捉集成电路的输入引脚或芯片内部逻辑输出。在此指令的 Update_DR 状态，边界扫描寄存器的并行输出端将并行输出 BSC 中的数据。执行该指令时，测试逻辑以透明方式存在，BS 器件正常工作不受影响。正如同它的名字一样，该指令有采样（sample）和预载（preload）两种功能。边界扫描寄存器在 SAMPLE 指令的 Capture_DR 状态捕捉集成电路输入引脚和芯片功能逻辑输出端口上的数据。SAMPLE 指令以透明方式工作，并不影响 BS 器件的正常逻辑。PRELOAD 指令在 Capture_DR 状态，所有 BSC 将数据锁存在并行输出寄存器中，同时将该值串行移出。根据 IR 寄存器的长度，EXTEST 指令被编码为｛000…0｝。EXTEST 指令用于板级互连测试。BS 器件输出引脚上的 BSC 将在测试过程中输出测试矢量，与之相连的 BS 器件的输入引脚上的 BSC 将在测试过程中读取引脚上的信号。将测试矢量和测试结果进行分析就可以分辨出器件互连的短路、断路等故障。因此在进行此测试之前，应当通过 SAMPLE/PRELOAD 指令将测试矢量锁存到边界扫描寄存器的并行输出端上。INTEST 指令允许 BS 器件在电路板上执行片内静态（低速）功能测试。在进行功能测试之前，先通过 SAMPLE/PRELOAD 指令将测试矢量锁存在 BSC 的锁存器中。测试矢量从输入引脚的 BSC 中加入，而响应将在输出引脚上被捕捉到相应的 BSC 中。

8.3.5 边界扫描描述语言

边界扫描描述语言（boundary scan description language，BSDL）是超高速集成电路（VHSIC）硬件描述语言（VHDL）的一个子集，用来对边界扫描器件的边界扫描特性进行描述，从而用于边界扫描器件厂商、用户与测试工具之间的沟通联系。厂商将 BSDL 文件作为边界扫描器件的一部分提供给用户；BSDL 文件为自动测试图形生成（ATPG）工具测试特定的电路板提供相关信息；在 BSDL 的支持下生成由 IEEE 1149.1 标准定义的测试逻辑。BSDL 已经正式成为 IEEE 1149.1 标准文件的附件。BSDL 本身不是一种通用的硬件描述语言，但它可与软件工具结合起来用于测试生成、结果分析和故障诊断，而每一个边界扫描器件都附有特定的 BSDL 描述文件。BSDL 使用巴克斯-诺尔范式（BNF）来描述，由整体（entity）、组件（package）和组件本体（package body）三个主要部分组成。

8.3.6 边界扫描测试的总线配置方式

在待测电路板上，带边界扫描测试电路的芯片采用某种板级扩展方式组成一条或多条边界扫描链，通过电路板的 JTAG 端口与测试设备相连。

根据不同的实际需求，板级扩展有三种方式：串行扫描链方式、并行扫描链方式和混合连接方式。

这些边界扫描链各自有着不同的特点，应当根据被测板不同的情况和测试要求分别采用。

8.3.7 数字电路的边界扫描测试设计方法

由于许多知名企业，如 3COM、AGILENT、AMD、CISCO、COMPAQ、ERICSSON、IBM、INTEL、MOTOROLA、NOKIA、PANASONIC、PHILIPS、SAMSUNG、TI、TOSHIBA 等，都支持 IEEE 1149.1 标准的边界扫描设计，所以在进行数字系统设计时，尽量采用支持 IEEE 1149.1 标准的控制器、FPGA 及专用芯片等搭建系统，以便在制作电路板时，统筹考虑基于边界扫描进行系统测试。通常采用图 8-5 所示的方式将电子功能模件上的元器件连接起来，便于进行测试。

图 8-5 中，将电子功能模件上带有 JTAG 接口的芯片的输出、输入线以逐个串联（TDI→TDO→TDI→TDO…）的方式组成一个扫描链，而 TAP 的信号线则是通过并联的方式连接起来的；那些没有 JTAG 接口的器件可以分别和那些带有 JTAG 接口的器件的引脚相连，以实现对它的测试；各种存储器则可以通过总线来测试。

采用边界扫描方式测试电子功能模件，测试平台控制器生成的检测序列依据相关的计算机接口协议转换成 JTAG 检测数据链，通过 JTAG 接口传送给目标板。为了便于使用，测试平台可以设置多种接口的 JTAG 控制器，如 PCI、ISA、Ethernet、USB 等；也可采用包括测试总线转 JTAG 的控制器，如 GPIB、VXI、PXI、LXI 等。通过对任意一条 I/O 线进行单独设置（输出、输入或旁路），不但可以对地址、数据、控制总线等进行测试，而且也可以对其他独立的信号线（模拟或数字信号线）及不同的被测部件进行测试。通过 JTAG 接口与控制器连接，实现对带有多个可测子系统的目标的检测。

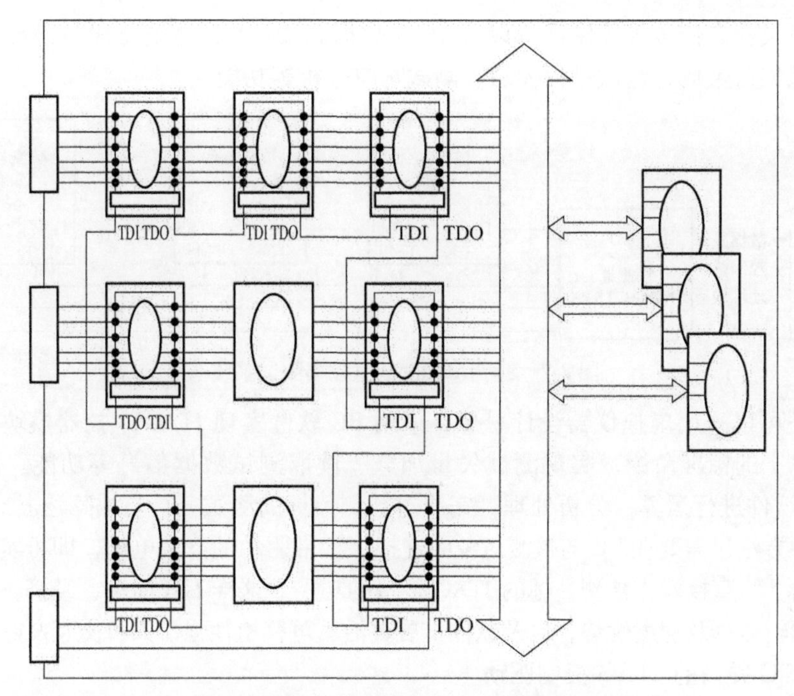

图 8-5　基于边界扫描方式的电路板测试

8.4　数字电路边界扫描系统示例

一个完整的边界扫描测试系统通常可由三大部分组成：主机、JTAG 控制器和被测对象。主机负责生成测试矢量，分析处理测试响应数据，得出测试结论；控制器通过对被测对象的 JTAG 接口进行控制，实现 IEEE 1149.1 标准测试命令及测试数据的传递；被测对象则是经过可测性设计，支持边界扫描功能的电子功能模件。边界扫描测试系统组成框图如图 8-6 所示。

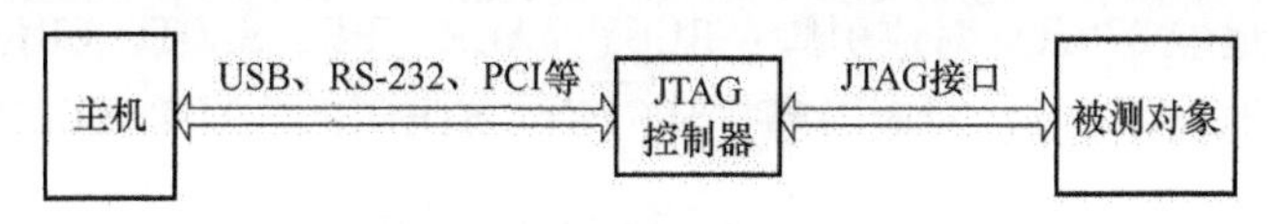

图 8-6　边界扫描测试系统组成框图

8.4.1　边界扫描系统的 JTAG 控制器开发

在应用边界扫描技术进行测试时，JTAG 主控器模块是测试系统的核心部件，其核心功能是产生满足 IEEE 1149.1 标准的测试信号，并传递测试数据。

1. JTAG 控制器的实现策略

JTAG 主控器既可以采用可编程逻辑器件或其他小规模集成电路自行设计实现，也可以采用市售的边界扫描主控器芯片实现，如美国 TI 公司生产的内嵌测试总线主控器芯片 SN74LVT8980 和测试总线主控器芯片 SN74ACT8990，美国仙童（FAIRCHILD）半导体公司生产的边界扫描控制器芯片 SCANPSC100F 等。

SN74ACT8990 主控器测试系统如图 8-7 所示。该控制器芯片利用读、写、中断、测试复位、测试结束及状态信号等控制线，以及 16bit 数据总线、5bit 地址总线与微控制器协同工作，实现测试矢量生成、测试过程控制、测试响应分析等功能。

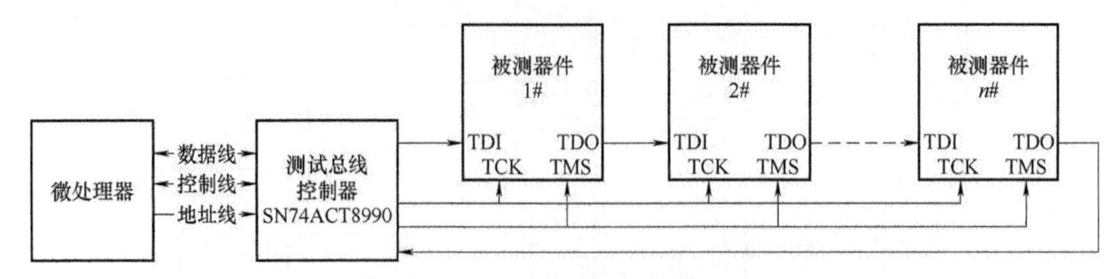

图 8-7　SN74ACT8990 主控器测试系统

此外，还可以采用虚拟仪器设计思想，采用 PC 软件实现 JTAG 主控器模块的功能，产生 IEEE 1149. 1 的标准命令，实现测试矢量加载、读取测试数据信息等功能。测试数据由 PC 上的应用软件进行运算、分析处理，完成对被测目标的测试分析与故障诊断。

采用这种方法仅需要在 PC 与被测对象间连接一根带驱动的下载电缆，即可实现测试总线控制器承上启下、直接操作被测目标的 JTAG 接口的功能。这样不仅简单、经济，还可充分发挥计算机的逻辑运算及速度优势，以及软件扩展灵活、可移植性强、人机交互友好等优点。

2. 基于 PC 并口的 JTAG 控制驱动

用应用软件实现 JTAG 接口协议，并由 PC 的并口输出，下载电缆经过简单的驱动后对 JTAG 进行控制，这是一种经济适用的解决方案。驱动可根据需要选择 74HC244、74HC245、74HC645 等实现。如图 8-8 所示，电路以 74HC244 做驱动，用 PC 的并口合成 TMS、TCK、TDI、TDO 等信号线。

PC 的并口工作在 SPP 模式下，对它的控制是通过数据输出端口、控制输出端口、状态输入端口来实现的。并口有 25 个引脚，其中包括 8 位数据线、5 位状态线、4 位控制线。并口 LPT1 使用情况见表 8-1，10 芯的 JTAG 使用情况见表 8-2。

数据寄存器（地址 378H）对应引脚：D0~D7。

状态寄存器（地址 379H）对应引脚：BUSY、$\overline{\text{ACK}}$、PE、SLCT、$\overline{\text{ERROR}}$。

控制寄存器（地址 37AH）对应引脚：$\overline{\text{SLCTIN}}$、$\overline{\text{STROBE}}$、$\overline{\text{AUTOFEED}}$、INIT。

表 8-1　并口 LPT1 使用情况

引　脚　号	定　　义	用　　途	引　脚　号	定　　义	用　　途
1	选通	$\overline{\text{STROBE}}$	10	确认	$\overline{\text{ACK}}$
2	数据位 0	D0	11	忙	BUSY
3	数据位 1	D1	12	缺纸	PE
4	数据位 2	D2	13	选择	SLCT
5	数据位 3	D3	14	自动换行	$\overline{\text{AUTOFEED}}$
6	数据位 4	D4	15	错误	$\overline{\text{ERROR}}$
7	数据位 5	D5	16	初始化	INIT
8	数据位 6	D6	17	选择输入	$\overline{\text{SLCTIN}}$
9	数据位 7	D7	18~25	信号地	GND

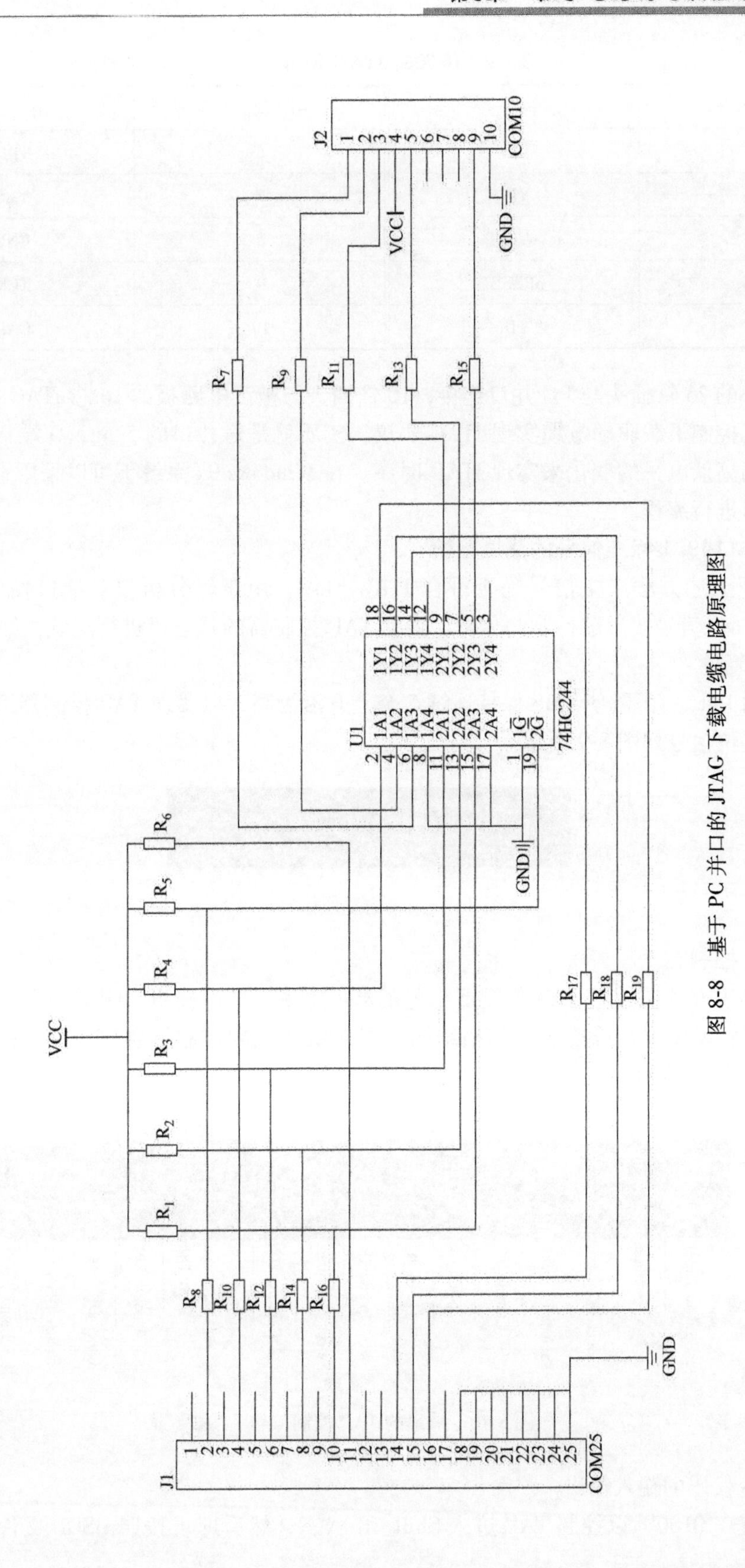

图 8-8 基于 PC 并口的 JTAG 下载电缆电路原理图

表 8-2 10 芯的 JTAG 使用情况

引 脚 号	用 途	引 脚 号	用 途
1	VDD	6	TDO
2	VDD	7	TMS
3	nTRST	8	GND
4	nRESET	9	TCK
5	TDI	10	GND

下载电缆的 25 针插头与 PC 并口连接，10 针插头与被测电路板的 10 芯 JTAG 接口连接。

用计算机控制下载驱动电缆实现 JTAG 协议，实质就是对并口的 3 个 I/O 端口地址进行读写操作，用高低电平的变化来实现 JTAG 时序。在 Windows 9x 系统下可以采用直接端口操作函数对端口进行编程。

3. IEEE 1149.1 标准信号的测试检验

为了验证上述方法产生信号是否符合 JTAG 协议，用逻辑分析仪对端口发生的 TMS、TCK、TDI、TDO 信号波形进行监测分析。根据 TAP 控制器的状态机进行测试，结果如下。

(1) Init 复位

通过调用 Init( ) 函数使 TMS 保持连续 5 个上升沿为高，以实现 TAP 控制器返回复位状态。采集的复位信号如图 8-9 所示。

图 8-9 采集的复位信号

(2) TAP 控制类

通过在 TCK 的上升沿控制改变 TMS 信号的高低电平，即可按照 TAP 控制器的状态图实现具体的状态转换要求，以使边界扫描结构可以在状态机的控制下顺序运行。采集的 TAP 控制信号如图 8-10 所示。

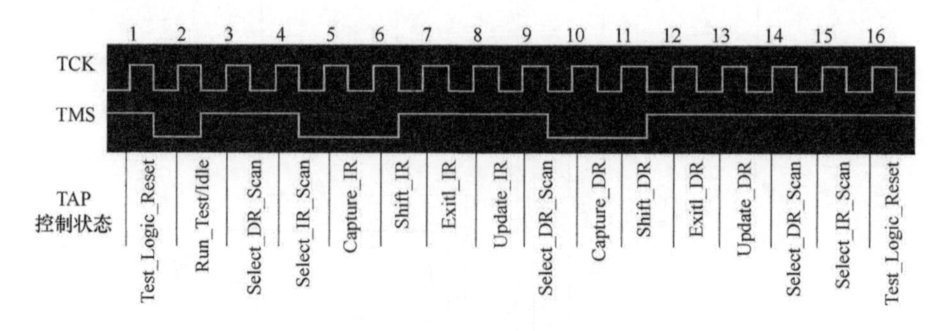

图 8-10 采集的 TAP 控制信号

(3) 指令代码的输入输出

给 TMS 送“0100”以控制 TAP 进入 Shift_IR 状态，然后即可按照 BSDL 文件从 TDI 移

位输入相应的指令代码，完成指令的加载，如全“1”的旁路指令。同时，在 TAP 的 Shift_IR 状态，指令捕获位图形已加载至指令寄存器的移位寄存器部分，直接从 TDO 移出数据应与各芯片 BSDL 文件描述的 Capture 位图形一致。图 8-11 所示的信号是对 SN74BCT8244A 芯片控制产生的位图。

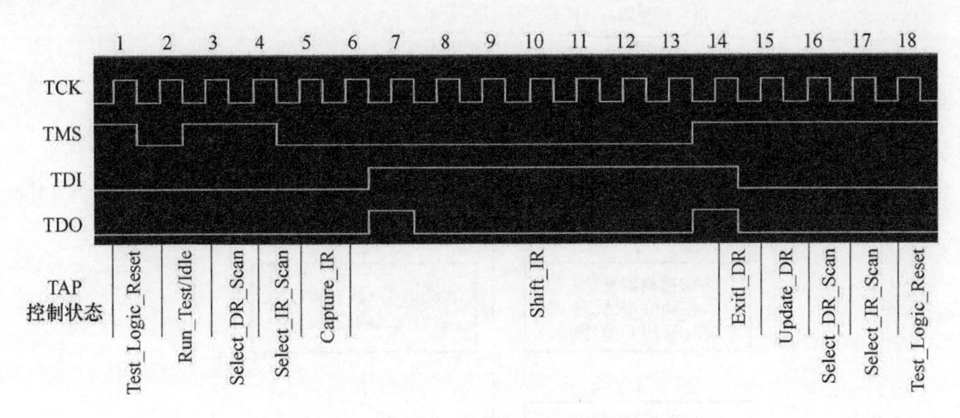

图 8-11 采集的指令代码输入输出信号

（4）芯片 ID 码的读取

给 TMS 送“01100”控制 TAP 从复位进入 Shift_DR 状态，若芯片支持标志寄存器，即可从 TDO 直接移出标志寄存器的值。图 8-12 所示的信号是对 EPM7128SL84 芯片控制产生的位图。

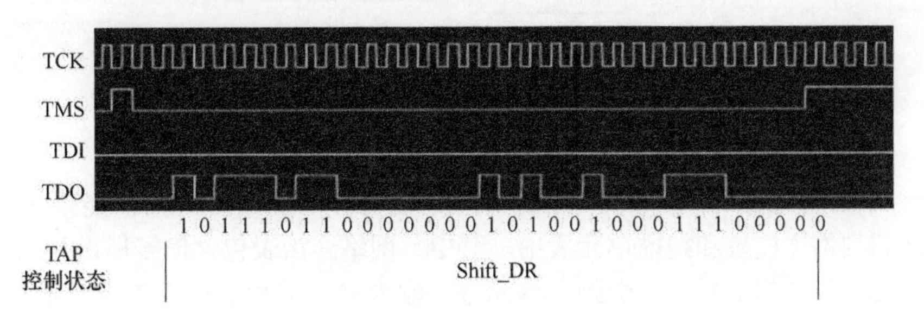

图 8-12 采集的芯片 ID 码读取信号

综上，通过典型实例对 TCK、TMS、TDI、TDO 信号进行了验证实验，结果证明下载电缆结合相应软件实现的信号准确、可靠，符合 JTAG 标准，满足测试系统中控制器用来控制实现标准的测试数据及通信的要求。

8.4.2 互联测试和功能测试

数字电路的互联测试和功能测试是边界扫描测试技术的主要应用方式。前者用于检查和诊断电路板上的相互连线，后者则能检查和诊断电路中某器件的内核逻辑功能。

1. 互连测试类

电路板上 BS 器件之间的互连导通测试可以通过 EXTEST 指令进行。测试时，首先，利用芯片的 BSDL、电路板网络表文件和扫描器件连接描述文件（均为文本文件），获取被测对象的边界扫描链路及网络连接信息；然后，依据具体的互连测试算法，通过 PRELOAD 指令给输出型的 BCS 置测试矢量；之后，执行 EXTEST 指令，从而在连线上的输入型 BCS 捕获测试响应；最后，对测试响应进行分析，就可以诊断出连线是否有固定逻辑、开路和短路故障，并具体定位到器件的引脚一级。其测试流程图如图 8-13 所示。

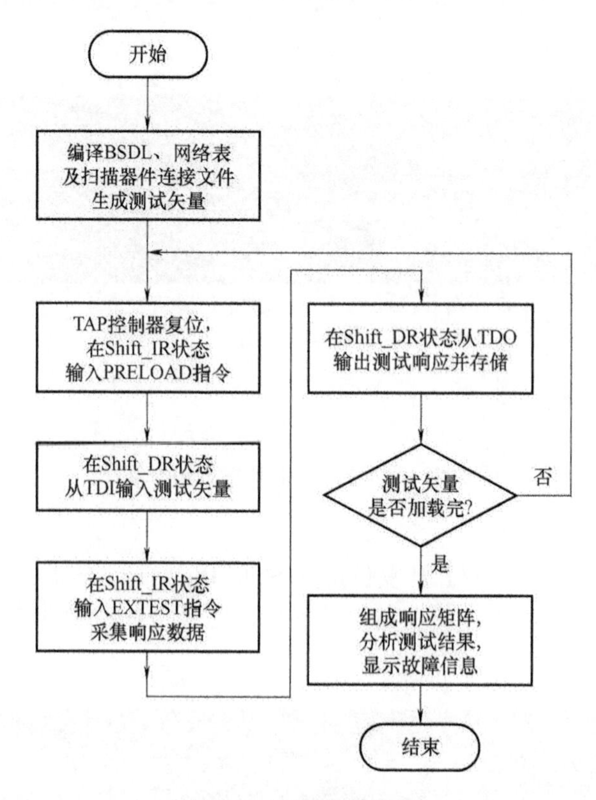

图 8-13　互连测试流程图

互连测试软件界面如图 8-14 所示。测试时，首先，将编译好的网络连接及边界扫描链路信息加载到网络连接表和扫描单元表中。其中，网络连接表包含信号标识和互连节点的信息，扫描单元表包含扫描器件、引脚、单元号、输入输出类型、输入矢量及输出响应信息。然后，通过执行单步、全速和诊断即可完成互连测试和故障诊断要求。其中，单步用来测试具体连线的开路情况；全速根据菜单选择算法给全部连线加载输入矢量并读取输出响应；诊断则对响应矩阵做出分析，从而确定全部连线的呆滞“1”、呆滞“0”和短路故障。可以通过菜单的文件存储功能，将测试后的扫描单元表信息保存到指定文件来进一步诊断。同时，界面的网络连接表和扫描单元表可以通过单击来使其具有对应关系，如单击连线 L16 的 U3(2)后，扫描单元表则会自动显示其相应的信息，以便更及时和更直观地查看相应引脚的响应和输入情况。

2. 功能测试类

器件的功能测试。使用 INTEST 测试指令可以验证器件的功能。首先，将一组测试矢量通过 PRELOAD/SAMPLE 指令施加到器件的输入引脚相连的 BSC 寄存器中，当执行 INTEST 指令后，就把这个测试矢量加载到芯片内部功能逻辑上，输出引脚上的 BSC 捕捉内部功能逻辑的响应。当执行下一次移位扫描操作时，就可以把内部功能逻辑的响应从输出引脚上的 BSC 中取出。测试矢量的生成和测试结果的验证由芯片内部功能逻辑唯一确定。

互连测试
文件 算法
网络连接表
信号标识 节点01 节点02 节点03 节点04 节点
L04 DB3 U2(7) U4(67)
L05 DB4 U2(5) U4(68)
L06 DB5 U2(4) U4(69)
L07 DB6 U2(3) U4(70)
L08 DB7 U2(2) U4(73)
L09 DC2 U3(10) U4(52)
L10 DC3 U3(9) U4(55)
L11 DC4 U3(8) U4(57)
L12 DC5 U3(7) U4(54)
L13 DC6 U3(5) U4(56)
L14 DC7 U3(4) U4(58)
L15 DC1 U3(3) U4(61)
L16 DC0 U3(2) U4(60)
单步 全速 诊断 退出
故障报告
扫描单元
NO 元件 PIN BSC I/O 输入 响应
044 U3 2 7 O
045 U3 15 8 I
046 U3 16 9 I
047 U3 17 10 I
048 U3 19 11 I
049 U3 20 12 I
050 U3 21 13 I
051 U3 22 14 I
052 U3 23 15 I
053 U3 24 16 I
054 U3 1 17 I
055 U4 84 0 I
056 U4 84 1 N
057 U4 84 2 N
058 U4 83 3 I
059 U4 83 4 N
060 U4 83 5 N
061 U4 81 6 I
062 U4 81 7 C
063 U4 81 8 O
064 U4 80 9 I

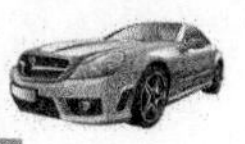

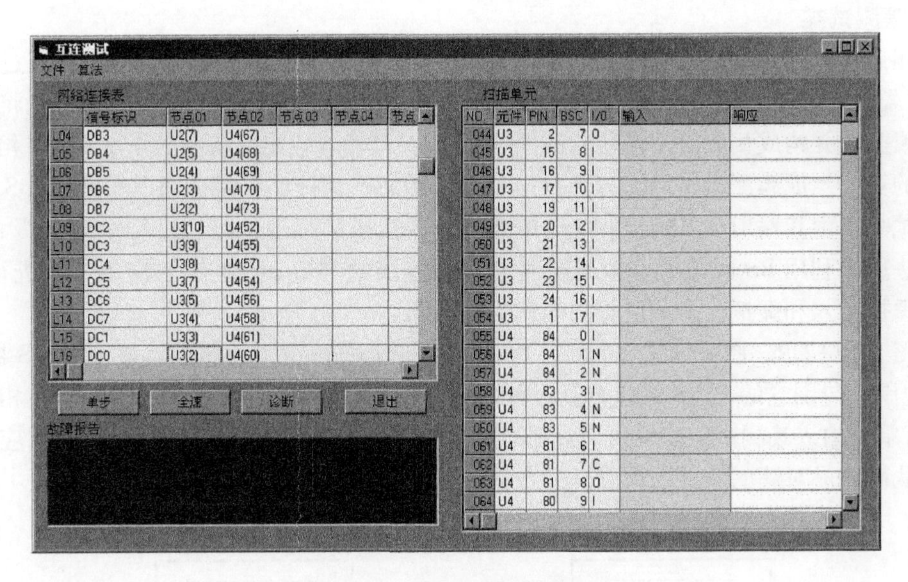

图 8-14　互连测试软件界面

RUNBIST 指令能够对运行的集成电路进行内建自测试。内建自测试的测试矢量已经硬件编码在芯片内核中，因此无须输入测试矢量。一个 RUNBIST 指令可以对芯片进行任意多次的内建自测试，因此在进行芯片的内建自测试之前，应当确定测试次数。测试响应可以通过 BSC 串行读出。

功能测试软件界面如图 8-15 所示。测试时，首先，加载被测对象的元件链接表，单击选择具体被测元件后，软件根据其库内标识名将内测试信息文件加载到扫描单元表中；然后，通过执行测试和诊断即可完成功能测试要求。其中，测试根据具体功能要求给全部输入单元加载矢量并从输出单元读取响应；诊断则对实际响应和期望响应做出比较和分析，从而给出功能测试的故障信息。对每步中不测试的元件用 BYPASS 指令将其旁路，以缩短扫描链路的长度，减少串行移位数据量。

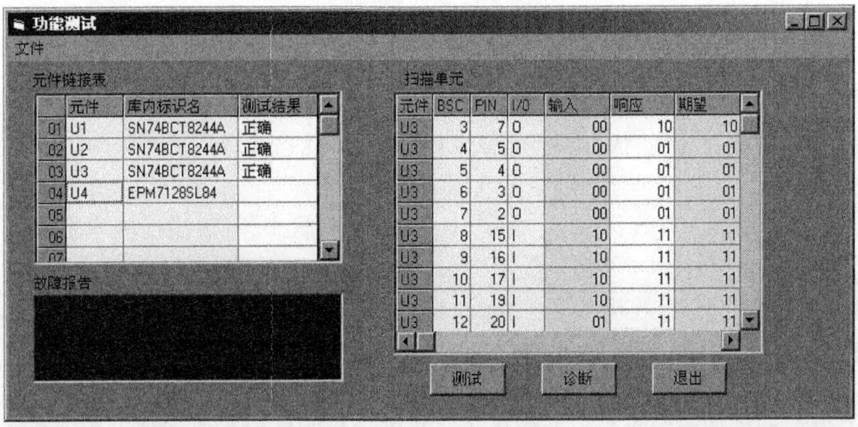

功能测试
文件
元件链接表
元件 库内标识名 测试结果
01 U1 SN74BCT8244A 正确
02 U2 SN74BCT8244A 正确
03 U3 SN74BCT8244A 正确
04 U4 EPM7128SL84
05
06
07
故障报告
扫描单元
元件 BSC PIN I/O 输入 响应 期望
U3 3 7 O 00 10 10
U3 4 5 O 00 01 01
U3 5 4 O 00 01 01
U3 6 3 O 00 01 01
U3 7 2 O 00 01 01
U3 8 15 I 10 11 11
U3 9 16 I 10 11 11
U3 10 17 I 10 11 11
U3 11 19 I 10 11 11
U3 12 20 I 01 11 11
测试 诊断 退出

图 8-15　功能测试软件界面

3. 簇测试类

簇测试即非 BS 的功能测试。非完全 BS 电路板边界扫描测试的基本思想是通过电路板上的 BS 器件实现非 BS 器件的测试，即“虚拟数据通道法”。其基本原理为，首先将常规器件芯片聚类合并构成相应的逻辑功能簇“Cluster”，其输入输出端口与若干 BS 器件相连，按照一定的算法生成簇测试矢量。边界扫描测试开始时，簇测试矢量通过其输入端 BS 器件加载，测试响应由其输出端 BS 器件捕获并通过边界扫描链移出，然后进行结果分析和处理。这种方法可以利用 BS 器件的虚拟通道对与其相连接的“Cluster”输入输出节点进行诊断，即通过虚拟输入和虚拟输出对逻辑功能簇进行诊断。

如图 8-16 所示，图中的“Cluster”可以看作一个内核逻辑，假设其被两个 BS 器件 U1 和 U2 包围，包围它的 BS 器件就类似分布在它周围的测试探针。可以通过 U1 与簇相连的输出型 BS 单元输入簇测试激励，再通过 U2 与簇相连的输入型 BS 单元捕获簇测试响应并进行分析，从而完成对簇的测试。簇测试的步骤如下：

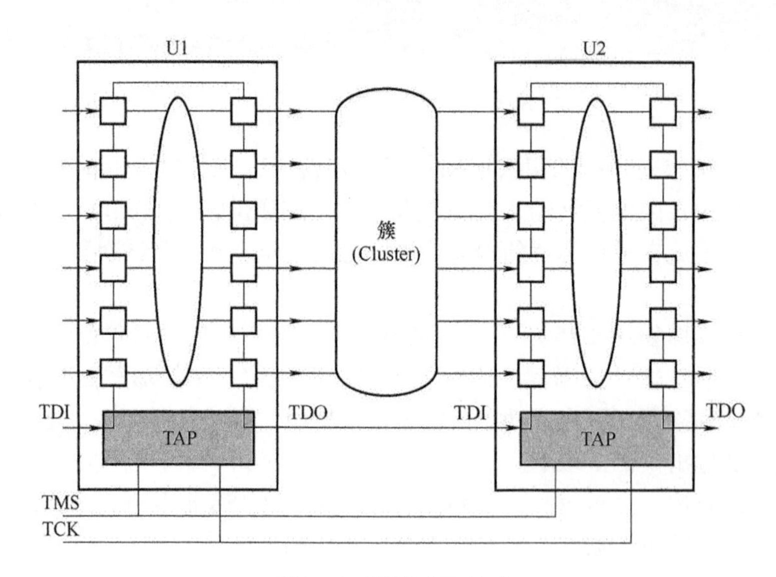

图 8-16　簇测试示意图

1）在 PRELOAD 指令有效状态下，进入 Shift_DR 状态，测试矢量从 U1 的 TDI 端输入，通过边界扫面链路将测试矢量串行加到 U1 的 BSC 中。

2）在 EXTEST 指令有效状态下，进入 Update_DR 状态，U1 的 BSC 中的数据锁输出到输出引脚上。

3）在 SAMPLE 指令有效状态下，进入 Capture_DR 状态，U2 捕捉输入引脚的数据到相应的 BSC。

4）在 SAMPLE 指令有效状态下，进入 Shift_DR 状态，U1 和 U2 的 BSC 中的数据从 U2 的 TDO 端串行输出。

对簇的测试仅限于从功能测试的角度来进行。簇内部的一些细节问题，不一定都能从功能的验证上得到准确的测试定位。即便如此，边界扫描测试对其局部的可测性和可观性都还是有显著改善。

簇测试软件界面如图 8-17 所示。测试时，首先，将编译好的簇及边界扫描链路信息

加载到簇测试功能表和扫描单元表中。其中，簇测试功能表包含簇测试项目及输入和输出信号的信息。然后，通过执行测试和诊断即可完成簇测试和诊断要求。其中，测试根据具体功能要求给全部簇测试项目加载输入矢量并读取输出响应；诊断则对实际响应和期望响应做出比较和分析，从而给出簇测试项目的故障信息。同样，可以通过菜单的文件存储将测试后的扫描单元表信息保存到指定文件来进一步诊断。同时界面的网络连接表和扫描单元表可以通过单击来使其具有对应关系，以便更及时和更直观地查看相应引脚的响应和输入情况。

簇测试

文件

簇测试功能表

	簇测试项目	输入信号	输出信号
07	DA6-QA6	U1(3)	U4(6)
08	DA7-QA7	U1(2)	U4(5)
09	DC2-QC2	U3(10)	U4(40)
10	DC3-QC3	U3(9)	U4(41)
11	DC4-QC4	U3(8)	U4(44)
12	DC5-QC5	U3(7)	U4(45)
13	DC6-QC6	U3(5)	U4(46)
14	DC7-QC7	U3(4)	U4(48)
15	DC1-QC1	U3(3)	U4(50)

扫描单元

NO.	元件	PIN	BSC	I/O	输入	响应
044	U3	2	7	O		
045	U3	15	8	I		
046	U3	16	9	I		
047	U3	17	10	I		
048	U3	19	11	I		
049	U3	20	12	I		
050	U3	21	13	I		
051	U3	22	14	I		
052	U3	23	15	I		
053	U3	24	16	I		
054	U3	1	17	I		
055	U4	84	0	I		
056	U4	84	1	N		

故障报告

测试　诊断　退出

图 8-17　簇测试软件界面

之后，要执行扫描链的完备性测试，以确保边界扫描结构能够正常工作。当完备性测试通过后，就可以通过选择测试菜单下的具体测试方式来进入对应的测试界面，从而按照测试软件的操作进行具体的测试和诊断过程了，如图 8-18 所示。

边界扫描测试系统

文件　编辑　查看　BSDL　测试　工具　帮助　退出

完备性测试　互连测试　功能测试　簇测试

元件链接表

	元件	库内标识名
01	U1	SN74BCT82
02	U2	SN74BCT82
03	U3	SN74BCT8244A
04	U4	EPM7128SL84
05		
06		
07		

试功能表

	簇测试项目	输入信号	输出信号
	DA0-QA0	U1(10)	U4(75)
	DA1-QA1	U1(9)	U4(79)
03	DA2-QA2	U1(8)	U4(77)
04	DA3-QA3	U1(7)	U4(80)
05	DA4-QA4	U1(5)	U4(81)
06	DA5-QA5	U1(4)	U4(4)
07	DA6-QA6	U1(3)	U4(6)

网络连接表

	信号标识	节点01	节点02	节点03	节点04	节点05	节点06	节点07	节点08
01	DB0	U2(10)	U4(63)						
02	DB1	U2(9)	U4(64)						
03	DB2	U2(8)	U4(65)						
04	DB3	U2(7)	U4(67)						
05	DB4	U2(5)	U4(68)						
06	DB5	U2(4)	U4(69)						
07	DB6	U2(3)	U4(70)						
08	DB7	U2(2)	U4(73)						

图 8-18　测试功能选择菜单

在具体的互连、功能及簇测试过程中，为了验证测试系统的运行效果，对被测对象进行了故障设置，测试系统的运行效果示例如图 8-19 所示。

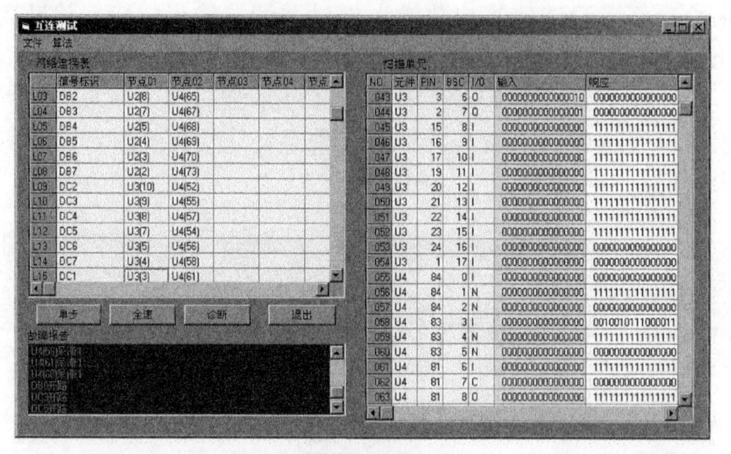

a) 互连测试诊断结果

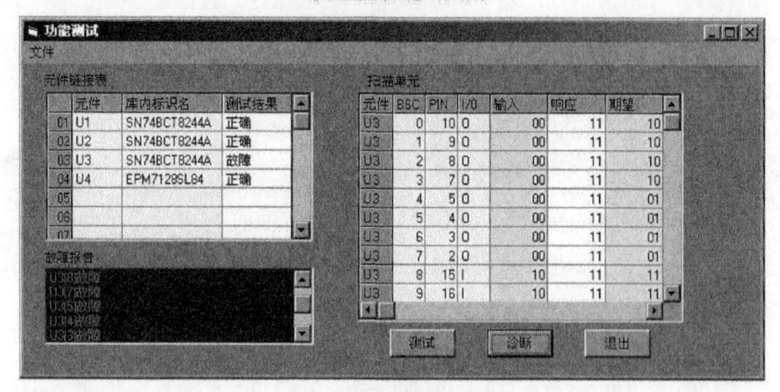

b) 功能测试诊断结果

c) 簇测试诊断结果

图 8-19　测试系统的运行效果示例

互连测试时，将 U2 与 U4 相连接的 DB 信号线与电源短路，将 U3 与 U4 相连接的 DC 信号线开路。可以从图 8-19a 所示的诊断结果看出，执行全速时呆滞“1”故障引脚的响应矢

量全部为“1”，而执行单步时DC信号线上输入型单元的响应是不随着输出型单元的输入变化而变化的，即两者是不相等的。功能测试时，将已损伤的SN74BCT8244A安装至U3器件位置处，诊断结果如图8-19b所示。可以看出，输入逻辑变化时输出逻辑的响应是固定不变的，不满足其本身功能逻辑的要求。簇测试时，在将无法进行正确读写的FIFO接至U3与U4之间的U6处，诊断结果如图8-19c所示。可以看出，DC-QC信号线上U4得到的FIFO输出响应是不随着U3到FIFO的输入改变而改变的，从而诊断出DC-QC的信号故障。

8.5 本章小结

本章从可测性的结构设计方面介绍了数字电路可测行设计方法，重点介绍了最常用也是最实用的边界扫描方法，讲述了边界扫描的基本原理及数字电路板的边界扫描测试系统设计。

第 9 章

混合电路的可测性设计

9.1 IEEE 1149.4 标准要点剖析

IEEE 1149.1 标准协议主要是针对数字电路测试制定的，而目前模拟电路及模数混合电路也在向着高集成度、微小化方向发展；同时，由于表面贴装技术的广泛应用，传统的测试方法很难胜任新的测试任务。鉴于此，1999 年 IEEE 发布了 IEEE 1149.4-1994《混合信号测试总线标准》。IEEE 1149.4 标准是 IEEE 1149.1 标准的扩展，主要新增了对模拟电路的简单互连、扩展互连及差分互连等测试，从而提出了一种对混合信号电路板进行测试的标准化解决方案。

9.1.1 混合电路边界扫描的基本原理

混合信号边界扫描技术是一种完整的、标准化的可测性设计技术，为混合信号电路提供了一种有效的可测性结构设计，大大提高了混合信号电路的可观性和可控性。其应用示意如图 9-1 所示。

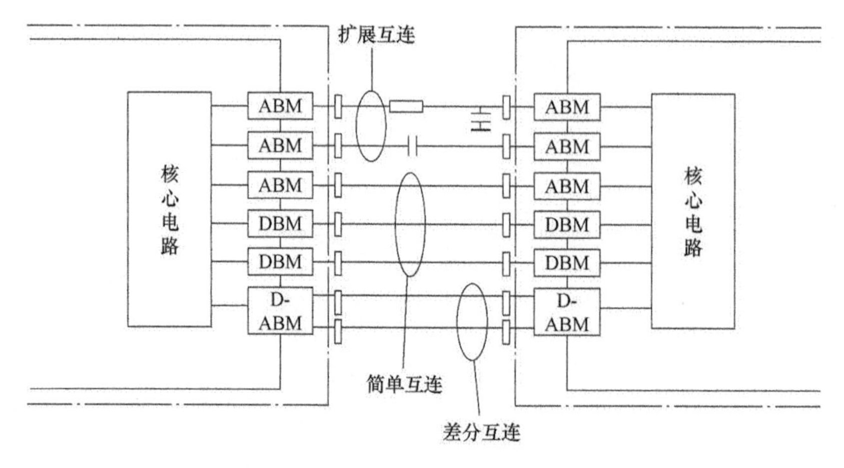

图 9-1　混合信号边界扫描技术应用示意

它的基本思想是在芯片的输入输出引脚和芯片的核心电路之间插入一个边界扫描模块。边界扫描模块有两方面的主要功能：第一，在芯片正常运行状态下，边界扫描模块对芯片来说是透明的，不会影响芯片的正常工作；第二，当芯片处于调试或测试状态的时候，边界扫描模块可以将芯片和外围的输入输出隔离开来，通过这些单元，可以实现对芯片输入输出信号的观察和控制，即可以通过内部的模拟（数字）边界扫描模块向对应的模拟（数字）引脚施加模拟（数字）激励或采集模拟（数字）响应，对该器件内部功能及与其引脚相接的外围电路的元器件起到可控和可观测的目的。然而，边界扫描模块，根据引脚的性质不同，分为数字边界模块（digital boundary module，DBM）及模拟边界模块（analog boundary module，ABM）。这些边界模块就相当于在该芯片内置了相应的一个“虚拟探针”，可以随时对元器件的引脚的工作状态或模拟电压进行监测，同时也能通过这些虚拟探针把想要在核心功能或外部引脚上加载的信号通过模拟测试总线加载到指定的位置。这样，这些“虚拟探针”就使得与该器件自身功能及相连的外围元器件实现了可控和可观测的目的。

9.1.2 元件的基本结构

IEEE 1149.4 标准规定的测试结构包含了 IEEE 1149.1 标准中针对数字信号的测试结构，即测试存取口（test access port，TAP）和数字边界模块。同时，IEEE 1149.4 标准为了对模拟电路进行测试提供一个施加激励和监控的通道，在 IEEE 1149.1 标准的基础上增加了模拟测试存取口（analog test access port，ATAP）、测试总线接口电路（test bus interface circuit，TBIC）、两根内部模拟测试总线（analog bus 1，AB1；analog bus 2，AB2）和模拟边界模块。支持 IEEE 1149.4 标准的芯片内部功能结构如 9-2 所示。

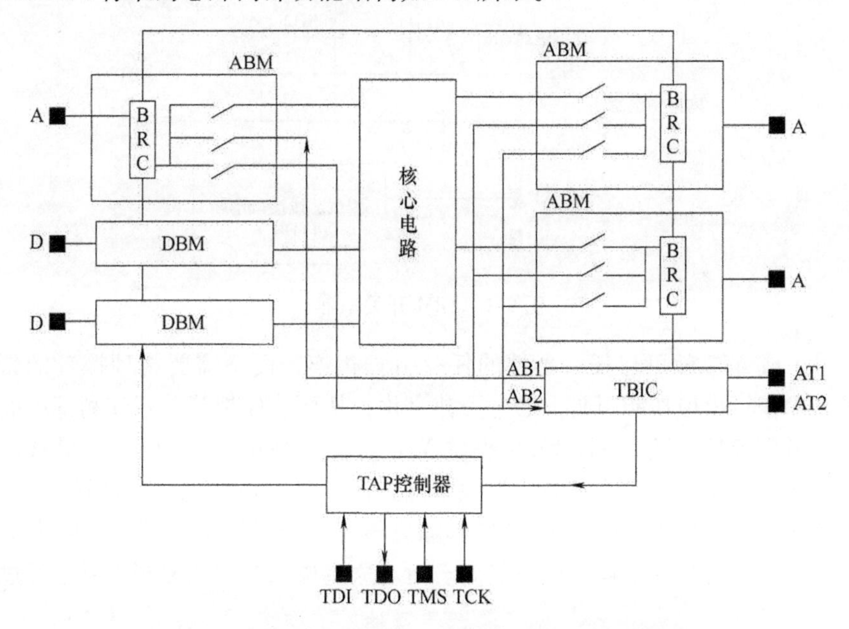

图 9-2 支持 IEEE 1149.4 标准的芯片内部功能结构

可以看出，IEEE 1149.4 标准有两个测试总线：外部测试总线 AT1、AT2；内部测试总线 AB1、AB2。ATAP 是由两根引脚 AT1 和 AT2 构成。被测芯片中的 AT1 引脚与内部测试总线 AB1 相连，作为施加电流激励的通路。AT2 引脚与内部 AB2 相连，作为测量响应（电压/电流）数据采集通路。从外部来看，测试激励由 AT1 接口提供给电路，而电路的响应则在 AT2 端被监控；从内部来看，TBIC 则负责将 AT1 端送来的激励信号送往内部测试总线 AB1，而将 AB2 采集的测试响应送给 AT2。至于激励信号到底送往被测电路的哪一个端口，其响应到底是从哪个端口而来，则由 TAP 控制器控制完成，即通过边界扫描链路将相应的控制矢量移入模拟边界扫描单元的控制寄存器 BRC 来控制 TBIC 和 ABM 的开关集，在被测芯片内部总线建立一条通往测试节点的试通路，之后由测试存取口向该通路发送模拟激励或者进行模拟量的采集。

9.1.3 模拟边界模块

在支持 IEEE 1149.4 的芯片结构中，除了可能含有的数字边界模块（DBM）之外，芯片中一定会含有模拟边界模块（ABM）。ABM 是实现模拟电路测试的重要组成部分。ABM 的任务就是通过内部开关动作将内部测试总线 AB1 上的激励信号接通到与之相连的功能引脚上去，或者将测试响应通过内部开关动作接到内部测试总线 AB2 上，因此它是一个开关控制电路。根据功能，可以把 ABM 单元分为两部分，即模拟开关矩阵和逻辑部分。ABM 开关矩阵如图 9-3 所示，其中概念开关 SB1 和 SB2 使得模拟测试总线可以被用作虚拟探针。

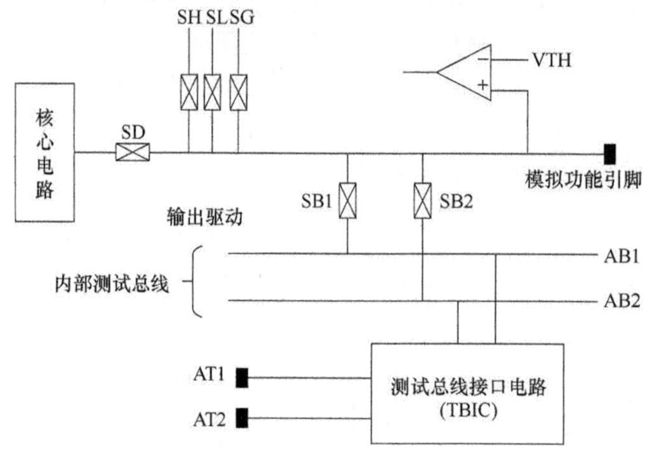

图 9-3　ABM 开关矩阵

这样，AT1 或 AT2 就可与任一器件的任一引脚相连，而不需要物理探针的帮助。VTH 是阈值电平，用来将模拟功能引脚上的电平数字化，从而使模拟简单互连测试中的桥接、短路或断路等故障更容易测试。SH、SL 可提供 VH、VL 两种电平。这两种电平被当作两种逻辑电平，以便将模拟简单互连测试简化为数字互连测试，并应用同样的测试方法。SG 可使模拟功能引脚连接到理想参考电平上。SD 起隔离核心功能电路的作用，可使模拟功能引脚在进行扩展互连测试时与内部逻辑电路隔离。而对这些概念开关的控制主要是通过逻辑部分来完成的。

ABM 控制逻辑部分主要由控制寄存器、更新寄存器和控制逻辑 3 个部分组成，如图 9-4 所示。

其中，控制寄存器和更新寄存器与 IEEE 1149.1 标准规定的相同，是用来操作数字信号的 I/O 的。另外，更新寄存器的另一个作用是把控制逻辑和控制寄存器隔离开来，以免互相产生干扰。控制逻辑的主要作用是用来控制模拟引脚的开关矩阵，即主要实现对图 9-4 所示的 6 个开关的控制，使这个模拟功能端口与所需要的数字化电平或总线相连。其中，M1、M2、D、C、B1、B2 为 6 个控制信号。M1、M2 是由相应的边界扫描指令决定的，根据边界扫描的指令通过指令译码器生成；同时，通过其他 4 个信号的配合来完成在相应指令作用下 ABM 内部概念开关的动作。D、C、B1、B2 是由输入的边界扫描寄存器中的数据决定的，

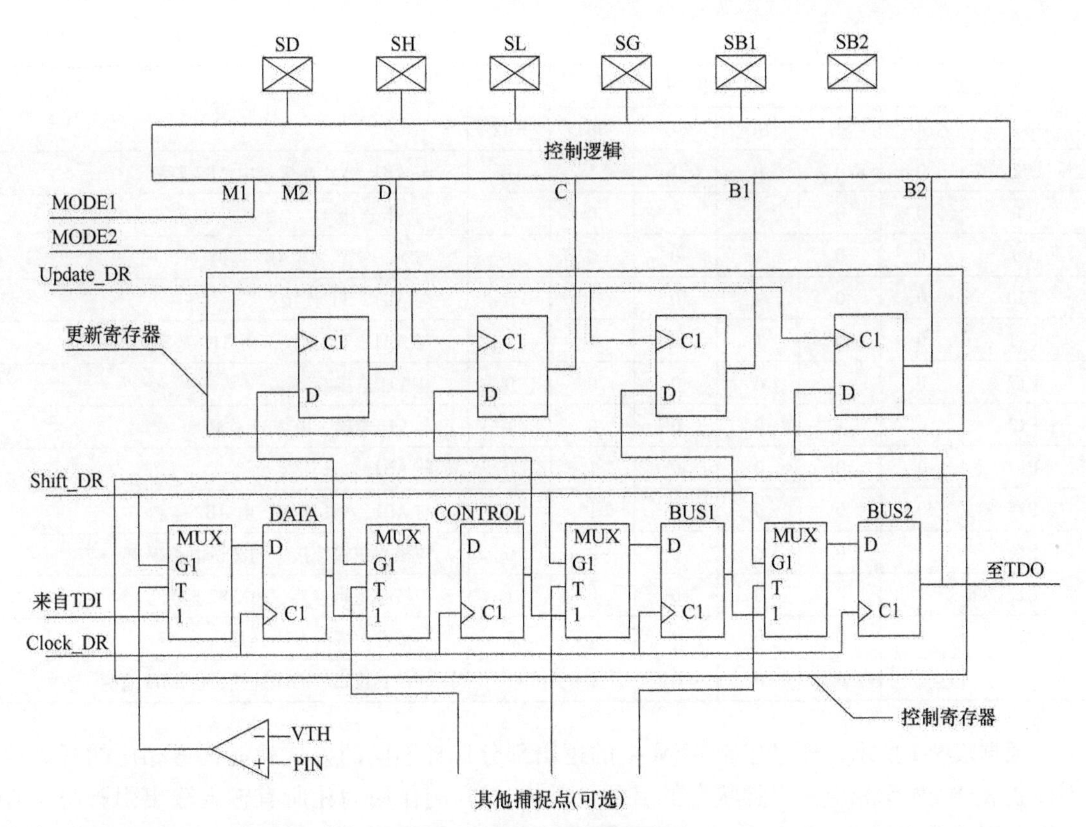

图 9-4　ABM 控制逻辑结构

即由测试（控制）矢量决定。边界扫描指令和测试（控制）矢量共同作用从而达到控制 ABM 的内部概念开关 SD、SH、SL、SG、SB1、SB2 通断的作用。其中，寄存器 D 和 C 中的内容主要控制概念开关 SH、SL 和 SG 的通断，达到在简单互连测试时加载数字化的高、低电平的目的。寄存器 B1 和 B2 主要控制概念开关 SB1 和 SB2 的通断，达到在进行扩展互连测试或功能测试时组建测试激励和响应采集通道的目的。

为了便于对 ABM 的开关矩阵进行控制，IEEE 1149. 4 标准通过对 ABM 中开关矩阵中的 6 个开关的通断进行排列组合，归纳总结其开关的有效性和实用性，选出必要 20 种（P0～P19）模式作为标准。表 9-1 所示的 ABM 的开关模式与开关矩阵中开关状态具有对应关系。

表 9-1　ABM 的开关模式

模　式	开关状态						引脚状态
	SD	SH	SL	SG	SB1	SB2	
P0	0	0	0	0	0	0	完全隔离状态
P1	0	0	0	0	0	1	由 AB2 监测
P2	0	0	0	0	1	0	与 AB1 连接
P3	0	0	0	0	1	1	与 AB1 连接，由 AB2 监测
P4	0	0	0	1	0	0	与 VG 连接
P5	0	0	0	1	0	1	与 VG 连接，由 AB2 监测
P6	0	0	0	1	1	0	与 AB1、VG 连接

（续）

模　式	开关状态						引脚状态
	SD	SH	SL	SG	SB1	SB2	
P7	0	0	0	1	1	1	与 AB1、VG 连接，由 AB2 监测
P8	0	0	1	0	0	0	与 VL 连接
P9	0	0	1	0	0	1	与 VL 连接，由 AB2 监测
P10	0	0	1	0	1	0	与 AB1、VL 连接
P11	0	0	1	0	1	1	与 AB1、VL 连接，由 AB2 监测
P12	0	1	0	0	0	0	与 VH 连接
P13	0	1	0	0	0	1	与 VH 连接，由 AB2 监测
P14	0	0	0	0	1	0	与 AB1、VH 连接
P15	0	0	0	0	1	1	与 AB1、VH 连接，由 AB2 监测
P16	1	0	0	0	0	0	与核心逻辑连接，与测试电路隔离
P17	1	0	0	0	0	1	与核心逻辑连接，由 AB2 监测
P18	1	0	0	0	1	0	与核心逻辑、AB1 连接
P19	1	0	0	0	1	1	与核心逻辑、AB1 连接，由 AB2 监测

根据表 9-1 所示，通过控制 ABM 中的逻辑部分选择不同的模式就能选通相应的开关达到控制表 9-1 所示相应的引脚状态的目的。其中，P0 的作用为让所有输入输出引脚与核心逻辑和测试电路隔离；P1～P5 模式下功能引脚与核心逻辑隔离，但芯片上的被测引脚与内部测试总线相连，这些模式主要应用于扩展互连测试；P6、P7 模式应用于测量参考电压的参数；P0、P8、P12 模式是在简单互连测试中接逻辑值或与核心逻辑隔离；P9～P11 及 P13～P15 模式是用来在模拟测试中测量 VH 和 VL 的参数；P16 是正常的工作模式，功能引脚只与核心逻辑相连；P17～P19 是在 PROBE 和 INTEST 指令中的测试条件。开关模式 P0～P19 与模拟边界扫描指令的对应关系如表 9-2 所示。模拟边界扫描的指令与模式 M1 和 M2 的对应关系见表 9-3。

在进行这些开关控制的时候，首先，根据要进行的混合边界扫描的测试类型选择相应的指令；同时，把要控制的 ABM 的情况和表 9-1 所示的相应模式进行对比，找到相应的模式；然后，综合所选择的指令和开关模式通过表 9-2 所示查找到相应的控制寄存器单元的内容；之后，就可以生成相应的控制矢量通过边界扫描链路加载到相应的 ABM 中来控制其内部概念开关的通断。

表 9-2　开关模式 P0～P19 与模拟边界扫描指令的对应关系

编码（CODE）C/D/B1/B2	指　令	
	EXTEST、CLAMP	PROBE、INTEST
0000	P0	P16
0001	P1	P17
0010	P2	P18
0011	P3	P19

（续）

编码（CODE） C/D/B1/B2	指令	
	EXTEST、CLAMP	PROBE、INTEST
0100	P4	*
0101	P5	*
0110	P6	*
0111	P7	*
1000	P8	*
1001	P9	*
1010	P10	*
1011	P11	*
1100	P12	*
1101	P13	*
1110	P14	*
1111	P15	*

表 9-3　模拟边界扫描的指令与模式 M1 和 M2 的对应关系

M1	M2	指　　令
0	1	PROBE、INTEST
1	0	HIGHZ
1	1	EXTEST、CLAMP、RUNBIST

由表 9-2 和表 9-3 给出的指令与各开关的关系，可以得出 ABM 的控制逻辑的逻辑方程为

$$\begin{cases} SD=\overline{M1} \\ SH=CDM1M2 \\ SL=C\overline{D}M1M2 \\ SG=\overline{C}DM1M2 \\ SB1=B1M2 \\ SB2=B2M2 \end{cases}$$

9.1.4　测试总线接口电路（TBIC）

在 IEEE 1149.4 标准的内部功能结构中，通过对 ABM 控制可以实现内部测试总线或高低电平与外部功能引脚相连接，而内部测试总线信号的激励和采集需要通过 ATAP 的外部测试总线 AT1 和 AT2 相连，使得整个测试通道完整，而这个过程的控制则需要通过对 TBIC 的控制来完成。TBIC 是另一个实现模拟电路测试的重要组成部分。它同样包括模拟开关矩阵部分和逻辑部分，模拟开关矩阵其中包括 10 个开关，如图 9-5 所示。由于与此开关矩阵相接的也是 AT1 和 AT2 引脚，所以开关矩阵左半部分用来实现它们与对应引脚的相连，以形成两条虚拟探针形式的模拟信号通道。可以看出，IEEE 1149.4 标准有两个测试总线：外部

测试总线 AT1、AT2 和内部测试总线 AB1、AB2。从外部来看，测试激励由 AT1 接口提供给电路，而电路的响应则在 AT2 端被监控；从内部来看，TBIC 负责将 AT1 端送来的激励信号送往内部测试总线 AB1，而将 AB2 送来的测试响应送给 AT2。

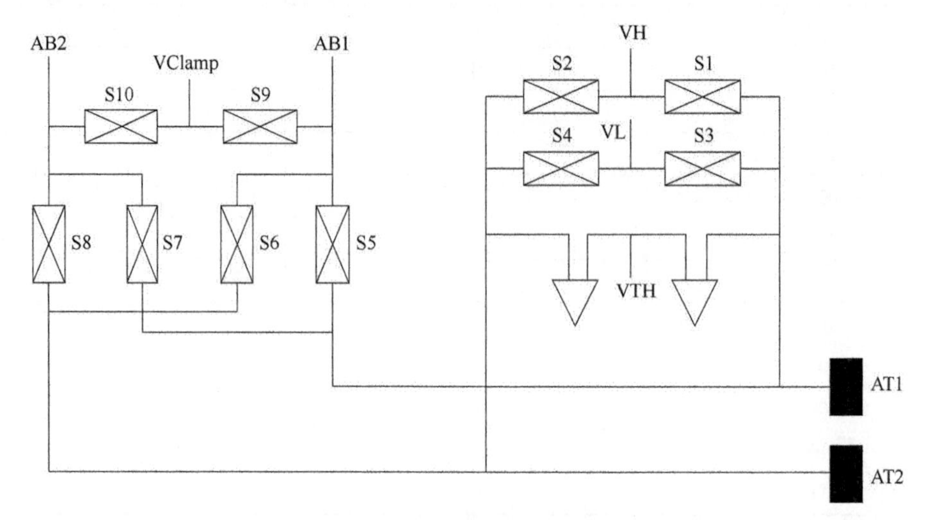

图 9-5　TBIC 的开关结构图

TBIC 控制逻辑结构如图 9-6 所示。与 ABM 相似，也由移位寄存器、更新寄存器和控制逻辑 3 部分组成。移位寄存器、更新寄存器是由 TAP 控制器控制的，用于控制数据由 TDI 串行进入 TBIC 寄存器或 TBIC 从外界捕获数据、更新寄存器数据的传输和通过 TDO 进行数据移出观测。

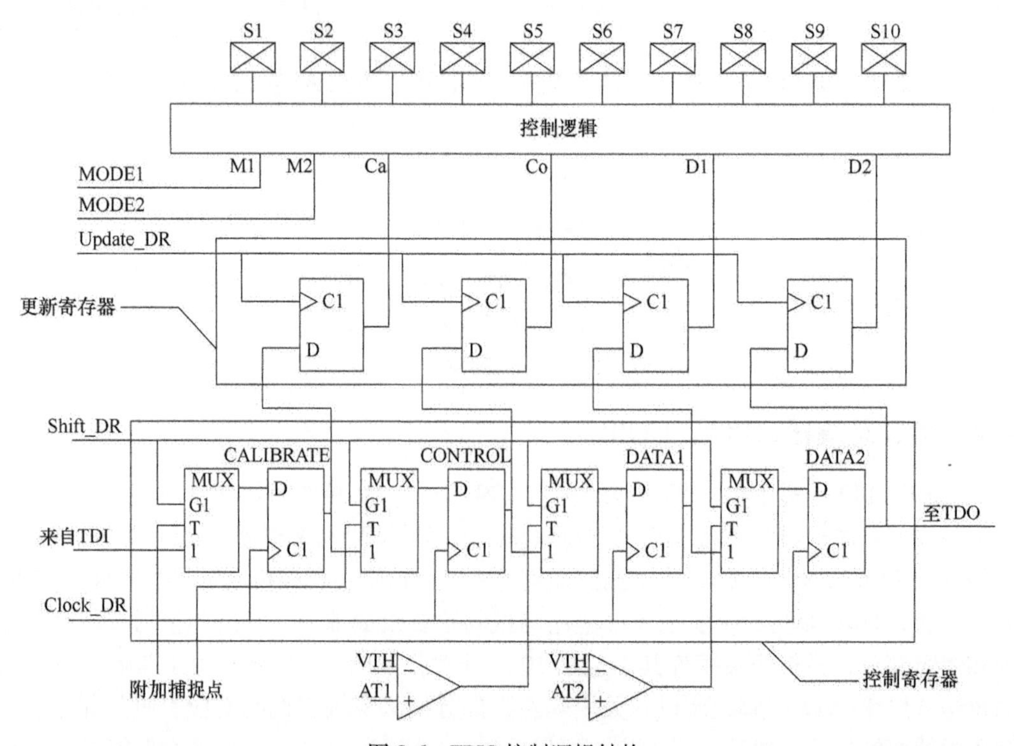

图 9-6　TBIC 控制逻辑结构

控制寄存器可以接收控制数据，是边界扫描寄存器的一部分，测试时可以通过 TDI 向它输入控制数据，以完成各个开关电路的设置。为了防止控制寄存器在移位的时候对控制逻辑有所影响，在控制逻辑和控制寄存器之间还有一个更新寄存器，同样也是 4 个寄存器。控制逻辑根据接收到的数据信息对 10 个开关进行配置，开关由 M1、M2、Ca、Co、D1、D2 共 6 个信号共同决定。其中，M1、M2 是由相应的边界扫描指令决定的，根据边界扫描的指令通过指令译码器生成，同时通过其他 4 个信号的配合来完成在相应指令作用下 TBIC 内部概念开关的动作；Ca、Co、D1、D2 是由输入的边界扫描寄存器中的数据决定的，即由测试（控制）矢量决定，这样在特定的指令作用下通过输入的测试（控制）矢量就能对 TBIC 内部的概念开关起控制作用。

TBIC 模式与开关状态的关系见表 9-4。P0 是正常工作模式，这个时候，内部测试总线与外部测试总线断开，为了抑制噪声，内部测试总线与 VClamp 相连；P1~P3 是主要测试模式，这时外部测试总线与内部测试总线连接起来，进行内测试、PROBE 及 EXTEST 的扩展互连测试；P4~P7 主要用于简单互连测试，此时内部测试总线与外部测试总线断开，处于噪声抑制状态；P8、P9 这两个模式是进行测试总线的特性测量，即通过概念开关把 AT1 和 AT2 在内部直接相连。而其他的模式为测试用不到的模式。

表 9-4　TBIC 模式与开关状态的关系

模　式	开关状态										备　注	
	S1	S2	S3	S4	S5	S6	S7	S8	S9	S10		
P0	0	0	0	0	0	0	0	0	1	1	正常工作状态，AB1/2 与 AT1/2 断开	
P1	0	0	0	0	0	1	0	0	1	0	AB1 连接 AT1，AB2 连接 AT2，主要运用于扩展互联方式	
P2	0	0	0	0	1	0	0	0	0	1		
P3	0	0	0	0	1	1	0	0	0	0		
P4	0	0	1	1	0	0	0	0	1	1	AT1/2=00	主要运用于简单互联方式
P5	0	1	1	0	0	0	0	0	1	1	AT1/2=01	
P6	0	0	0	1	0	0	0	0	1	1	AT1/2=10	
P7	1	1	0	0	0	0	0	0	1	1	AT1/2=11	
P8	0	0	0	0	0	1	1	0	1	0	AT1 通过内部总线连接 AT2	
P9	0	0	0	0	1	0	0	1	0	1		

Ca、Co、D1、D2 这 4 个信号在不同指令下和相应模式的对应关系见表 9-5。在进行测试时，Ca、Co 的主要作用是控制 AT1 和 AT2 的工作模式。当 Ca 和 Co 同时为零的时候，AT1 和 AT2 主要作为模拟测试总线使用，同时通过控制 D1、D2 来决定 AT1 和 AT2 是否与其内部模拟测试总线 AB1 和 AB2 相连接；当 Ca 和 Co 为 01 的时候，使得 S1~S4 开关使能，此时可以控制 D1、D2 使得 VH、VL 加载到 AT1 或 AT2 上，对其引脚电压进行数字化设置，此状态下主要是对 AT1 和 AT2 进行模拟简单互连测试；当 Ca、Co 为 10 的时候，主要针对 P8 和 P9 两个状态，可以进行测试总线的特性测量；其他标“*”的表示标准中还没有定义的模式，可以由用户自行定义某些自定义指令，增加测试功能。指令和模式 M1、M2 的对应关系同表 9-3 所示的关系。

表 9-5　Ca、Co、D1、D2 这 4 个信号在不同指令下和相应模式的对应关系

CODE Ca/Co/D1/D2	指　　令	
	EXTEST、CLAMP、RUNBIST	PROBE、INTEST
0000	P0	P0
0001	P1	P1
0010	P2	P2
0011	P3	P3
1000	P8	*
1001	P9	*
1010	*	*
1011	*	*

由上述指令与各开关的关系，可以得出 TBIC 的控制逻辑的逻辑方程为

$$
\begin{cases}
S1=\overline{Ca}CoD1M1M2 \\
S2=\overline{Ca}CoD2M1M2 \\
S3=\overline{Ca}CoD1M1M2 \\
S4=\overline{Ca}Co\overline{D2}M1M2 \\
S5=\overline{Ca}D1M2(\overline{Ca}+\overline{D2}M1) \\
S6=\overline{Ca}D2M2(\overline{Ca}+\overline{D1}M1) \\
S7=Ca\overline{CoD1}D2M1M2 \\
S8=Ca\overline{CoD2}D1M1M2 \\
S9=\overline{S5} \\
S10=\overline{S6}
\end{cases}
$$

9.1.5　模拟边界扫描指令剖析

利用模拟边界扫描技术，可以全面了解被测 PCB 功能模件中各芯片之间的简单互连、扩展互连的情况及芯片内部功能故障，也可以通过对特定芯片加载特定指令来实现各种有关的在线调试功能。不同的测试需要在相应的混合边界扫描指令控制下运行。下面对几种主要的边界扫描指令及其工作过程进行简要剖析。

（1）INTEST 指令

INTEST 指令是用来测试核心电路功能好坏的。在该指令执行时，除了 CLOCKS，所有到数字内核部分的输入都由存储在相应的边界扫描模块里的数据决定［在 INTEST 指令执行前由 PRELOAD 指令送入（包括 ABM 单元中的内容）］；由数字内核上提供的模拟内核上的数字输入，可以由相应的 DBM 中的内容决定；所有的模拟的输入引脚，都连接到模拟内核上；任何的模拟引脚都可能连接到 AB1 总线上或通过 AB2 总线监控。

模拟边界扫描中的INTEST指令在数字内核的测试方面与IEEE 1149.1标准的内部功能测试相同，只是由于模拟测试结构的存在，所以也可以对模拟内核进行测试。根据IEEE 1149.1标准规定，在执行该指令时，在Capture_DR状态的时钟上升沿，所有数字内核部分的输出引脚的状态都被捕捉到相应的边界扫描单元里。在IEEE 1149.4标准中，数字化测试部分的工作过程和IEEE 1149.1标准基本相同，即在内部测试指令执行的时候，每个和数字内核或模拟内核相连的输入引脚的输入信号都由与其相连的边界扫描寄存模块中的内容决定；每个和数字内核或模拟内核相连的输出引脚的状态，都会捕捉到与其相连的边界扫描模块的相应寄存器中。

一个典型的模拟内核的测试，希望在加载连续模拟量的同时采集模拟响应。而IEEE 1149.4标准的ABM、TBIC、内部的测试总线及外部的测试接口ATAP很好地解决了这个问题。如果在芯片内部只有一对模拟测试总线AB1和AB2，那么一次只能利用外部的ATE设备通过AT1加载一个模拟测试激励，同时AT2对一个功能输出引脚的激励响应进行监控。而其他模拟内核的输入通常是由数字内核或其他的模拟功能引脚提供。在INTEST期间，数字信号将由边界扫描寄存器提供。另外，在Capture_DR状态的时钟上升沿，在每个模拟引脚出现的电压都会被量化成相应的数字量，并被捕捉到ABM的控制寄存器中。需要注意的是所有的模拟引脚可能和其他的电路板上的外部电路相连，这就要求这些电路能够提供适当的操作条件或者保证那些输入是相对静止的。

（2）EXTEST指令

EXTEST指令不仅可以像IEEE 1149.1标准一样通过向所有引脚提供逻辑电平来完成简单的互联网络的互连测试；也可以允许自动测试设备对连接在功能引脚上的离散的元器件进行扩展互连测试。而其中边界扫描测试结构也允许自动测试设备来施加模拟测试信号，并且监控模拟测试响应，因此通过这种结构在进行路内测试的时候可以不用物理探针，这也是该结构的一个优势。而这种结构也是IEEE 1149.4协议标准的核心特征。

EXTEST指令在执行的时候，所有的功能引脚和核心逻辑都断开，在这种状态下使得输出引脚的状态完全由与其相连的边界扫描单元中的数据或内部模拟测试总线上的模拟测试激励决定，而输入引脚则由与其相连的边界扫描单元或通过内部测试总线监控。如果在测试的时候把输入引脚和核心逻辑断开的工具/设备不是协同的，那么设计者就要确定当进行外部（EXTEST）测试的时候，在输入引脚上出现的信号会不会引起核心逻辑损坏、影响其他引脚的测量或受到核心逻辑信号的影响。

（3）PROBE指令

PROBE指令在模拟边界扫描测试当中主要起到数字边界扫描中的SAMPLE/PRELOAD的作用。当执行PROBE指令时，模拟测试存取口的一个或两个引脚将会连接到正在通信的内部测试总线上，通过对ABM控制寄存器的控制，可以实现内部模拟测试总线与相应的模拟功能引脚相连。

所以当该指令执行的时候，所有的引脚连接到核心逻辑上，器件是正常工作的。但是该指令允许通过AT1向模拟引脚加激励，也允许通过AT2对模拟引脚进行监控。

（4）SAMPLE/PRELOAD指令

当SAMPLE/PRELOAD指令执行的时候，芯片是正常工作的，所有的ATAP引脚和模拟测试总线及所有的测试激励断开，这和边界扫描寄存器里的位无关。所有的模拟功能引脚连接到核心逻辑上，所有的模拟功能引脚都与内部和外部的测试总线及所有的测试电压激励断开。

SAMPLE 指令可以用边界扫描寄存器对数字引脚上的数据进行“快拍”，之后通过移位扫描链串行输出。在 SAMPLE 指令下，一个模拟引脚上的信息的数字化的快拍通过 ABM 中的一位数字寄存器捕捉，而对模拟信号的具体监控则需要 PROBE 指令。RELOAD 指令的功能是将想要加载的数据经过边界扫描链路加到相应的边界扫描单元里。

（5）IDCODE/USERCODE 指令

IDCODE/USERCODE 指令主要用来读取或修改器件的 ID 码。当 IDCODE/USERCODE 指令执行的时候，所有的 ATAP 引脚和模拟测试总线及所有的测试激励断开，也和边界扫描寄存器里的位无关；所有的模拟功能引脚连接到核心逻辑上，但都与内部和外部的测试总线及所有的测试电压激励断开。

如果器件内部含有器件表示寄存器结构，那么在相应的 IDCODE 指令作用下，把器件标识寄存器选择到 TDI 和 TDO 之间，通过 TDI 向其内部串行移入数据；同时，从 TDO 串行移出器件标识寄存器里的内容，即器件的 ID 码。同理，用 USERCODE 指令可以用同样的过程改变器件标识寄存器的内容。

（6）BYPASS 指令

BYPASS 指令主要在板级的边界扫描测试过程中旁路掉不关心的边界扫描器件，以节省边界扫描测试的时间。当 BYPASS 指令被选择的时候，所有的 ATAP 引脚和模拟测试总线及所有的测试激励断开，这和边界扫描寄存器里的位无关，所有的模拟功能引脚连接到核心逻辑上，所有的模拟功能引脚都与内部和外部的测试总线及所有的测试电压激励断开。该指令的工作过程大致为，在 Shift_DR 状态，BYPASS 指令选择把旁路寄存器作为串行通路连接到 TDI 和 TDO 之间，而旁路寄存器只有一个位，这就在进行链路扫描的时候把不关心的芯片旁路掉，以减少扫描的时间。

（7）CLAMP 指令

CLAMP 指令主要的作用是可以对功能引脚上的信号通过与之相连的 ABM 进行一次驱动，如若需要更改，ABM 单元中的内容需要重新选用 PRELOAD 指令进行加载。

该指令的工作过程大致为，在 Shift_DR 状态，CLAMP 指令选择旁路寄存器作为串行通路连接到 TDI 和 TDO 之间。当该指令被选择的时候，器件所有输出引脚（数字和模拟）的信号驱动都由与之相连的边界扫描模块的内容决定（这些数据可以是通过 SAMPLE/PRELOAD 指令预先加载的）。

（8）HIGHZ 指令

HIGHZ 指令为高阻指令，旨在保护器件核心电路。当选择 HIGHZ 指令时，器件的所有模拟功能引脚都和核心逻辑及所有的测试电路断开（所有 ABM 里的开关都断开）；器件的 AT1 和 AT2 引脚都处于高阻状态，而与 TBIC 控制寄存器里的内容无关。

（9）RUNBIST 指令

此指令为 BS 器件的 BIST 提供运行控制。RUNBIST 指令只在该指令的 Run_Test/Idle 状态下运行。只要 TMS 恒为低，该 BS 器件的内建自测试将反复运行，直到指令离开 Run_Test/Idle 状态为止。测试结果将被连接在 TDI 和 TDO 之间的寄存器（如边界扫描寄存器）捕捉。

9.2 混合边界扫描主要的测试形式

数模混合电路测试，主要是对电路中器件本身的功能、器件之间的连接及不支持该标准的器件进行芯片级和板级测试。通过对 IEEE 1149.4 标准的主要内容及其主要的测试指令进行剖析，将应用 IEEE 1149.4 标准进行数模混合电路测试归纳为四类，分别为完备性测试、功能测试、互连测试及簇测试。下面将对混合边界扫描测试的这些测试类型进行分别剖析。

9.2.1 完备性测试

混合边界扫描技术的完备性测试主要是对支持 IEEE 1149.1 及 IEEE 1149.4 的元器件进行器件标识寄存器、旁路寄存器、指令寄存器及边界扫描寄存器测试，以达到检查其安装位置和各个寄存器的功能是否完好的目的。同时，也可对芯片或电路板的边界扫描链路进行自检，确定边界扫描链路的连接及工作状态是否正常。这是边界扫描测试过程中需首先完成的测试任务，同时该过程可以看作是边界扫描测试芯片对内部边界扫描结构和外部整个链路的自检过程，是进行元器件功能测试、互连测试和簇测试的基础。

9.2.2 功能测试

功能测试主要是指对支持 IEEE 1149.1 及 IEEE 1149.4 标准结构的芯片进行其内部核心功能测试，以此来鉴别器件的好坏。对于支持 IEEE 1149.1 标准的器件，测试系统应该完成输入引脚测试矢量的加载及输出引脚响应的捕捉任务。对于支持 IEEE 1149.4 标准的器件，测试系统应该通过边界扫描链路移入相应的数字控制矢量，完成对想要加载和监控的引脚与内部测试总线的连接及内部测试总线与外部测试信号 AT1 和 AT2 的连接（如果芯片有控制输入引脚，那么测试系统也应该同时移入相应的控制矢量完成对芯片的控制），然后测试系统通过 AT1 引脚经由内部测试总线 AB1 把模拟测试激励加到输入引脚，之后相应模拟响应经由内部的测试总线 AB2 通过引脚 AT2 采集，并对其进行分析完成对该芯片核心功能是否完好的诊断。

9.2.3 互连测试

互连测试根据引脚之间的连接方式的不同可分为简单互连、扩展互连及差分互连测试，如图 9-7 所示。

1. 简单互连测试

简单互连测试是指直接通过导线连接的引脚进行的互连测试，主要用来测试器件引脚之间连接线的短路、开路及桥接等故障。针对数字芯片和模拟芯片中的边界扫描模块的内部结构不同，简单互连测试又分为数字引脚的简单互连测试和模拟引脚的简单互连测试。

数字引脚的简单互连测试和数字边界扫描（IEEE 1149.1 标准）测试中的互连测试是一样的，即用 SAMPLE/PRELOAD 指令将测试矢量施加给输出型边界扫描单元，然后执行 EXTEST 指令，这时与之相连的另一边界扫描器件的相应的输入型边界扫描单元捕获连接线上的互连信号，再通过扫描链将响应矢量移出传到上位机进行分析完成连线的故障诊断。为了

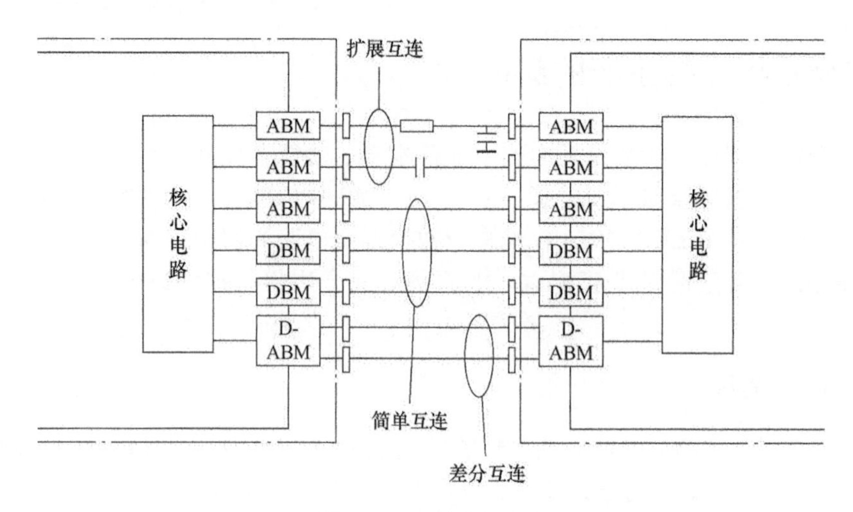

图 9-7　互连测试类型

完成故障的精确定位和故障类型的分析，通常都需要输入多组测试矢量，通过测试响应矢量的分析进行故障诊断，目前比较成熟的算法有 WALK “0” WALK “1” 等。

模拟引脚的简单互连测试和数字引脚的简单互连测试的方法基本类似，如图 9-8 所示。为了实现数字边界扫描简单互连测试，IEEE 1149. 4 标准在 ABM 中增添了 VH、VL、VTH 三种不同的电平，分别代表高电平、低电平和门阈电平。通过边界扫描链路移入相应的控制逻辑使其相应的概念开关动作，将 VH 或 VL 电平施加到输出型模拟引脚（相当于数字引脚加入高电平或低电平），执行 EXTEST 指令之后，通过捕获该连接线上的输入型模拟引脚上的电压，并与 VTH 门阈电平进行比较，将模拟量数字转换为一位数字值“1”或“0”，作为输入型模拟引脚上的测试响应采集到相应的控制寄存器的 DATA 寄存器里，然后通过边界扫描链串行移出。这样，就可将模拟电路的简单互连测试转化为数字电路的互连测试。通过对预置测试激励和测试响应进行比较，就可以分析出该模拟简单互连线是否发生了短路、断路、桥接等故障，并且可将故障定位到引脚级。

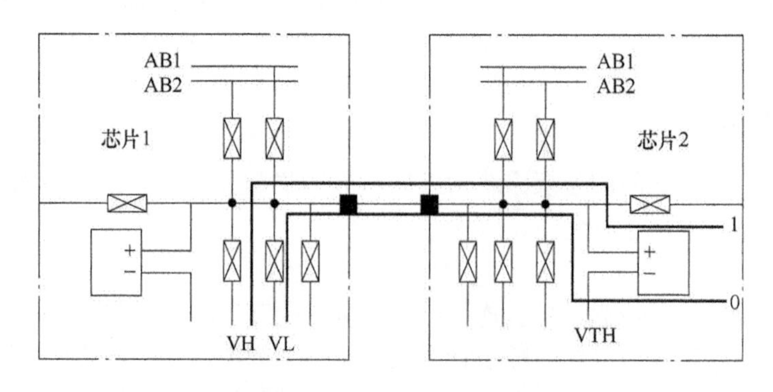

图 9-8　简单互连测试原理图

2. 扩展互连测试（参数测试）

扩展互连测试是指引脚之间是通过电阻、电容、电感或由它们组成的网络连接的，而不是通过简单的导线直接连接进行测试，即引脚之间连接阻容网络等进行参数测试，所以扩展互连测试又叫参数测试，如图9-9所示。根据网络连线的复杂程度，又把扩展互连测试分为单端口扩展互连测试、Delta网络扩展互连测试及复杂网络互连测试。

（1）单端口扩展互连测试

单端口扩展互连是指，器件的一个引脚经由电阻、电容、电感或由它们组成的网络，连接到该器件的另一个引脚或另外一个器件的一个引脚或公共地上。若扩展互联网络是无源的，扩展互连测试就是要测量出该无源网络中电阻、电感、电容的元件值。若待测网络是单个电阻、电感或电容，那么只需已知模拟激励电流信号的频率和幅度就可计算出其元件值。若待测网络是由多个电阻、电感或电容组成的单端口网络，那么只需通过施加一组不同频率的激励电流，然后将测试量对应频率网络上的电压降就可得到一方程组，解此方程组即可求出各元件值。

（2）Delta网络扩展互连测试

Delta网络扩展互连测试主要是指，3个或4个以上的引脚之间通过电阻、电容、电感或由它们组成的网络连接的测试。图9-9所示为基本的Delta网络结构。而对于Delta网络的扩展互连测试可以采用下面的方法进行测量。

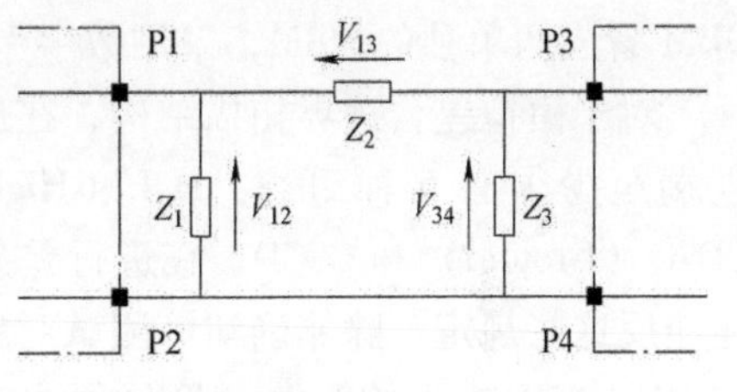

图9-9　基本的Delta网络结构

1）P4脚接VG，P3脚和P2脚断开。AT1激励I_1施加到P1脚，通过AT2测量P1脚的电位V_{P11}，则由该点测试得出方程：

$$V_{P11}=I_1[(Z_2+Z_3)//Z_1]+V_{g1} \tag{9-1}$$

2）P4脚接VG，P3脚断开。AT1激励I_1施加到P1脚，通过AT2测量P2脚的电位V_{P21}，则由该点测试得出方程：

$$V_{P21}=V_{g1} \tag{9-2}$$

3）P4脚接VG，P2脚断开。AT1激励I_1施加到P1脚，通过AT2测量P3脚的电位V_{P31}，则由该点测试得出方程：

$$V_{P31}=\frac{(V_{P11}-V_{g1})Z_3}{Z_2+Z_3}+V_{g1} \tag{9-3}$$

4）P4脚接VG，P2脚断开。AT1激励I_1施加到P3脚，通过AT2测量P1脚的电位V_{P12}，则由该点测试得出方程：

$$V_{P12}=\frac{(V_{P32}-V_{g2})Z_1}{Z_1+Z_2}+V_{g2} \tag{9-4}$$

5）P4脚接VG，P1脚断开。AT1激励I_1施加到P3脚，通过AT2测量P2脚的电位V_{P22}，则由该点测试得出方程：

$$V_{P22}=V_{g2} \tag{9-5}$$

6）P4脚接VG，P2脚和P1脚断开。AT1激励I_1施加到P3脚，通过AT2测量P3脚的电位V_{P32}，则由该点测试得出方程：

$$V_{P32}=I_1[(Z_1+Z_2)//Z_3]+V_{g2} \tag{9-6}$$

由式（9-1）~式（9-6）这6个方程足够解出Z_1、Z_2、Z_3的值。当然，若Z_1、Z_2和Z_3又是无源RLC网络，只需通过改变I_1的频率再重复上面的6步进行测量，就可以计算出RLC元件的值。

(3) 复杂网络互连测试

复杂网络互连测试主要是指有 5 个以上的引脚之间通过电阻、电容、电感或由它们组成的网络连接的测试。对于这样的复杂电路，可以从电路拓扑的角度来考虑其测试。通过对 ABM 开关矩阵的控制，可以将其简化为单端口或 Detla 网络的情形，然后按照相应的测试方法分别进行测量。

3. 差分互连测试

从边界扫描技术角度来看，差分电路可分为数字差分电路和模拟差分电路。差分电路的测试有三种，即数字差分电路的互连测试、模拟差分电路的简单互连测试和模拟差分电路的扩展互连测试。

数字差分互连测试原理图如图 9-10 所示，显然，只需将数字差分输入或输出的两个 DBM 看成两单独的 DBM，采用数字引脚简单互连的测试方法即可。

对于模拟差分边界扫描结构，在进行简单互连测试时，IEEE 1149.4 标准规定其差分输入端至少须有 5 种组态：H-L（High Level-Low Level）、L-H、CD-CD（Core Disconnect）、CD-G（Ground）和 G-CD。在进行差分简单互连测试时，从差分输出端所施加的测试激励不能违反这些规定，除非确知该测试对象还允许其他组态。由于差分输出的 2 个 ABM 具备施加 VH 或 VL 电平的能力（只是须注意，当一个引脚加 VH 则另一个引脚须加 VL，或者反之），另一端可捕获其数字化值，所以可按非差分 ABM 进行简单的互连测试，只是激励施加稍有不同。

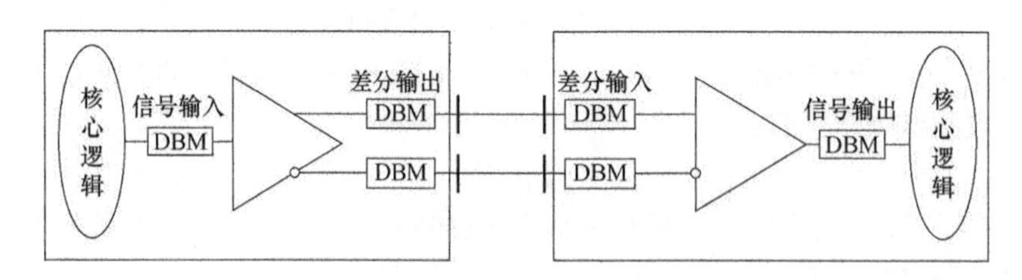

图 9-10 数字差分互连测试原理图

若模拟差分互连是扩展的差分互连，可以采用完全差分测试或非完全差分测试两种方法。

若被测对象只有 AT1 和 AT2 两根模拟测试总线且带有差分电路，则只能采用非完全差分测试，支持该种结构的芯片功能结构图如图 9-11 所示。

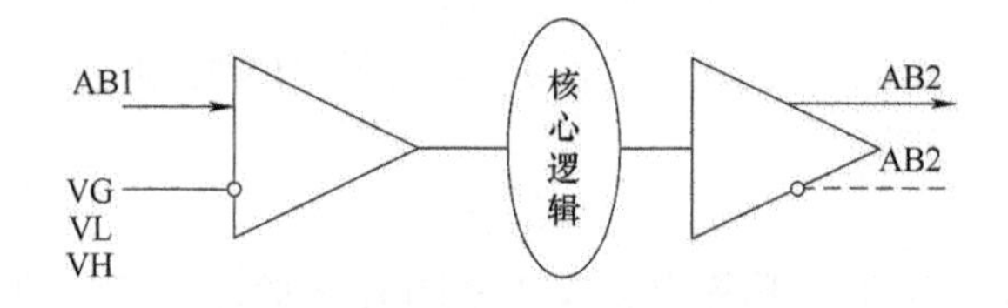

图 9-11 非完全差分芯片的功能结构图

首先，让差分输入的一端（如“+”端）连接 AB1，通过 AT1 引脚输入模拟测试激励；差分输入的另一端（如“-”端），则通过其 ABM 控制逻辑接 VH、VL 或 VG 来提供模拟测试激励。对差分输出响应的获取，先是让差分输出的一端经 AB2、AT2 输出，再让差分输出

的另一端经 AB2、AT2 输出。然后，再反过来，让差分输入“+”端接固定电平 VH、VL 或 VG，让差分输入“-”端通过 AB1、TBIC 的 S5、AT1 引脚输入原模拟测试激励，同上面一样测量两次。施加 2 次激励及测量 4 次响应虽然麻烦一些，但 IC 器件的边界扫描硬件电路可设计得简单些，从而节省器件成本。

进行完全差分测试，就需要被测试对象有专门的差分测试结构，相应的完全差分芯片的功能结构图如图 9-12 所示。即，有一对差分测试激励输入引脚 AT1 和 AT1N，一对差分测试响应捕获引脚 AT2 和 AT2N，以及相应的 TBIC 和内部总线结构。差分模拟测试激励通过 AT1 和 AT1N、TBIC、AB1 和 AB1N、差分输入功能引脚的 2 个 ABM 加载到差分输入上，其差分输出响应经差分输出功能引脚的 2 个 ABM 的 SB2、AB2 和 AB2N、TBIC、AT2 和 AT2N 输出给外部测试响应采集通路，然后上传到上位机进行分析处理。

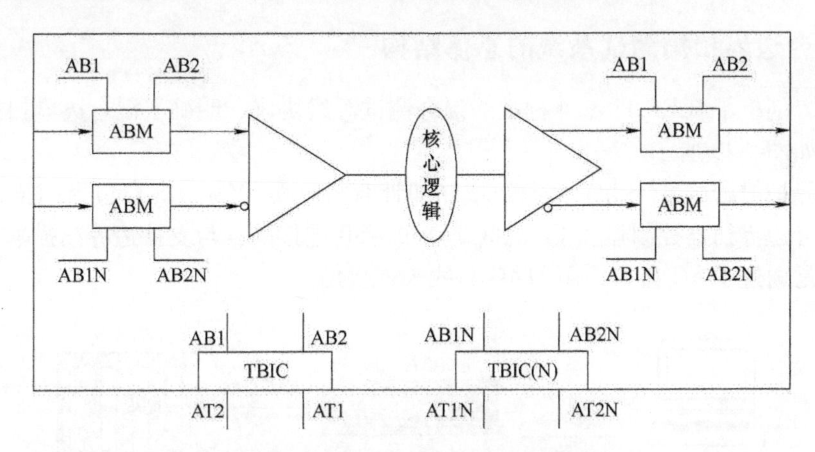

图 9-12 完全差分芯片的功能结构图

9.2.4 簇测试

随着 IEEE 1149.1 标准的出现，大量具有边界扫描可测试特性的集成电路元件源源涌入市场，已经对 PCB 自动测试方式产生了极大的影响，促进了测试策略的改革。然而，就整个 PCB 功能模件产品来说，其中还是有相当多的元件不支持 IEEE 1149.1 标准，而是一些既有边界扫描器件又有非边界扫描器件这样一种混合安装的电路结构。对于这种情况，由于主芯片和某些支持芯片往往是支持边界扫描功能的，因此只需将它们的 TDI 和 TDO 首尾相接即可构成边界扫描通路，通过 JTAG 接口从 DTO 获取希望得到的测试结果。而在数模混合电路中同样存在这种问题。而且，目前 IEEE 1149.4 标准应用还不是很广泛，支持该标准的器件也有限，而对那些不支持 IEEE 1149.4 标准的模拟芯片的测试就显得比较困难。

簇测试即是针对那些不支持边界扫描标准的芯片外围连接进行的测试，主要以功能测试为主。簇测试的基本思想是通过电路板上的边界扫描器件实现非边界扫描器件的测试，即“虚拟数据通道法”。根据针对的电路不同也可以分为数字簇测试和模拟簇测试两种。

数字簇测试是指对那些不支持 IEEE 1149.1 标准的数字芯片进行功能测试，其基本原理为，首先将常规器件芯片聚类合并构成相应的逻辑功能簇“Cluster”，其输入输出端口与若干 BS 边界扫描器件相连，按照一定的算法生成簇测试矢量；边界扫描测试开始时，簇测试矢量通过其输入端边界扫描器件加载，测试响应由其输出端边界扫描器件捕获并通过边界扫描链移出，然后进行结果分析和处理。这种方法可以利用边界扫描器件的虚拟通道对与其相连接的“Cluster”输入输出节点进行诊断，即通过虚拟输入和虚拟输出对逻辑功能簇进行诊断。

模拟簇测试是指对那些不支持 IEEE 1149.4 标准的模拟芯片进行功能测试，而其数字量的控制矢量的生成基本原理和数字簇测试基本相同，当激励和采集通道打开以后就可以应用支持 IEEE 1149.4 标准的芯片的模拟测试总线功能对非模拟边界扫描芯片进行功能测试。

9.3 混合边界扫描测试系统设计

9.3.1 混合边界扫描测试系统的总体结构

前面深入剖析了 IEEE 1149.4 标准的混合测试总线协议，明确了混合边界扫描测试系统整体架构，如图 9-13 所示。

混合边界扫描测试系统由三部分组成，即计算机（如 PC）、混合边界扫描控制器及待测电路。混合边界扫描控制器和 PC 之间是通过 USB 连接的；与支持边界扫描基本功能的待测电路之间是通过 JTAG 接口，用 JTAG 总线来连接的。

图 9-13　混合边界扫描测试系统

9.3.2 混合边界扫描测试系统的设计简介

混合边界扫描测试系统的设计可以分为软件和硬件两部分。软件在 PC 上运行，主要作用是为用户提供一个人机交互界面，实现对混合边界扫描测试控制器的控制。硬件主要是以混合边界扫描控制器为主。

混合边界扫描控制器内部组成如图 9-14 所示，由 SOC 微控制器模块、数字边界扫描模块、可程控的电压源/电流源模块、数据采集模块及它们周围的外围电路所构成，包括实现测试功能的硬件及驻留在其中的固件。

图 9-14 中，可程控的电压源/电流源模块用于测试激励信号的产生。采用 SOC 微控制器来控制数字频率合成芯片（即 DDS），生成频率相位可变的正弦波、三角波、方波等，项目组采用美国亚德诺半导体公司（ADI）生产的低功耗、可编程的波形发生器 AD9833 实现，然后通过调理之后使其变成恒压信号输出。图 9-14 中，电流源输出部分，是在电压输出的基础上，经过恒流源电路产生恒流输出。上述恒压和恒流输出用于模拟边界扫描的测试激励信号，根据时间测试的需要选择相应的输出形式。

可程控的电压源/电流源应用广泛，研究的论文也很多，技术方案也比较成熟，且不是本章的重点，故具体电路及计算分析这里不再赘述。

图 9-14 中，数据采集模块用于模拟边界扫描对响应信号的测量。项目组采用 SOC 微控制器 C8051F320 自带的 A/D 转换器为采集器，被测电路中的模拟激励响应信号通过 AT2 输出之后，进入电压/电流采集的通道选择开关，进行调理之后送给相应的微控制器端口进行采集，之后将数据通过 USB 进行上传处理。

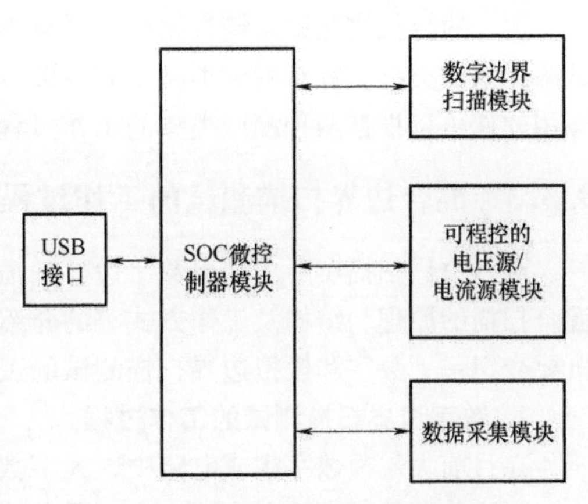

图 9-14　混合边界扫描控制器内部组成

C8051F320 内部有一个 10 位 A/D 转换器（ADC）和一个 17 通道差分输入多路选择器。该 ADC 工作在 200kSa/s 的最大采样速率时可提供真正 10 位的线性度，INL 为±1LSB。ADC 包含一个可编程的模拟多路选择器，用于选择 ADC 的正输入和负输入。另外，片内温度传感器的输出和电源电压（VDD）也可以作为 ADC 的输入。因此，应用该芯片开发混合边界扫描控制器的采样器完全可行。

同可程控的电压源/电流源相似，数据采集器也是应用广泛、技术成熟的产品，且不是本章的重点，故不再赘述。

图 9-14 中，数字边界扫描模块用于实现数字边界扫描控制功能。通过剖析 IEEE 1149.1 标准协议的主要内容，利用 EDA 软件设计了一个基于嵌入式的电路简单的数字边界扫描驱动电路原理图，如图 9-15 所示。

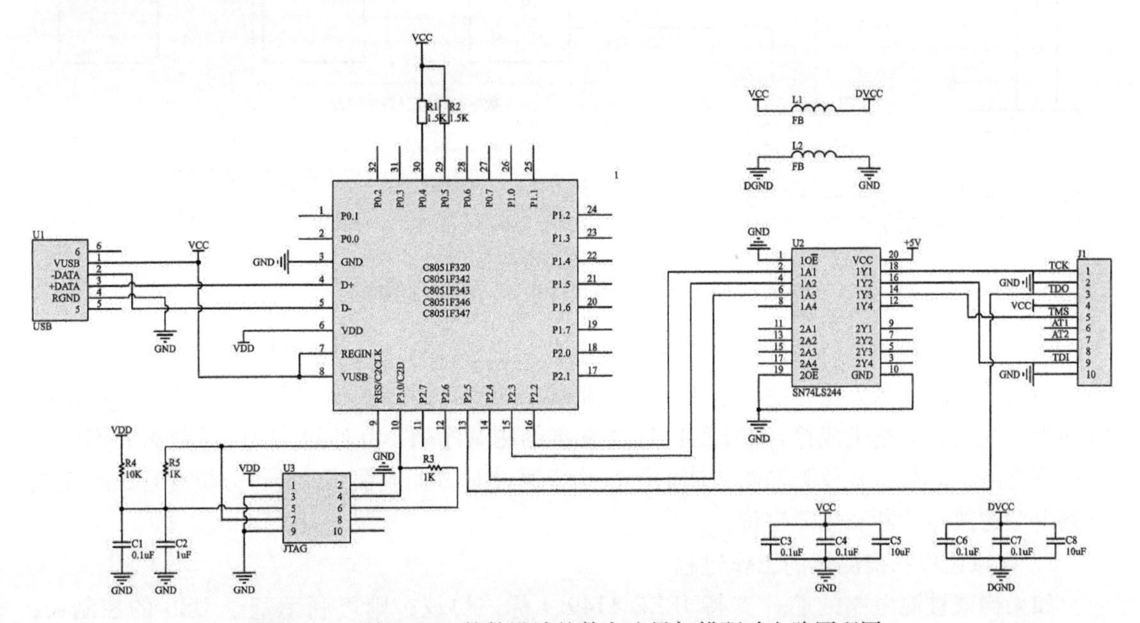

图 9-15　利用 EDA 软件设计的数字边界扫描驱动电路原理图

微处理器选用 C8051F320，采用 SN74LS244 作为驱动芯片，同时实现时序匹配和隔离的目的。数字边界扫描需要的 TMS、TCK、TDI 测试信号均由上位机通过控制微处理器产生，并经过驱动芯片 SN74LS244 变成符合 IEEE 1149.1 标准的测试序列，而响应信号 TDO 上传回微处理器，然后通过 USB 上传到主机进行分析处理。

混合边界扫描测试系统根据待测对象不同可以分为数字边界扫描测试和模拟边界扫描测试两种测试类型。针对测试类型不同，混合边界扫描测试系统的工作过程也是不同的。系统应用软件可以根据两种测试类型的工作过程编制相应的程序，实现混合边界扫描测试。

9.3.3 混合边界扫描测试的工作过程

混合边界扫描实际上是由数字边界扫描过程和模拟边界扫描过程组成的，通过前面关于混合扫描的原理、结构及工作方式等的介绍，读者已经对其工作过程基本了解了。下面分别概要介绍一下数字和模拟边界扫描测试的工作过程。

1. 数字边界扫描测试的工作过程

在目前大规模数字集成电路中，大多数电路都是以 CPLD、FPGA 等集成电路芯片为核心，而这些芯片都支持 IEEE 1149.1 标准的功能结构，对这样的电路进行测试主要是以数字边界扫描测试为主。前面已经介绍了基于 PC 并口的边界扫描控制器，还设计了基于 USB 接口和嵌入式微控制器的边界扫描控制器，控制器实现 JTAG 接口协议，上位机应用软件通过 USB 接口与边界扫描控制器通信，完成边界扫描检测过程。利用基于 USB 的控制器组建的测试系统对其进行测试，该系统的原理框图如 9-16 所示。

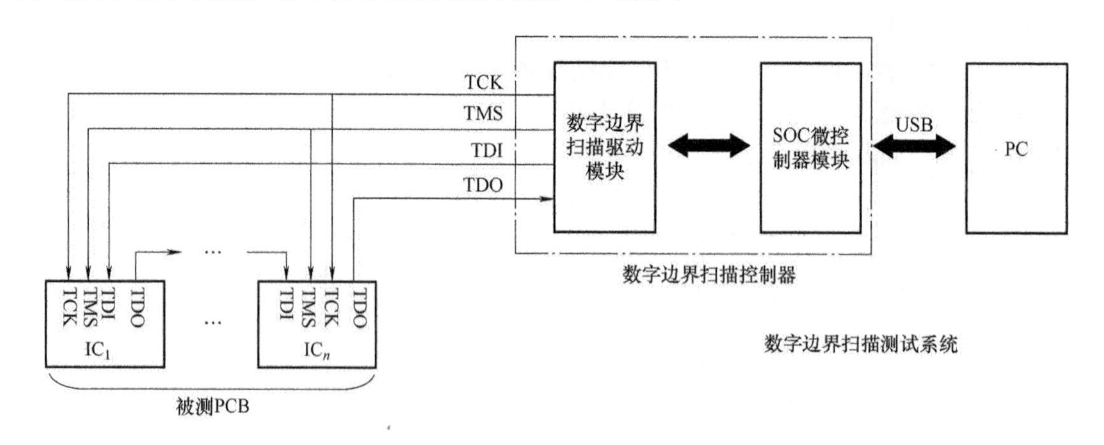

图 9-16 数字边界扫描测试系统原理框图

数字边界扫描测试的工作过程：用户在上位机通过 USB 向混合边界扫描控制器发送边界扫描指令以及测试矢量，混合边界扫描控制器中的数字边界扫描驱动模块根据从 PC 端接收的指令及测试矢量生成符合 IEEE 1149.1 标准的测试序列，并通过 JTAG 总线将它们施加于待测电路，然后把从待测电路读取的测试响应通过 USB 上传到 PC 进行分析处理，来完成待测电路的故障诊断和故障定位。

2. 模拟边界扫描测试的工作过程

如果构成被测电路的芯片支持 IEEE 1149.4 标准协议，则可利用基于 USB 的控制器，通过模拟边界扫描对其模拟电路部分进行测试。基于 USB 的模拟边界扫描系统原理框图如图 9-17 所示。

在进行模拟边界扫描测试时，既要对被测电路施加符合 IEEE 1149.1 标准的控制矢量，又要加载测试所需的相应模拟激励，并采集模拟响应。

模拟边界扫描测试的工作过程：用户在上位机，通过 USB 向混合边界扫描控制器发送

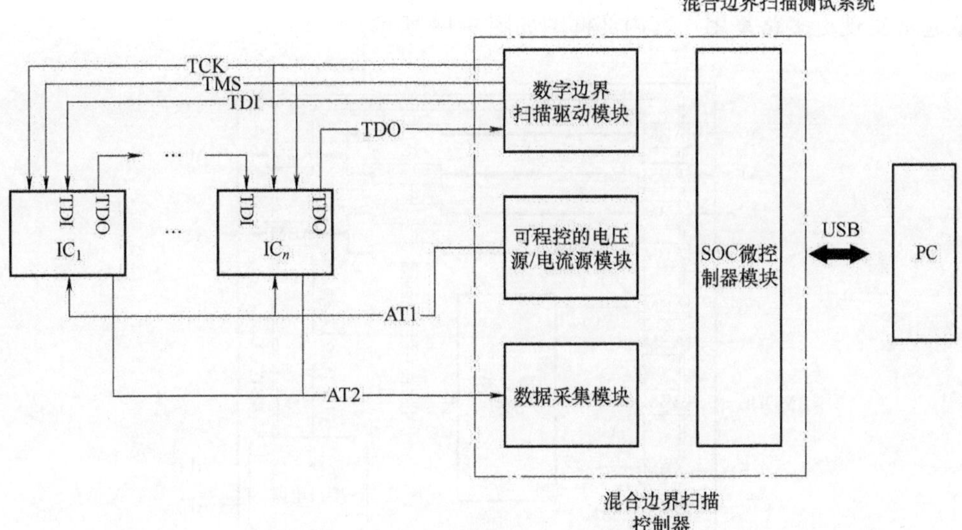

图 9-17　基于 USB 的模拟边界扫描系统原理框图

边界扫描指令及控制矢量；混合边界扫描控制器，根据从 PC 端接收的指令及控制矢量，生成符合 IEEE 1149.1 标准的控制序列，并通过 JTAG 总线将它们施加于待测电路，完成对被测电路中器件内部对应的 ABM 和 TBIC 概念开关的控制，使整个系统完成模拟激励和采集通道的构建；然后，上位机再通过 USB 向控制器发送控制产生模拟激励信号的相关命令，来控制混合边界扫描控制器中的可程控的电压源/电流源模块和数据采集模块，使其产生所需要的模拟激励信号，再通过 JTAG 总线加载到激励通路上，接着把关心的模拟激励响应从采集通道中采集回来，送到上位机进行处理，完成被测电路的故障诊断和故障定位。

9.4　基于边界扫描的模拟电路板级可测性设计

到目前为止，还有很多元器件特别是多数模拟器件不支持边界扫描测试，导致电子产品的可测性差、测试效率低、故障诊断和维修成本高。因此，在设计电子产品时，应该首先采用具有边界扫描等测试资源的芯片，以适应现代产品高可测性、高可靠性及高效故障诊断的要求。

当然，由于具有边界扫描功能的芯片还不普遍，目前还不能每次设计都选用支持边界扫描的器件，这时就要利用前面介绍的“参数测试”“簇测试”等方法，利用具有边界扫描功能的器件实现测试。

因此，本节介绍利用支持边界扫描的器件 STA400 进行模拟电路测试的案例，以期抛砖引玉，拓展可测性设计思路，提高电子产品的测试效率及可靠性水平。

9.4.1　STA400 内核工作原理简介

STA400 是美国国家半导体（National Semiconductor）公司研发的一种支持 IEEE 1149.4

标准的芯片，其逻辑功能可配置成一个双二选一（或单四选一）的多路复用器，也可以几片级联起来实现更多路复用。其内部框图如图 9-18 所示。

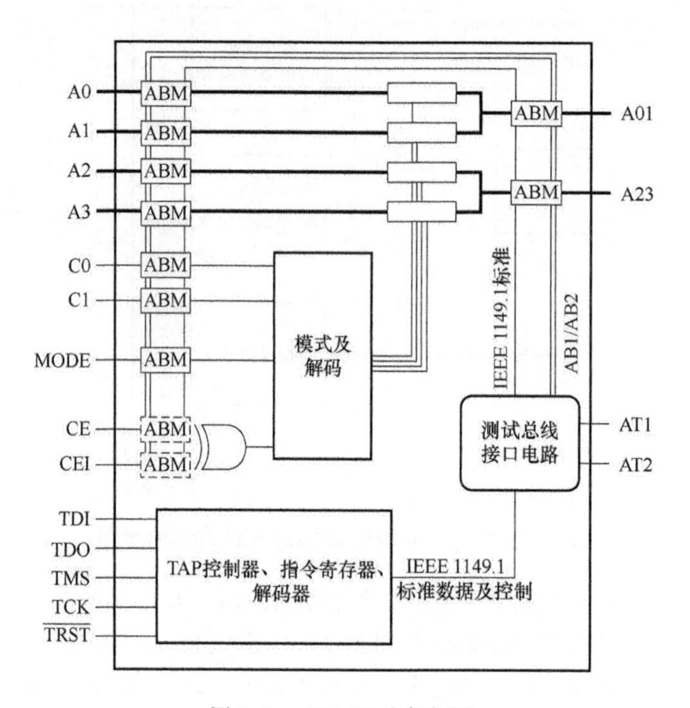

图 9-18　STA400 内部框图

使用 STA400 可以实现以下基本测试：引脚和模拟地之间的电阻 R、电容 C 和电感 L；两个引脚之间的电阻 R、电容 C 和电感 L。

STA400 模式控制真值表见表 9-6。

表 9-6　STA400 模式控制真值表

CE	MODE	C1	C0	A01	A23
CE≠CE1	0	0	0	A0	A2
		0	1	A1	A2
		1	0	A0	A3
		1	1	A1	A3
	1	0	0	A0	NC
		0	1	A1	NC
		1	0	NC	A2
		1	1	NC	A3
CE=CE1	x	x	x	NC	NC

当 CE=CE1 时，模拟引脚可用作 IEEE 1149. 4 标准的模拟探针。STA400 复用器导通时或复用器没有连接（即 CE≠CE1）时，复用器和 AT1（或 AT2）通过 ABM 与模拟引脚之间都具有一定的等效电阻。因此，STA400 用在模拟电路时，要考虑其匹配问题。

9.4.2　STA400 在模拟电路可测性设计中的应用

电路的可测性设计，主要就是寻找合适的测试激励与测试响应的通道，增加电路的可测性，并且使测试不对电路本身造成影响。可以参照数字电路的测试，把模拟电路分成几个功能单元，对各个功能单元进行测试。利用 STA400 复用器功能及边界扫描特性可以采取如下几种设计方案，以增强电路的可测性。

（1）利用 STA400 复用器功能的分块激励及测试

如图 9-19 所示，由于 STA400 复用器的导通电阻不大（5~50Ω），如果模块 1 和模块 2 的输入电阻远大于 STA400 复用器的导通电阻，对系统的影响可以忽略；若模块 1 或 2 的输入电阻较小，也可以加入电压跟随器进行匹配。

在该方案中，STA400 的 MODE=0，CE=1，CE1=0，把 STA400 配制成双二选一的多路复用器。图所示的 A1 和 A3 可根据电路测试的需要接外加激励。这样，在控制信号 C0 和 C1 的控制下，可以完成整个电路的分块测试、整体测试、在线测试或离线测试。

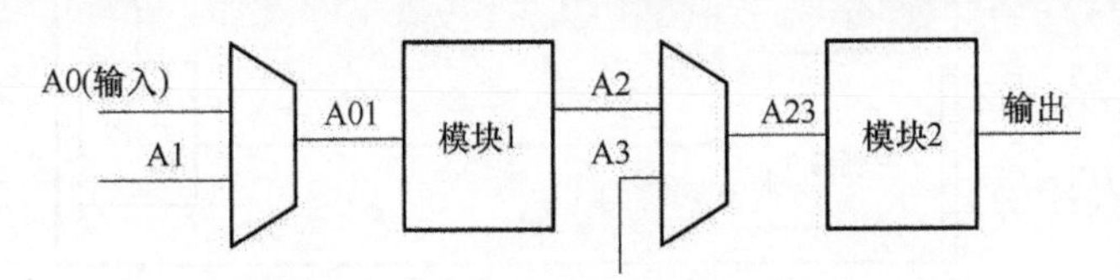

图 9-19　利用 STA400 的复用器功能

（2）利用 STA400 的边界扫描特性实现虚拟探针和全局激励

在该方案中，使 CE=CE1=0，这样 STA400 复用器功能失效，处于扫描模式，具有 A0~A3、A01、A23、MODE、C0 和 C1 共 9 个虚拟探针，最多可以测试电路中的 9 个测试点，以电路分成 3 个模块为例，其方案如图 9-20 所示。

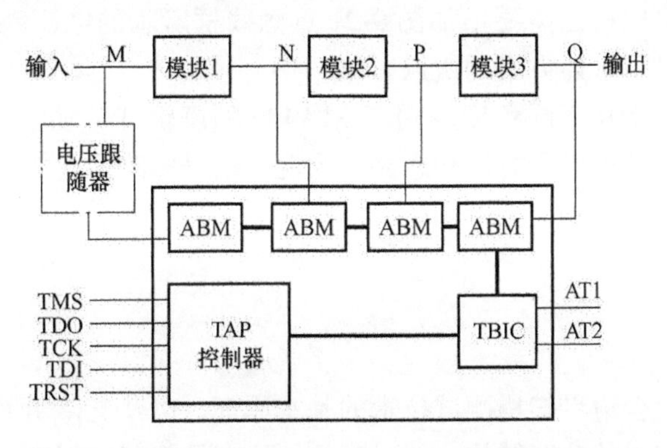

图 9-20　利用边界扫描特性实现全局激励接入的方案

图 9-20 中，用到了 4 个 ABM，模拟引脚可以任意连接。这样通过控制 TBIC 和 ABM 中的开关状态，就可以达到测试的目的。

在电路工作的时候，可以从 AT2 引脚分别检测 N、P、Q 点的状态，分析电路是否正常工作，并且可以初步判断问题所在；系统输入信号悬空时，可以先由 TDI 输入控制 ABM 及 TBIC 中开关的控制码，使 AT1 通过内部测试总线与 M 相连，从 AT1 输入测试激励，然后从

AT2 分别检测 N、P、Q 点的状态，从而分析电路的工作状态。考虑到输出竞争问题，该方案不宜分块施加测试激励。

（3）利用 STA400 边界扫描特性的分块激励及测试

为了克服图 9-20 所示方案中测试激励只能从电路的最前输入端接入，不能灵活地从各个模块施加的问题，在阻抗匹配合理的情况下，利用 STA400 多达 9 个“虚拟探针”设计可测性方案，如图 9-21 所示。

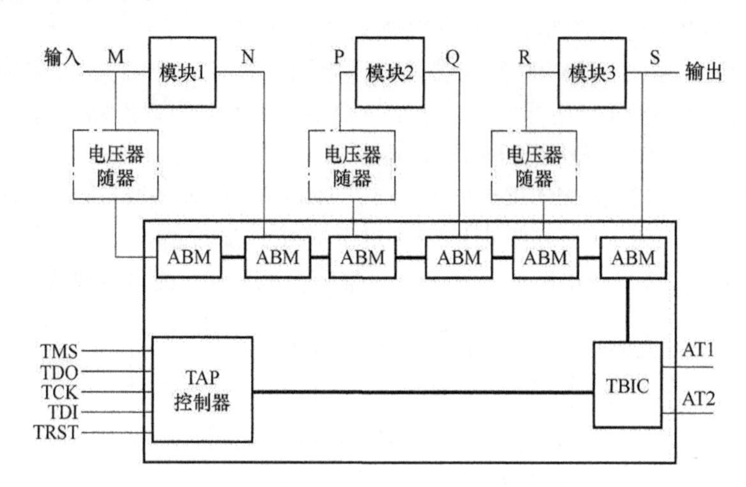

图 9-21　利用边界扫描特性实现分块激励及测试的方案

仍然以把模拟电路分成 3 个模块为例，其中 STA400 的配置方式和图 9-20 所示方案完全相同，只是每个模块的输入和输出分别接到一个“虚拟探针”上，如此，测试激励可以从 AT1 通过内部测试总线有选择地加到 M、P、R 各点，而测试响应可以有选择地从 N、Q、S 各点通过内部测试总线从 AT2 测得。一个 STA400 芯片最多可以完成 4 级模拟电路测试。如果阻抗匹配不合理，可以根据需要增加图 9-21 点画线框所示的电压跟随器，满足电路工作需要。这一方案就兼具了上述方案的优点。

本节介绍的三种方案从不同角度应用了 STA400 的逻辑开关功能及边界扫描测试功能，为混合电路的可测性设计提供了方法和思路，为混合信号电路的智能故障诊断理论的应用提供了有效的物理平台。

9.5　本章小结

本章详细阐述了混合边界扫描测试技术的基本原理，以及支持 IEEE 1149.4 标准的边界扫描器件的内部边界扫描的功能结构，并对其控制原理及实现过程进行了详细的剖析，同时深入研究了混合边界扫描技术的主要测试指令和测试方法，为混合模拟电路的可测性设计及测试系统的开发奠定了基础。在此基础上，本章还给出了混合边界扫描测试系统的总体设计方案，并分别对系统进行的数字和模拟边界扫描测试过程进行了简要概述。最后，还给出了利用边界扫描器件进行板级可测性设计的范例，为充分利用混合边界扫描进行可测性设计提供了方法和思路。

参考文献

[1] 杨士元. 模拟系统的故障诊断与可靠性设计 [M]. 北京：清华大学出版社，1993.

[2] 杨士元. 数字系统的故障诊断与可靠性设计 [M]. 2 版. 北京：清华大学出版社，2000.

[3] IEEE. IEEE Standard for a Mixed Signal Test Bus：IEEE 1149.4-1999 [S]. New York：IEEE，2000.

[4] IEEE. IEEE Standard for a Mixed Signal Test Bus：IEEE 1149.4-2010 [S]. New York：IEEE，2011.

[5] 张礼勇，刘思久，江明，等. PCB 功能测试系统的设计与实现 [J]. 黑龙江科技信息，2010（26）：40，203.

[6] 张礼勇，刘思久，杨柳，等. 基于虚拟仪器技术的 PCB 在线测试系统的研究 [J]. 黑龙江科技信息，2010（25）：54-55.

[7] 刘思久，张礼勇. 自动测试系统与虚拟仪器原理·开发·应用 [M]. 北京：电子工业出版社，2009.

[8] 刘思久，汪秀丰，董景. 基于虚拟仪器方式的 PCB 功能测试 [J]. 电测与仪表. 2004，41（1）：39-43.

[9] 刘思久，于小秋. 阻抗元件在线测试的误差分析 [J]. 电测与仪表. 2004，41（7）：13-16.

[10] 刘思久，罗艳. 虚拟逻辑分析仪 [C]//中国仪器仪表学会. 2005 全国虚拟仪器学术交流大会. 北京：电子测量技术杂志社，2005：1-4.

[11] 刘思久，于德伟，罗艳，等. 基于虚拟仪器的 PCB 数字功能模件的测试 [J]. 哈尔滨理工大学学报，2005，10（6）：112-116.

[12] 刘思久，罗艳，郑春平，等. 用于边界扫描测试的虚拟仪器开发 [J]. 仪器仪表学报，2007，28（S1）：247-251.

[13] 刘思久，郑春平，黄辉. 用于数字电路调试的边界扫描测试仪开发 [J]. 仪器仪表学报，2007，28（8 增刊）：204-207.

[14] 刘思久，黄辉，李萌. 混合边界扫描典型元件的特性试验 [J]. 仪器仪表学报，2008，29（8 增刊）：561-564.

[15] 陈光禑，潘中良. 可测性设计技术 [M]. 北京：电子工业出版社，1997.

[16] 潘中良，陈光禑. 边缘扫描测试研究 [J]. 系统工程与电子技术，1996，18（2）：9-14.

[17] 袁海英，陈光禑，谢永乐. 故障诊断中基于神经网络的特征提取方法研究 [J]. 仪器仪表学报，2007，28（1）：90-94.

[18] 袁海英，王铁流，陈光禑. 基于 Volterra 频域核和神经网络的非线性模拟电路故障诊断法 [J]. 仪器仪表学报，2007，28（5）：807-811.

[19] 殷时蓉，陈光禑，谢永乐. Elman 神经网路在非线性模拟电路故障诊断中的应用 [J]. 电子测量技术，2007，30（12）：116-118，129.

[20] 袁海英，陈光禑. 模拟电路的可测性及故障诊断方法研究 [J]. 电子测量与仪器学报，2006，20（5）：17-20.

[21] 袁海英. 基于时频分析和神经网络的模拟电路故障诊断及可测性研究 [D]. 成都：电子科技大学，2006.

[22] 袁海英，陈光禑，谢永乐，等. 基于非线性电路频域核估计和神经网络的故障诊断 [J]. 控制与决策，2007，22（4）：473-476.

[23] 梁戈超，何怡刚，朱彦卿. 基于模糊神经网络融合遗传算法的模拟电路故障诊断法 [J]. 电路与系统学报，2004，9（2）：54-57.

[24] 谢宏，何怡刚，周应堂，等. 小波神经网络在模拟电路故障诊断中的应用研究 [J]. 湖南大学学报（自然科学版），2004，31（4）：38-40.

[25] 谭阳红，何怡刚，陈洪云，等. 大规模电路故障诊断神经网络方法［J］. 电路与系统学报，2001，6（4）：25-28，68.

[26] 龙英，何怡刚，张镇，等. 基于小波变换和ICA特征提取的开关电流电路故障诊断［J］. 仪器仪表学报，2015，36（10）：2389-2400.

[27] 张永生. 模拟电路智能故障诊断技术的现状分析［J］. 中国高新技术企业，2012（4）：118-119.

[28] 薛冰，冯长江，王聪丽，等. 模拟集成电路的边界扫描可测性设计方案［J］. 电光与控制，2014，21（5）：92-96.

[29] 杨虹，徐超强，侯华敏. 基于边界扫描技术的集成电路可测性设计［J］. 重庆邮电学院学报（自然科学版），2006，18（6）：686-688，723.

[30] 杨虹，吕坤颐，陈拓宇，等. 集成电路可测性设计［C］//中国通信学会. 2010通信理论与技术新发展——第十五届全国青年通信学术会议论文集（上册）. 北京：中国通信学会，2010：204-208.

[31] 苏波. 基于边界扫描的混合信号电路可测性结构设计［J］. 电子技术应用，2012，38（10）：68-71.

[32] 刘莉，黄俊浩，何辉. PCB板的可测性设计探索［J］. 工业设计，2012（2）：134-135.

[33] LI F，WOO P Y. Fault detection for linear analog IC-the method of short-circuit admittance parameters［J］. IEEE Transactions on Circuits and Systems Ⅰ：Fundamental Theory and Applications，2002，49（1）：105-108.

[34] ROY A，SUNTER S，FUDOLI A，et al. High accuracy stimulus generation for A/D converter BIST［C］// Proceedings of International Test Conference，October 10，2002，Baltimore. New York：IEEE，c2002：1031-1039.

[35] 王祥星. 关于电力电子电路智能故障诊断技术探究［J］. 中国新通信，2017，19（24）：73.

[36] 吕瑞，孙林夫. 基于多源信息融合故障树与模糊Petri网的复杂系统故障诊断方法［J］. 计算机集成制造系统，2017，23（8）：1817-1831.

[37] 陆建荣. 智能故障诊断技术的探讨［J］. 山东工业技术，2015（3）：313.

[38] 吴冬峰. 浅析电子设备智能故障诊断技术［J］. 电子世界，2014（6）：19.

[39] 尤路，谭剑波，夏勇. 基于边界扫描技术的通用测试系统设计［J］. 合肥工业大学学报（自然科学版），2013，36（4）：452-455.

[40] 刘九洲，王健. 边界扫描测试技术发展综述［J］. 电光与控制，2013，20（2）：46-49，69.

[41] 周银，刘荣昌，陈圣俭，等. 基于边界扫描技术的SOC数字电路可测性设计［J］. 微电子学，2011，41（5）：705-708.

[42] 邹芳宁. 基于边界扫描的板级可测性设计技术［C］//中国通信学会. 2011年亚太青年通信学术会议论文集（上册）. 北京：中国通信学会，2011：5.

[43] 车彬，樊晓桠. 基于IDDQ扫描的SOC可测性设计［J］. 计算机测量与控制，2009，17（8）：1473-1475，1478.

[44] 徐智伟，张盛兵. SOC的可测性设计策略［J］. 计算机测量与控制，2008，16（8）：1095-1098.

[45] NEGREIROS M，CARRO L，SUSIN A A. Ultra low cost analog BIST using spectral analysis［C］//Proceedings of 21st VLSI Test Symposium，May 7，Napa Valley，2003. New York：IEEE，c2003：77-82.

[46] 高泽涵，黄岚. 基于模糊模式识别的模拟电路故障诊断方法［J］. 电子设计工程，2013，21（20）：79-82.

[47] 杨丹. 智能故障诊断的应用研究［J］. 巢湖学院学报，2011，13（3）：32-35.

[48] 古玉年，刘韬. 模拟电路智能故障诊断系统的设计［J］. 南通职业大学学报，2009，23（3）：76-80.

[49] 郭富强. 智能故障诊断方法综述［J］. 陕西广播电视大学学报，2009，11（2）：87-90.

[50] TADEUSIEWICZ M，HALGAS S，KORZYBSKI M. An algorithm for soft-fault diagnosis of linear and nonlinear circuits［J］. IEEE Transactions on Circuits and Systems Ⅰ：Fundamental Theory and Applications，

2002, 49 (11): 1648-1653.
[51] 庄如平. 电子设备智能故障诊断系统的研究 [J]. 电脑知识与技术, 2008, 2 (18): 1750-1753.
[52] 郑先刚. 边界扫描测试技术的发展和影响 [J]. 电子元器件应用, 2005 (1): 40-41, 46.
[53] 胡莲, 肖铁军. 边界扫描测试技术及其应用 [J]. 微处理机, 2004, 25 (2): 35-37, 40.
[54] 王孜, 刘洪民, 吴德馨. 边界扫描测试技术 [J]. 半导体技术, 2002, 27 (9): 17-20, 29.
[55] 张冰凌, 许英姿, 潘全文. 智能故障诊断方法的研究和展望 [J]. 飞机设计, 2007, 27 (5): 55-59.
[56] HE Y G, SUN Y C. Neural Network-based LI-norm Optimization Approach for Fault Diagnosis of Nonlinear Circuits with Tolerance [J]. 湖南大学学报 (自然科学版), 2000, 27 (S2): 143-147.
[57] TAN S X D, GUO W K, QI Z Y. Hierarchical approach to exact symbolic analysis of large analog circuits [J]. IEEE Transactions on Computer-Aided Design of Integrated Circuits and Systems, 2005, 24 (8): 1241-1250.
[58] 蔡宗平, 汤正平, 王跃钢, 等. 控制系统故障诊断浅析 [J]. 电光与控制, 2007, 14 (4): 19-22, 26.
[59] 周晓, 杨成德, 舒德强, 等. 复杂电子装备的智能故障诊断技术 [J]. 兵工自动化, 2006, 25 (5): 42-43, 45.
[60] 蒋伟进, 许宇胜, 孙星明, 等. 多智能体的分布式智能故障诊断 [J]. 控制理论与应用, 2004, 21 (6): 945-950.
[61] 王益玲, 赵英凯. 智能故障诊断系统中的知识发现方法 [J]. 控制工程, 2004, 11 (5): 406-408, 451.
[62] 王妙云, 肖人彬. 基于 XML 的分布式智能故障诊断系统研究 [J]. 计算机应用, 2004, 24 (6): 151-154.
[63] 王耀才. 智能故障诊断技术的现状与展望 [J]. 徐州建筑职业技术学院学报, 2003, 3 (1): 37-39.
[64] 吴翠娟, 陈莹, 王致杰, 等. 现代大型设备故障智能诊断技术的现状与展望 [J]. 电子工程师, 2003, 29 (12): 41-43.
[65] 李巍华, 史铁林, 杨叔子. 基于非线性判别分析的故障分类方法研究 [J]. 振动工程学报, 2005, 18 (2): 133-138.
[66] 胡友民, 杜润生, 杨叔子. 冗余式分层监测系统可靠性分析 [J]. 机械工程学报, 2003, 39 (8): 110-115.
[67] 雷加, 刘伟. 模数混合信号的可测性设计方法研究 [J]. 仪器仪表学报, 2007, 28 (8 增刊): 926-929.
[68] 吴伟蔚, 杨叔子, 吴今培. 基于智能 agent 的故障诊断系统研究 [J]. 模式识别与人工智能, 2000, 13 (1): 78-82.
[69] 李军旗, 闫明印, 史铁林, 等. 基于神经网络的故障诊断系统研究 [J]. 机械与电子, 1993, 11 (3): 16-18.
[70] 白献林. 基于虚拟仪器技术的边界扫描测试仪的设计 [J]. 南阳师范学院学报, 2007, 6 (9): 32-34.
[71] 肖小清, 师谦, 恩云飞, 等. 从边界扫描技术协议讨论其发展与应用 [J]. 电子质量, 2007 (6): 59-61.
[72] 耿爽, 宋金杨, 郜月兰. 边界扫描测试技术在集成电路测试中的应用 [J]. 沈阳航空工业学院学报, 2007, 24 (2): 53-55.
[73] 雷加, 黄新, 颜学龙, 等. 系统级边界扫描测试系统的设计与实现 [J]. 电子测量技术, 2006, 29 (4): 11-14.
[74] 徐建洁, 李岳, 胡政. 边界扫描测试系统软件设计与实现 [J]. 计算机测量与控制, 2006, 14 (7): 975-977.

[75] 李洋，赵鸣，徐梦瑶，等. 多源信息融合技术研究综述 [J]. 智能计算机与应用，2019，9 (5)：186-189.

[76] AMINIAN F，AMINIAN M，COLLINS H W. Analog fault diagnosis of actual circuits using neural networks [J]. IEEE Transactions on Instrumentation and Measurement，2002，51 (3)：544-550.

[77] AMINIAN M，AMINIAN F. A modular fault-diagnostic system for analog electronic circuits using neural networks with wavelet transform as a preprocessor [J]. IEEE Transactions on Instrumentation and Measurement，2007，56 (5)：1546-1554.

[78] HALDER A，CHATTERJEE A. Automated test generation and test point selection for specification test of analog circuits [C]. Proeeedings of International Symposium on Signals，Circuits and Systems，March 22-24，2004，San Jose. New York：IEEE，c2004：401-406.

[79] 陈慈，张敬磊，盖姣云，等. 信息融合方法研究进展 [J]. 科技视界，2019 (17)：32-33，96.

[80] 陆小科. 基于聚类算法的多源信息融合并行处理研究 [J]. 中国电子科学研究院学报，2019，14 (3)：251-255，264.

[81] 赵孝礼，赵荣珍. 全局与局部判别信息融合的转子故障数据集降维方法研究 [J]. 自动化学报，2017，43 (4)：560-567.

[82] 杨权. 基于模糊神经网络的多源信息融合 [D]. 太原：中北大学，2017.

[83] 欧阳晴昊. 基于扫描链的 SoC 可测性设计及故障诊断技术研究 [D]. 长沙：湖南大学，2017.

[84] 秦盼，王健. SoC 可测性设计端口复用方法及改进 [J]. 集成电路应用，2015，32 (8)：34-37.

[85] 屈继敏，林平分. 一种压缩可测性设计的研究实现 [J]. 中国集成电路，2014，23 (10)：73-76.

[86] 潘中良. 数字电路可测性设计的一种故障定位方法 [J]. 中国工程科学，2002，4 (1)：69-74.

[87] 王月芳，陈胜俭. 边界扫描技术在测试性设计中的应用研究 [C]//中国电子学会. 第 20 届测控、计量、仪器仪表学术年会论文集. 北京：电子测量与仪器学报杂志社，2010：40-44.

[88] 高艳辉. 基于 FPGA 的边界扫描控制器的设计 [D]. 镇江：江苏大学，2010.

[89] 雷加，李延平. 数模混合边界扫描技术的研究现状与进展 [J]. 计算机测量与控制，2010，18 (4)：734-737.

[90] 白洋铭. 支持 SJTAG 的边界扫描测试系统 [J]. 计算机系统应用，2009，18 (9)：22-25.

[91] 陈孟东，刘鹏，张辉华. 基于边界扫描的测试技术 [J]. 电脑知识与技术，2009，5 (25)：7295-7297.

[92] 张保山，周峰，张琳，等. 基于最优神经网络结构的故障诊断模型 [J]. 兵器装备工程学报，2020，41 (3)：20-24，50.

[93] 祝旭. 故障诊断及预测性维护在智能制造中的应用 [J]. 自动化仪表，2019，40 (7)：66-69.

[94] 李天舒. 大数据下机械智能故障诊断的机遇与挑战 [J]. 湖北农机化，2019 (13)：16.

[95] 张忠伟，陈怀海，李舜酩，等. A novel sparse filtering approach based on time-frequency feature extraction and softmax regression for intelligent fault diagnosis under different speeds [J]. Journal of Central South University，2019，26 (6)：1607-1618.

[96] 闫国珍. 对目前人工智能在电力系统故障诊断中的应用探讨 [J]. 中国新通信，2019，21 (8)：98.

[97] XIE T，HE Y G，YAO J G，et al. Analog circuit fault diagnose based on wavelet packet transform and SOFM neural network [C]//Proceedings of 2009 International Conference on Artificial Intelligence and Computational Intelligence，Volume 2，November 7-8，2009，Shanghai. New York：IEEE，c2009：485-489.

[98] 郑健生. 人工智能技术在电力系统故障诊断中的运用分析 [J]. 科技与创新，2019 (2)：136，139.

[99] 曲建岭，余路，袁涛，等. 基于卷积神经网络的层级化智能故障诊断算法 [J]. 控制与决策，2019，34 (12)：2619-2626.

[100] 刘自鹏，李志华，陈欣. 差分杂草算法优化 SVM 的模拟电路故障诊断 [J]. 信息技术，2017 (7)：

134-138.
[101] 郎国伟，周东方，胡涛，等. 基于遗传算法和神经网络的故障诊断研究［J］. 信息工程大学学报，2017，18（2）：140-142.
[102] 杨青，刘天运，周旺，等. IPSO 算法优化神经网络的模拟电路故障诊断研究［J］. 沈阳理工大学学报，2016，35（5）：6-10，16.
[103] 薛倩倩. 基于神经网络的装备故障诊断专家系统研究［D］. 西安：西安工业大学，2016.
[104] 李文强，严玉廷，张轩. 遗传算法优化 BP-NN 在电网故障诊断中的研究［J］. 云南电力技术，2016，44（2）：134-136.
[105] 张明虎，李英松，穆中国，等. 基于小波神经网络的智能故障诊断框架研究［C］//智能信息技术应用学会. Proceedings of 2012 2nd International Conference on Aerospace Engineering and Information Technology（AEIT 2012 V2）. 香港：Hong Kong Education Society，2012：492-497.
[106] 曹波伟，薛晴，牛金涛，等. 基于神经网络和专家系统的装备智能故障诊断的研究［C］//中国自动化学会控制理论专业委员会. 中国自动化学会控制理论专业委员会 C 卷. 北京：中国自动化学会控制理论专业委员会，2011：1457-1460.
[107] 李乾坤. 基于融合策略的智能故障诊断系统的研究［D］. 成都：四川大学，2004.
[108] 贾海鹏，杨军，张延生. 基于模糊理论和遗传算法的导弹故障诊断方法研究［J］. 计算机工程与应用，2004，40（9）：212-215.
[109] 吴明岩. 基于信息融合的模拟电路故障诊断研究［D］. 大连：大连理工大学，2011.
[110] 黎奇志，胡国平. 基于故障树和模糊推理的故障诊断研究［J］. 微计算机信息，2011，27（8）：186-188.
[111] 吴伟蔚，杨叔子，吴今培. 故障诊断 Agent 研究［J］. 振动工程学报，2000，13（3）：393-399.
[112] 周杰，周绍磊，彭贤，等. 边界扫描技术在板级可测性设计中的应用［J］. 中国测试技术，2007，33（4）：77-80.
[113] 金志刚，罗岚，胡晨. SoC 可测性设计中的几个问题［J］. 现代电子技术，2006，29（5）：87-89.
[114] 应俊，柳逊，程君侠. 分支结构电路的可测性设计优化［J］. 复旦学报（自然科学版），2006，45（1）：92-95，101.
[115] 范学仕，刘云晶. 一种 MCU 可测性优化设计［J］. 电子与封装，2018，18（8）：28-32.
[116] 张继伟，杨兵. 边界扫描测试技术综述［J］. 电子世界，2016（10）：34-36.
[117] 王凤驰. 基于边界扫描技术的 PCB 测试平台设计［J］. 中小企业管理与科技，2015（18）：214.
[118] 王鏖淯. 基于 JTAG 标准的边界扫描测试技术的分析与研究［D］. 西安：西安电子科技大学，2014.
[119] 周吉康，王凤驰. 基于边界扫描技术的集成电路测试平台设计［J］. 硅谷，2011（9）：60-61.
[120] 陈圣俭，周银，徐磊，等. 基于 Verilog 语言的边界扫描结构设计［J］. 装甲兵工程学院学报，2011，25（2）：50-54.
[121] 李兰英，等. Nios Ⅱ 嵌入式软核 SOPC 设计原理及应用［M］. 北京：北京航空航天大学出版社，2009.
[122] NIRAJ J，SANDEEP G. 数字系统测试［M］. 王新安，蒋安平，宋春殚，等译. 北京：电子工业出版社，2007.
[123] 焦李成. 非线性传递函数理论与应用［M］. 西安：西安电子科技大学出版社，1992.
[124] 焦李成. 非线性电路和系统的灵敏度分析——非线性传递函数法［J］. 电子科学学刊，1989，11（2）：129-137.
[125] 焦李成. 非线性系统的 Volterra 范函分析［D］. 西安：西安交通大学，1984.
[126] 王道平，张义忠. 智能故障诊断系统的理论与方法［M］. 北京：冶金工业出版社，2001.
[127] 秦红磊，路辉，郎荣玲. 自动测试系统——硬件及软件技术［M］. 北京：高等教育出版社，2007.

[128] 李纪敏，尚朝轩，摆卫兵，等. 模拟电路k故障诊断理论的数学模型［J］. 现代电子技术，2007，30（23）：176-179.

[129] 温熙森，胡政，易晓山，等. 可测试性技术的现状与未来［J］. 测控技术，2000，19（1）：9-12.

[130] 祝文姬. 模拟电路故障诊断的神经网络方法及其应用［D］. 长沙：湖南大学，2011.

[131] 高艳辉，赵蕙，肖铁军. 基于IEEE1149.1标准的边界扫描控制器的设计［J］. 计算机测量与控制，2010，18（11）：2550-2552.

[132] 于薇，来金梅，孙承绶，等. FPGA芯片中边界扫描电路的设计实现［J］. 计算机工程，2007，33（13）：251-254.

[133] 史贤俊，张树团，张文广，等. 基于虚拟仪器的通用数字电路板测试系统设计［J］. 计算机测量与控制，2011，（19）：1263-1265.

[134] 崔伟，冯长江，丁国宝. 基于单片机的边界扫描试验系统的设计与实现［J］. 计算机测量与控制，2009，17（8）：1476-1478.

[135] 陈岩申，王新洲，张波. 基于FPGA的电路板自动测试技术研究［J］. 计算机测量与控制，2010，18（7）：1500-1502.

[136] 王志林，于秀金，王永岭，等. 边界扫描技术在故障信息处理中的应用［J］. 西安邮电学院学报，2010，5（13）：47-50.

[137] 徐丹，杨新环，晏新晃. 边界扫描测试优化算法［J］. 计算机工程，2009，35（20）：255-257.

[138] 谈恩民，玄立伟，蒋志刚. 边界扫描测试系统中PC机串行通信的软件设计［J］. 电子测量与仪器学报，2005（增刊）：237-240.

[139] 陈圣俭，徐磊，徐毅成. 基于AVR单片机的边界扫描测试控制器设计［J］. 计算机测量与控制，2008，16（5）：632-634.

[140] 宋克柱，杨小军，王砚方. 边界扫描测试的原理及应用设计［J］. 电子技术，2001（10）：29-32.

[141] 何波，冯健. 基于PC的JTAG测试环境的实现［J］. 现代电子技术，2004，27（10）：79-80.

[142] 雷沃妮. 板载FPGA芯片的边界扫描测试技术［J］. 现代雷达，2006，28（1）：76-78，82.

[143] 刘军. JTAG技术在PCB测试中的应用［J］. 科技信息，2010（21）：848-849.

[144] 邓小鹏. 边界扫描测试中几类故障冲突解析［J］. 电子技术，2010，47（9）：47-49.

[145] 马晓骏，童家榕. 应用于FPGA芯片的边界扫描电路［J］. 微电子学，2004，34（3）：326-329，333.

[146] 都学新，张宏伟，许东兵. 数字系统的故障诊断、可测性设计与可靠性［J］. 火力与指挥控制，2002，27（Z1）：61-63.

[147] LIN H J，HOU Z L，YAO F，et al. The study of design for testability on analog circuit based on boundary-scan［C］//Proceedings of 2012 International Conference on Computer Science and Service System，August 11-13，2012，Nanjing. NewYork：IEEE，c2012：195-198.

[148] SRIVASTAVA A，PRAJAPATI A，SONI V. A novel approach to improve test coverage of BSR cells［C］//Proceedings of 2010 IEEE International Test Conference，November 2-4，2010，Austin. New York：IEEE，c2010：PO3.

[149] KUMAR P，SHARMA R K，SHARMA D K，et al. A novel method for diagnosis of board level interconnect faults using boundary scan［C］//Proceedings of 2010 International Conference on Computer and Communication Technology，September 17-19，2010，Allahabad. New York：IEEE，c2010：270-275.

[150] 潘松，潘明. 现代计算机组成原理［M］. 北京：科学出版社，2007.

[151] 卢振达，陈建辉，张延生. 一种改进D算法测试生成的关键技术研究［J］. 电子测量技术，2009，32（10）：1-3，32.

[152] SUNTER S，TILMANN M. BIST of I/O circuit parameters via standard boundary scan［C］//Proceedings of

2010 IEEE International Test Conference. International Test Conference, November 2-4, 2010, Austin . New York: IEEE, c2010: 3.1.

[153] JUTMAN A, UBAR R, DEVADZE S, et al. Trainer 1149: a boundary scan simulation bundle for labs [C]//Proceedings of the 18th International Conference Mixed Design of Integrated Circuits and Systems-MIXDES 2011, June 16-18, Gliwice. New York: IEEE, c2011: 520-525.

[154] ZHU M, YANG C L, PENG L Z. Design of IEEE1149.1 testing bus controller IP core [C]//Proceedings of 2009 4th IEEE Conference on Industrial Electronics and Applications, May 25-27, Xi'an. New York: IEEE, c2009: 408-413.

[155] CLARK C J, DUBBERKE D, PARKER K P, et al. Solutions for undetected shorts on IEEE 1149.1 self-monitoring pins [C]//Proceedings of 2010 IEEE International Test Conference. International Test Conference, November 2-4, 2010, Austin . New York: IEEE, c2010: 19.1.

[156] OSTENDORFF S, WUTTKE H D. Test pattern dependent FPGA based architecture for JTAG tests [C]//Proceedings of 2010 Fifth International Conference on Systems, April 11-16, 2010, Menuires. New York: IEEE, c2010: 99-104.

[157] NGO B V, LAW P, SPARKS A. Use of JTAG boundary-scan for testing electronic circuit boards and systems [C]//Proceedings of 2008 IEEE AUTOTESTCON, September 8-11, 2008, Salt Lake City. New York: IEEE, c2008: 17-22.

[158] HAN K, DENG Z L, HUANG J M. Boundary scan with parallel test access mechanism [C]//Proceedings of 2009 9th International Conference on Electronic Measurement & Instruments, August 16-19, 2009, Beijing. New York: IEEE, c2009: 4.70-4.73.

[159] XIE X D, LI P, RUAN A W, et al. Design and implementation of boundary-scan circuit for FPGA [C]//Proceedings of 2009 IEEE Circuits and Systems International Conference on Testing and Diagnosis, April 28-29, 2009, Chengdu. New York: IEEE, c2009.

[160] YAN X L, HU H J, LI H H. The design and implementation of signal integrity test vector generation based on JTAG [C]//Proceedings of 2010 International Conference on Intelligent Computing and Integrated Systems, October 22-24, 2010, Guilin. New York: IEEE, c2010: 330-333.

[161] IEEE. IEEE Standard Test Access Port and Boundary-Scan Architecture: IEEE 1149.1-2001 [S]. New York: IEEE, 2001.

[162] Altera. Cyclone Ⅱ device handbook [EB/OL]. [2021-06-11]. https://d2pgu9s4sfmw1s.cloudfront.net/UAM/Prod/Done/a062E00001d7fASQAY/473155b9-72e9-3397-b43a-c92e90c5b4dd? Expires = 1646380509&Key-Pair-Id = APKAJKRNIMMSNYXST6UA&Signature = MEtq7VeJJTenbzG9dN0KfDB9eE4eSgWB1gxrq01 ~ nmCKK9E78eba2qQC312UJqwsxxLT0lN2ELRXlBc81XlSyP16VYtH ~ s2-H4b ~ lxkZ6Xhn9zmqAFar8e00n0UUrN5 XOx686cFLVt3aSVCTcjigxC66kn0AuQgWp3WfmdN6O ~ 0oU7s36G9goMnHE1ALrtRWi ~ LF0x56usr5v9CBArVnO5kwrtQWGJLVIwTFrGPDd4cNfdsSTF21paWkbBZJRqorNaHAqmy0K21irh7RiEqQzkyVT2J1A3iwVvFACp72yhvAKeC46jEvZA0ehb7fxCFnogjHBzrcRvDTnrmH-0j28Q __.

[163] Altera. Avalon Interface Specification [EB/OL]. [2021-06-11]. https://www.intel.com/content/www/us/en/docs/programmable/683091/20-1/introduction-to-the-interface-specifications.html.

[164] MARK B, GORDON W R. 混合信号集成电路测试与测量 [M]. 冯建华，肖钢，等译. 北京：电子工业出版社，2009.

[165] 王原. 数模混合电路边界扫描测试软件的设计与实现 [D]. 成都：电子科技大学，2021.

[166] 李怀亮. ADC 电路的模数混合测试通道研究 [D]. 哈尔滨：黑龙江大学，2020.

[167] 杜立. 数模混合电路测试策略优化方法研究 [D]. 成都：电子科技大学，2020.

[168] 谢睿臻. 数模混合芯片 AD/DA 板级测试方法研究与实现 [D]. 成都：电子科技大学，2020.

[169] 曹毅峰. 集成电路测试方法研究 [D]. 上海：上海交通大学，2015.

[170] 廖国钢. 数模混合电路可测试性设计研究 [D]. 北京：中国工程物理研究院，2013.

[171] 雷加，苏波. 基于 IEEE1149.4 标准 TAP 控制器的设计 [J]. 仪器仪表学报，2007，28 (S1)：298-299，318.

[172] 胡金华，刘旺锁. 某自动测试系统中实现故障定位的方法 [J]. 微计算机信息，2007，23 (7)：219-220.

[173] 曹文，刘春梅，郭友晋. 数字电位器控制电路的设计与应用 [J]. 电测与仪表，2007，44 (1)：36，55-57.

[174] 刘国良，廖力清，施进平. AD9833 型高精度可编程波形发生器及其应用 [J]. 国外电子元器件，2006 (6)：44-47，51.

[175] 黄彩，汪滢. 数模混合电路测试方法的研究 [J]. 仪器仪表学报，2005，26 (S1)：148-149，152.

[176] 房子成，李桂祥，杨江平，等. 边界扫描高级数字网络测试研究 [J]. 半导体技术，2005，30 (11)：46-50.

[177] 张西多. 基于 IEEE1149.4 标准的混合电路边界扫描测试技术与方法的研究 [D]. 长沙：国防科技大学，2005.

[178] 李正光，雷加. 基于 IEEE1149.4 的测试方法研究 [J]. 电子工程师，2003，29 (4)：10-13.

[179] 王让定，叶富乐，杜呈透. 基于边界扫描技术的 TAP 接口研究 [J]. 计算机工程，200329 (3)：139-141.

[180] 秦贺，武昊男，魏晓飞，等. 微系统 Interposer 测试技术与发展趋势 [J]. 遥测遥控，2021，42 (5)：63-69.

[181] LEE S，CHO K，KIM J，et al. Low-power scan correlation-aware scan cluster reordering for wireless sensor networks [J/OL]. Sensors，2021，21 (18). [2021-10-20]. https://www.mdpi.com/1424-8220/21/18/6111/htm.

[182] CHI H Y，YANG G，ZHAO X，et al. Research status and prospect of equipment testability experiment and evaluation technology [J]. Scientific Journal of Intelligent Systems Research，2021，3 (9)：203-211.

[183] DADJOUYAN A A，SAYEDSALEHI S，MIRZAEE R F，et al. Design and simulation of reliable and fast nanomagnetic conservative quantum-dot cellular automata (NCQCA) gate [J]. Journal of Computational Electronics，2021，20 (5)：1992-2000.

[184] PAL J，GOSWAMI M，SAHA A K，et al. CFA：Toward the realization of conservative full adder in QCA with enhanced reliability [J/OL]. Journal of Circuits，Systems and Computers，2021，30 (10). [2021-10-20]. https://www.worldscientific.com/doi/abs/10.1142/S0218126621501723.

[185] SAO Y，ALI S S，R D，et al. Co-relation scan attack analysis (COSAA) on AES：A comprehensive approach [J/OL]. Microelectronics Reliability，2021，123. [2021-10-20]. https://www.sciencedirect.com/science/article/abs/pii/S0026271421001827.

[186] LEE S，VINCENT C. Analysis and evaluation of the theory of planned behavior [J]. Advances in Nursing Science，2021，44 (4)：E127-E140.

[187] 张州. 线性反馈移位寄存器的设计与仿真 [J]. 黑龙江生态工程职业学院学报，2021，34 (4)：50-53.

[188] 陈光胜，张旭，沈力为. CMOS 数字集成电路的低功耗设计 [J]. 集成电路应用，2021，38 (7)：17-21.

[189] PARK S，SHIN H. An analysis and evaluation of the theory of planned behavior using Fawcett and DeSanto-Madeya's framework [J]. Advances in Nursing Science，2021，44 (4)：E141-E154.

[190] WANG P，LI X X，YU Y L，et al. A testability modeling method based on structure-function-state-test

[J/OL]. Journal of Physics: Conference Series, 2021, 1976. [2021-10-20]. https://iopscience.iop.org/article/10.1088/1742-6596/1976/1/012052/pdf.

[191] 程江浩. DSP 芯片可测性设计研究 [D]. 西安：西安理工大学，2021.

[192] MONDAL J, DEB A, DAS D K. An efficient design for testability approach of reversible logic circuits [J/OL]. Journal of Circuits, Systems and Computers, 2021, 30 (6). [2021-10-20]. https://www.worldscientific.com/doi/abs/10.1142/S0218126621500948.

[193] CAO Y, LIU H T, SONG C, et al. Research on a fault test system based on fault injection [J/OL]. Journal of Physics: Conference Series, 2021, 1894. [2021-10-20]. https://iopscience.iop.org/article/10.1088/1742-6596/1894/1/012023/pdf.

[194] 蒋颜君，张林. 二值无偏测量与三值无偏测量的联合可测性 [J]. 杭州电子科技大学学报（自然科学版），2021，41（2）：94-97.

[195] 张键，鲍宜鹏. 基于 MCU 的可测性设计与实现 [J]. 电子与封装，2021，21（1）：72-76.

[196] 吕俊廷，李胜宏. 基于 DRR 模型的软件可测性度量 [J]. 电子技术，2021，50（1）：30-32.

[197] 刘健，陈鲁鹏，张志华. 基于本地量测信息的配电变压器静态参数估计 [J]. 电力自动化设备，2021，41（2）：71-76.

[198] 刘世欢. 基于低电压 SRAM 的 DFT 测试技术研究与实现 [D]. 南京：南京邮电大学，2020.

[199] 刘建文. 基于 FPGA 的主板状态监测装置设计与实现 [D]. 北京：中国科学院大学（中国科学院大学人工智能学院），2020.

[200] 张昊，周哲帅. 基于边界扫描的远程可测性设计技术研究 [J]. 通信技术，2020，53（11）：2872-2877.

[201] WU Q, XU Y C, WANG C W, et al. Research on testability design and evaluation method for ship electromechanical equipment [J/OL]. Journal of Physics: Conference Series, 2020, 1650. [2021-10-20]. https://iopscience.iop.org/article/10.1088/1742-6596/1650/2/022105.

[202] SHI J Y, HE Q J, WANG Z L. Integrated Stateflow-based simulation modelling and testability evaluation for electronic built-in-test (BIT) systems [J]. Reliability Engineering and System Safety, 2020, 202. [2021-10-20]. https://www.sciencedirect.com/science/article/abs/pii/S0951832020305676.

[203] TAHERIFARD M, FAZELI M, PATOOGHY A. Scan-based attack tolerance with minimum testability loss: a gate-level approach [J]. IET Information Security, 2020, 14 (4): 459-469.

[204] RAJENDRAN S, REGEENA M L. Sensitivity analysis of testability parameters for secure IC design [J]. IET Computers & Digital Techniques, 2020, 14 (4): 158-165.

[205] TAHERIFARD M, FAZELI M, PATOOGHY A. Scan-based attack tolerance with minimum testability loss: a gate-level approach [J]. IET Information Security, 2020, 14 (4): 459-469.

[206] PHAM T D, HONG W K. Genetic algorithm using probabilistic-based natural selections and dynamic mutation ranges in optimizing precast beams [J/OL]. Computers and Structures, 2022, 258. [2022-01-20]. https://www.sciencedirect.com/science/article/abs/pii/S0045794921002030.

[207] 杨子腾，王立志，张亮，等. 人工智能技术在电力系统故障诊断中的应用研究 [J]. 科学技术创新，2021（30）：12-14.

[208] 赵维兴，熊楠，宁楠，等. 基于多源信息融合的电网多层智能故障诊断方法 [J]. 南方电网技术，2021，15（9）：9-15.

[209] 臧春华，张帅杰，苏宝玉. 基于最小二乘辨识模型的 PID 自整定应用研究 [J]. 工业仪表与自动化装置，2021（5）：67-72.

[210] 刘明刚，曾维贵，李湉雨. 基于 Matlab GUI 的模拟电路故障诊断仿真平台研究 [J]. 仪表技术，2021（5）：58-61.

[211] DENG T, HUANG J, WEN X X, et al. Discrete collocation method for solving two-dimensional linear and nonlinear fuzzy Volterra integral equations [J]. Applied Numerical Mathematics, 2022, 171: 389-407.

[212] 长沙理工大学. 基于多源暂态信息融合的单端故障定位方法：202011144410. 5 [P]. 2021-02-05.

[213] 戴志辉，耿宏贤，韩健硕，等. 基于矩阵算法和 BP 神经网络的智能站二次系统故障定位方法 [J/OL]. 华北电力大学学报（自然科学版）. 2021. [2021-10-21]. http://kns. cnki. net/kcms/detail/13. 1212. TM.20211001. 1855. 004. html.

[214] 马金英，孟良，许同乐，等. 基于 FastICA 的遗传径向基神经网络轴承故障诊断研究 [J]. 机床与液压，2021，49（18）：188-192.

[215] 李志雷，陈洪亮，王贺云，等. 数字化技术下电网安全态势感知评估方法 [J]. 信息技术，2021（9）：34-38.

[216] 赵玲玲，王群京，陈权，等. 基于 IBBOA 优化 BP 神经网络的变压器故障诊断 [J]. 电工电能新技术，2021，40（9）：39-46.

[217] 周晚. 一种 SVM 参数优化的模拟电路故障诊断仿真研究 [J]. 微型电脑应用，2021，37（9）：70-72，76.

[218] 娄娜，李宏辉，陈昊伟，等. 基于人机交互的高速机电设备电路故障检测 [J]. 微型电脑应用，2021，37（9）：92-96.

[219] 范慧芳，咸日常，咸日明，等. 改进蜂群算法在大型电力变压器故障诊断中的应用 [J]. 水电能源科学，2021，39（9）：197-200.

[220] SHEIKHI M A, ALI K S, NIKOOFARD A. Design of nonlinear predictive generalized minimum variance control for performance monitoring of nonlinear control systems [J]. Journal of Process Control, 2021, 106: 54-71.

[221] 常国祥，张京. 基于深度学习的模拟电路软故障诊断 [J]. 电气应用，2021，40（9）：58-66.

[222] 徐扬，张紫涛. 基于遗传模拟退火算法改进 BP 神经网络的中长期电力负荷预测 [J]. 电气技术，2021，22（9）：70-76.

[223] 郭秀才，刘冰冰，王力立. 基于小波包和 CS-BP 神经网络的矿用电力电缆故障诊断 [J]. 计算机应用与软件，2021，38（9）：105-110.

[224] ZHOU Y T, STYNES M. Block boundary value methods for solving linear neutral Volterra integro-differential equations with weakly singular kernels [J]. Journal of Computational and Applied Mathematics, 2022, 401. [2022-02-17]. https://www. sciencedirect. com/science/article/abs/pii/S0377042721003691.

[225] LIN PENG, XIA Q F. Three-dimensional hybrid circuits: the future of neuromorphic computing hardware [J]. Nano Express, 2021, 2 (3). [2022-02-17]. https://iopscience. iop. org/article/10. 1088/2632-959X/ac280e/pdf.

[226] 李红艳. 电路故障的智能诊断技术分析 [J]. 电子技术，2021，50（8）：288-289.

[227] 赵勇. 对机电设备电气断路故障的深析 [J]. 建材发展导向，2021，19（16）：14-15.

[228] SONG H M, YANG Z W, XIAO Y. Super-convergence analysis of collocation methods for linear and nonlinear third-kind Volterra integral equations with non-compact operators [J]. Applied Mathematics and Computation, 2022, 412. [2022-02-17]. https://www. sciencedirect. com/science/article/pii/S0096300321006469.

[229] KUMAR S. Fixed Points and continuity for a pair of contractive maps with application to nonlinear Volterra integral equations [J]. Journal of Function Spaces, 2021. [2022-02-17]. https://www. hindawi. com/journals/jfs/2021/9982217/.

[230] 白玉轩，杨建忠，孙晓哲，等. 基于 GA-BP 的机电作动系统传感器故障诊断研究 [J]. 机床与液压，2021，49（15）：188-194.

[231] 刘冬梅，霍龙龙，王浩然，等. 基于 PSO-SVM 的电流放大器故障诊断研究 [J]. 传感器与微系统，

2021，40（8）：50-52，56.
[232] 唐海燕，陈潮宇. 机械设备故障诊断与监测的常用方法及其发展趋势［J］. 内燃机与配件，2021（15）：122-124.
[233] 曾超俊，王荣杰，王亦春，等. 一种基于 EMD-BLS 的三相整流电路故障诊断方法［J］. 集美大学学报（自然科学版），2021，26（4）：357-364.
[234] 李霞，马晓媛，折盼. 基于物联网技术的神经外科护理管路故障监测系统设计［J］. 自动化与仪器仪表，2021（7）：168-170，174.
[235] 王廷轩，刘韬，王振亚，等. 双通道信息融合的机械旋转部件混合故障诊断［J］. 电子测量技术，2021，44（14）：77-83.
[236] 韩素敏，周孟，郑书晴. 基于 BP 神经网络的三相电压源型逆变器开路故障诊断［J］. 河南理工大学学报（自然科学版），2021，40（6）：126-131，188.
[237] 陈凡. 基于遗传算法的故障诊断方法研究［J］. 软件，2021，42（7）：118-122.
[238] 谈恩民，阮济民，黄顺梅. 基于输出响应矩阵特性分析的模拟电路故障诊断［J］. 中国测试，2022，48（1）：92-100.
[239] 毛寒松，王腾. 混合集成电路制造工艺文件体系研究［J］. 机电工程技术，2021，50（6）：61-64.
[240] 吴钊，张海彬. 基于 LMD 算法的大规模模拟电路软故障诊断仿真［J］. 计算机仿真，2021，38（6）：424-427，433.
[241] 董江涛，朱琳，巨小微. 超容差条件下的电路软故障信号诊断方法研究［J］. 无线电工程，2021，51（7）：622-627.
[242] 陈涛. 三相电压源逆变器功率管开路故障诊断方法研究［D］. 北京：北京科技大学，2021.
[243] 吴骞. 基于 Volterra 级数的分数阶忆阻器电路解析方法研究［D］. 武汉：武汉科技大学，2021.
[244] 潘卫东. 基于神经网络的光电器件非线性均衡与性能研究［D］. 合肥：中国科学技术大学，2021.
[245] 郑良川. 基于粒子群优化的 GaN HEMTs 小信号等效电路混合建模［D］. 绵阳：西南科技大学，2021.
[246] 李卓，刘开华. 基本单元电路故障诊断虚拟仿真实验的建设与实践［J］. 实验技术与管理，2021，38（4）：136-140.
[247] 陈帅. 三维集成电路测试技术与故障诊断问题研究［J］. 微处理机，2021，42（2）：30-32.
[248] 柳颖，蔡永招. 基于 SCANWORKS 的模数混合电路板测试程序集设计［J］. 计算机测量与控制，2021，29（3）：10-13.
[249] 李勇. 高压架空输电线路暂态电流行波故障检测方法研究［J］. 电子设计工程，2021，29（2）：155-158，163.
[250] 白锐，徐达，韩玉朝. 微波混合集成电路的三维集成设计研究［J］. 固体电子学研究与进展，2020，40（6）：412-417.
[251] 李丹，李鹏，梁盛铭. 某型数模混合集成电路周期性异常复位现象分析［J］. 环境技术，2020（S1）：45-50.
[252] 朱健. 电子电路故障诊断与预测技术分析［J］. 集成电路应用，2020，37（11）：104-105.
[253] 国欣祯，井鹏飞，叶靖，等. 面向多位扫描单元的可诊断性设计方法［J］. 郑州大学学报（理学版），2021，53（1）：80-87.
[254] 陈乐瑞，曹建福，胡河宇，等. 一种基于 Volterra 频域核的非线性频谱智能表征方法［J］. 中南大学学报（自然科学版），2020，51（10）：2867-2875.
[255] 张铃珠. 基于故障状态模拟的输电线路短路点定位方法［J］. 四川电力技术，2020，43（5）：56-61.
[256] 彭丽君. 模拟电路性能减弱问题检测与诊断策略探讨［J］. 科学技术创新，2020（27）：187-188.
[257] JONES R D. Hybrid Circuit Design and Manufacture［M］. Boca Raton：CRC Press，1982.

[258] 奚之飞，徐安，寇英信，等. 基于改进粒子群算法辨识 Volterra 级数的目标机动轨迹预测 [J]. 航空学报，2020，41 (12)：349-369.

[259] ZHANG X Y，YU Z Q，ZENG R. A state of the art 500-kV hybrid circuit breaker for a DC grid：the world's largest capacity high-voltage DC circuit breaker [J]. IEEE Industrial Electronics Magazine，2020，14 (2)：15-27.

[260] 余昌皇. 数字模拟混合集成电路设计分析 [J]. 通信电源技术，2020，37 (12)：103-105.

[261] 吴鸿伟. 基于 IEEE1149.4 混合边界扫描链路设计及测试验证 [D]. 成都：电子科技大学，2020.

[262] LI Z W，PAN Z L. Study of Cluster Test of Complex Circuits [J]. Journal of Physics：Conference Series，2020，1549. [2021-10-20]. https://iopscience.iop.org/article/10.1088/1742-6596/1549/5/052008/pdf.

[263] 姜子帆. 基于扫描链的 IP 核可测性设计及测试覆盖率研究 [D]. 西安：西安电子科技大学，2020.

[264] REYES-SANCHEZ M，AMADUCCI R，ELICES I，et al. Automatic Adaptation of Model Neurons and Connections to Build Hybrid Circuits with Living Networks [J]. Neuroinformatics，2020，18 (3)：377-393.

[265] DENG L B，SUN N，FU N. Boundary scan based interconnect testing design for silicon interposer in 2.5D ICs [J]. Integration，2020，72：171-182.

[266] 刘晓雨. 基于可测试性技术的电路板测试系统研究 [D]. 天津：中国民航大学，2020.

[267] 贾春宇. 可测性技术在机载电路板中的应用研究 [D]. 天津：中国民航大学，2020.

[268] 谢睿臻. 数模混合芯片 AD/DA 板级测试方法研究与实现 [D]. 成都：电子科技大学，2020.

[269] 胡国喜. 电力电子电路智能故障诊断技术探讨 [J]. 通信电源技术，2020，37 (1)：270-272.

[270] 黄磊. 电子线路自动测试技术研究 [J]. 通信电源技术，2019，36 (11)：216-217.

[271] 王圣辉，陆锋，苏洋，等. 一种基于边界扫描的系统化 SiP 测试方法 [J]. 电子测试，2019 (21)：56-58，74.

[272] 徐徐. 关于电子线路自动测试技术研究 [J]. 科技风，2019 (19)：182.

[273] 吴世浩，孟亚峰，王超. 基于改进烟花算法的非线性模拟电路测试激励优化 [J]. 中国测试，2019，45 (6)：138-145.

[274] 徐志强. 一种基于 IEEE 1149.1 和 IEEE 1500 的 SoC 可测性设计与实现 [D]. 西安：西安电子科技大学，2019.

[275] 陈龙江. 基于边界扫描的高密度电路板测试控制器软件设计与实现 [D]. 成都：电子科技大学，2019.

[276] 陆晶，陈欣，李志华. 基于李沙育图形的非线性模拟电路故障诊断 [J]. 控制工程，2019，26 (4)：694-699.

[277] 贺开放，李兵，何怡刚. 基于多维标度的非线性模拟电路故障诊断方法 [J]. 传感器与微系统，2019，38 (2)：27-29，33.

[278] 候山山，于少东，黄丹平，等. 科氏质量流量计非线性幅值控制模拟电路研究 [J]. 中国测试，2018，44 (5)：118-124.

[279] 吴世浩，孟亚峰. 非线性模拟电路测试激励的智能优化设计 [J]. 电光与控制，2019，26 (1)：17-20.

[280] 乔维德. 基于 RBF 神经网络的模拟电路智能故障诊断 [J]. 温州职业技术学院学报，2018，18 (1)：47-51.

[281] 吴世浩，孟亚峰. 非线性模拟电路故障诊断方法综述 [J]. 飞航导弹，2017 (9)：60-64.

[282] 吕鑫淼. 基于分形理论的非线性模拟电路软故障诊断方法研究 [D]. 哈尔滨：哈尔滨理工大学，2017.

[283] SHELJA A S，NANDAKUMAR R，MURUGANANTHAM C. Design of IEEE 1149.1 Tap Controller IP Core [C]//Proceedings of Sixth International Conference on Advances in Computing and Information Technology

(ACITY 2016), July 23-24, 2016, Chennai. Jackson: AIRCC, c2016: 107-118.

[284] 邬子婴，崔明明. 支持多路混合电压边界扫描链测试的适配方案［J］. 航空电子技术，2016，47（3）：20-24.

[285] 陈翎，潘中良. 集成电路边界扫描测试系统中测试方式选择模块的电路设计［J］. 装备制造技术，2016（7）：23-27.

[286] 张玲莉，刘传波，廖军. 融合 IEEE1149. X 标准的混合信号测试系统设计［J］. 电子技术，2016，45（6）：86-89.

[287] 邓勇，张禾. 基于 Volterra 核二次型分布的非线性模拟电路软故障诊断［J］. 控制与决策，2015，30（7）：1340-1344.

[288] 车玫芳，陈希平，柴飞燕. 基于自组织神经网络的非线性系统建模［J］. 计算机仿真，2007，24（5）：142-144.

[289] 杜文霞，辛涛，孙昊，等. 模糊神经网络在模拟电路故障诊断中的应用［J］. 自动化仪表，2009，30（1）：6-9.

[290] BERKOWITZ R. Condition for network-element-value solvability［J］. IRE Transaction on Circuits Theory，1962，9（1）：24-29.

[291] MALLAT S G. A theory for multi resolution signal decomposition：the wavelet representation［J］. IEEE Transactions on Pattern Analysis and Machine Intelligence，1989，11（7）：674-693.

[292] BANDLER J W，SALAMA A E. Fault diagnosis of analog circuits［J］. Proceedings of the IEEE，1985，73（8）：1279-1325.

[293] NAVID N，WILLSON J. A theory and an algorithm for analog circuit fault diagnosis［J］. IEEE Transactions on Circuits and Systems，1979，26（7）：440-457.

[294] TORRALBA A，CHAVEZ J，FRANQUELO L G. Fault Detection and Classification of Analog Circuits by Means of Fuzzy Logic-based Techniques［C］//Proceedings of ISCAS'95-International Symposium on Circuits and Systems，April 30-May3，1995，Seattle. New York：IEEE，c1995，3：1828-1831.

[295] 欧文，韩崇昭，王文正. Volterra 泛函级数在非线性系统辨识中的应用［J］. 控制与决策，2002，17（2）：239-242.

[296] 孔德钱，张新燕，童涛，等. 基于差分进化算法与 BP 神经网络的变压器故障诊断［J］. 电测与仪表，2020，57（5）：57-61.

[297] 张旭辉，王鑫磊，刘云峰，等. 非线性电路多软故障的智能优化递阶特征选择诊断方法［J］. 电测与仪表，2015，52（24）：52-55.

[298] SWAIN A K，BILLINGS S A. Generalized frequency response function matrix for MIMO non-linear systems［J］. International Journal of control，2001，74（8）：829-844.

[299] ZHANG H，BILLINGS S A，ZHU Q M. Frequency response functions for nonlinear rational models［J］. International Journal of Control，1995，61（5）：1073-1097.

[300] 韩海涛，马红光，曹建福，等. 多输入多输出非线性系统 Volterra 频域核的非参数辨识方法［J］. 西安交通大学学报. 2012，46（10）：66-71.

[301] CHUA L N O，LIAO Y L. Measuring Volterra kernel（Ⅱ）［J］. International Journal of circuit Theory and Applications，1989，17（2）：151-190.

[302] 张讲社，徐宗本，梁怡. 整体退火遗传算法及其收敛充要条件［J］. 中国科学 E 辑：技术科学，1997，9（2）：154-164.

[303] 徐忠本，高勇. 遗传算法过早收敛现象的特征分析及其预防［J］. 中国科学 E 辑：技术科学，1996，8（4）：364-375.

[304] 谭阳红. 基于小波和神经网络的大规模模拟电路故障诊断研究［D］. 长沙：湖南大学，2004.

[305] 蔡金锭. 大规模模拟网络故障的快速诊断方法与可及点优化设计 [D]. 西安：西安交通大学，2001.
[306] 杨金法，彭虎. 非线性电子线路 [M]. 北京：电子工业出版社，2003.
[307] 林圭年. 非线性网络与系统 [M]. 北京：中国铁道出版社，1987.
[308] 殷时蓉. 基于 Volterra 级数和神经网络的非线性电路故障诊断研究 [D]. 成都：电子科技大学，2007.
[309] BANDIER J W. Recent advances in fault location of analog networks [C]//Proceedings of 1984 IEEE International Symposium on Circuits and Systems, Maty 7-10, 1984, Monteral. New York: IEEE, c1984: 660-663.
[310] DUHAMEL P, RAULT J. Automatic test generation techniques for analog circuits and systems: A review [J]. IEEE Transactions on Circuits and Systems, 1979, 26 (7): 411-440.
[311] 彭敏放. 容差模拟电路故障诊断屏蔽理论与信息融合方法研究 [D]. 长沙：湖南大学，2006.
[312] 郝俊寿. 基于 BP 神经网络和 DSP 技术的模拟电路诊断系统的研究与实现 [D]. 呼和浩特：内蒙古工业大学，2007.
[313] 孙义闯. 模拟电路故障诊断理论和方法综述 [J]. 大连海运学院学报，1989，15 (4): 68-75.
[314] 孙义闯. 线性电路的 K 故障定位理论 [J]. 系统工程与电子技术，1991，13 (1): 57-63, 70.
[315] 孙义闯，林在旭. 非线性电路的故障诊断 [J]. 大连海运学院学报，1986，12 (1): 74-83.
[316] LEE J H, BEDROSIAN S. Fault isolation algorithm for analog electronic systems using the fuzzy concept [J]. IEEE Transactions on Circuit and Systems, 1979, 26 (7): 518-522.
[317] HOCHWALD W, BASTIAN J. A DC approach for analog fault dictionary determination [J]. IEEE Transactions on Circuit and Systems, 1979, 26 (7): 523-529.
[318] FREEMAN S. Optimum fault isolation by statistical inference [J]. IEEE Transactions on Circuit and Systems, 1979, 26 (7): 505-512.
[319] JOHNSON A. Efficient fault analysis in linear analog circuits [J]. IEEE Transactions on Circuit and Systems, 1979, 26 (7): 475-484.
[320] DECARLO R, TABLEAU C G. Approach to ac-multi-frequency fault diagnosis [C]// Proceeding of 1981 IEEE International Symposium on Circuits and Systems, April 27-29, 1981, Chicago. New York: IEEE, c1981: 270-273.
[321] LIN P M. DC Fault diagnosis using complementary pivot theory [C]//Proceeding of 1982 IEEE International Symposium on Circuits and Systems, December 17-19, 1981, Ludhiana. New York: IEEE, c1981: 1132-1135.
[322] OZAWA T, YAMADA M. Conditions for determining parameter values in a linear active network from node voltage measurements [C]//Proceeding of 1982 IEEE International Symposium on Circuits and Systems, December 17-19, 1981, Ludhiana. New York: IEEE, c1981: 274-277.
[323] HUANG Z F, LIN C S, LIU R W. Toplogical condition on multiple fault testability of analog circuits [C]//Proceeding of 1982 IEEE International Symposium on Circuits and Systems, December 17-19, 1981, Ludhiana. New York: IEEE, c1981: 1152-1155.
[324] HUANG Z F, LIN C S, LIU R W. Node fault diagnosis and a design of testability [J]. IEEE Transactions on Circuits and Systems, 1983, 30 (5): 257-265.
[325] SALAMA A, STARZYK J, BANDLER J. A unified decomposition approach for fault location in large analog circuits [J]. IEEE Transactions on Circuits and Systems, 1984, 31 (7): 609-622.
[326] CHEN Y Q. Experiment on fault location in large-scale analog circuits [J]. IEEE Transactions on Instrumentation and Measurement, 1993, 42 (1): 30-34.
[327] SLAMANI M, KAMINSKA B. Analog circuit fault diagnosis based on sensitivity computation and functional

testing [J]. IEEE Design & Test of Computers, 1992, 9 (1): 30-39.

[328] CONTU S, FANNI A, MAREHESI M, et al. Wavelet analysis for diagnostic problems [C]//Proceedings of 8th Mediterranean Electrotechnical Conference on Industrial Applications in Power Systems, Computer Science and Telecommunications (MELECON 96), May 16, 1996, Bari. New York: IEEE, c1996, 3: 1571-1574.

[329] EI-GAMAL M A. A knowledge-based approach for fault detection and isolation in analog circuits [C]//Proceedings of International Conference on Neural Networks (ICNN'97), June 12, 1997, Houston. New York: IEEE, c1997, 3: 1580-1584.

[330] AMINIAN M, AMINIAN F. Neural-network based analog-circuit fault diagnosis using wavelet transform as preprocessor [J]. IEEE Transactions on: Circuits and Systems Ⅱ: Analog and Digital Signal Processing, 2000, 47 (2): 151-156.

[331] ZOU R, HUANG J M. Fault location of linear nonreciprocal circuit with tolerance [C]//Proceedings of 1988 IEEE International Symposium on Circuits and Systems, June 7-9, 1988, Espoo. New York: IEEE, c1988, 2: 1163-1166.

[332] JIANG B L, WEY C L, FAN L J. Fault prediction proess for analog circuit networks [J]. Circuits Systems and Signal Processing, 1988, 7 (1): 95-109.

[333] FENG D W, MA G Y, LIU M J. A general method for fault diagnosis of linear and nonlinear circuits: multiple excitation method [C]//Proceedings of 1992 Singapore International Conference on Intelligent Control and Instrumentation, February 17-21, 1992, Singapore. New York: IEEE, c1992, 2: 1015-1018.

[334] WONG M W T, WORSMAN M. DC nonlinear circuit fault simulation with large change sensitivity [C]//Proceedings of Seventh Asian Test Symposium (ATS'98), December 2-4, 1998, Singapore. New York: IEEE, c1998: 366-371.

[335] VISVANATHAN V, VINCENTELLI A S. Diagnosability of nonlinear circuits and systems-Part Ⅰ: The DC case [J]. IEEE Transactions on Circuits and Systems, 1981, 28 (11): 1093-1102.

[336] SAEKS R, VINCENTELLI A S, VISVANATHAN V. Diagnosability of nonlinear circuits and systems-Part Ⅱ: Dynamical systems [J]. IEEE Transactions on Circuits and Systems, 1981, 28 (11): 1103-1108.

[337] WORSMAN M, WONG M W T. Nonlinear circuit fault diagnosis with large change sensitivity [C]//Proceedings of 1998 IEEE International Conference on Electronics, Circuits and Systems. Surfing the Waves of Science and Technology, September 7-10, 1998, Lisboa. New York: IEEE, c1998, 2: 225-228.

[338] VAN D E E, SCHOUKENS J. Steady-state analysis of a periodically excited nonlinear system [J]. IEEE Transactions on Circuits and Systems, 1990, 37 (2): 232-242.

[339] VAN D E E, SCHOUKENS J. A recursive solution for strongly nonlinear systems by combining volterra principles with the harmonic balance technique [C]//Proceedings of 1989 IEEE International Symposium on Circuits and Systems (ISCAS), May 8-11, 1989, Portland. New York: IEEE, c1989, 3: 2159-2164.

[340] VAN D E E, SCHOUKENS J. Parameter estimation in strongly nonlinear circuits [J]. IEEE Transactions on Instrumentation and Measurement, 1990, 39 (6): 853-859.

[341] HALGAS S, TADEUSIEWICZ M. Multiple soft fault diagnosis of analog electronic circuits [C]//Proceedings of 2008 International Conference on Signals and Electronic Systems, September 14-17, 2008, Krakow. New York: IEEE, c2008: 533-536.

[342] AMINIAN M, AMINIAN F. A comprehensive examination of neural network architectures for analog fault diagnosis [C]//Proeeedings of 2001 International Joint Conference on Neural Networks, July 15-19, 2001, Washington. New York: IEEE, c2001, 3: 2304-2309.

[343] MAIDEN Y, JERVIS B W, FOUILLAT P, et al. Using artificial neural networks or Lagrange interpolation

to characterize the faults in an analog circuit: an experimental study [J]. IEEE Transactions on Instrumentation and Measurement, 1999, 48 (5): 932-938.

[344] FANNI A, GIUA A, MARCHESI M, et al. A neural network diagnosis approach for analog circuits [J]. Applied Intelligence, 1999, 11 (2): 169-186.

[345] HE Y, TAN Y, SUN Y. Wavelet neural network approach for fault diagnosis of analog circuits [J]. IEE Proceedings-Circuits Devices and Systems, 2004, 151 (4): 379-384.

[346] GRZECHCA D, RUTKOWSKI J. Use of neural network and fuzzy logic to time domain analog tasting [C]// Proceedings of the 9th International Conference on Neural Information Processing 2002 (ICONIP'02), November 18-22, 2002, Singapore. New York: IEEE, c2002, 5: 2601-2604.

[347] LI H, ZHANG Y X. An Algorithm of soft fault diagnosis for analog circuit based on the optimized SVM by GA [C]//Proceedings of 2009 9th International Conference on Electronic Measurement & Instruments, August 16-19, 2009, Beijing. New York: IEEE, c2009, 4: 1023-1027.

[348] MOHAMMADI K, MONFARED A R M, NEJAD A M. Fault diagnosis of analog circuits with tolerances by using RBF and BP Neural Networks [C]//Proceedings of Student Conference on Research and Development, July 17, 2002, Shah Alam. New York: IEEE, c2002: 317-321.

[349] CATELANI M, FORT A, NOSI G. Application of radial basis function network to the preventive maintenance of electronic analog circuits [C]//Proceedings of the 16th IEEE Instrumentation and Measurement Technology Conference, May 24-26, Venice. New York: IEEE, c1999, 1: 510-513.

[350] LIANG G C, HE Y G. A fault identification approach for analog circuits using fuzzy neural network mixed with genetic algorithms [C]//Proceedings of the 2003 IEEE International Conference on Robotics, Intelligent Systems and Signal Processing, Octomber 8-13, 2003, Changsha. New York: IEEE, c2003, 2: 1267-1272.

[351] 林争辉. 网络参数的可解性与可诊断性 [J]. 上海交通大学学报, 1995, 29 (1): 48-53.

[352] 林争辉, 武强. 非线性电路故障诊断的理论和算法 [J]. 上海交通大学学报, 1995, 29 (1): 16-22.

[353] 王承. 基于神经网络的模拟电路故障诊断方法研究 [D]. 成都: 电子科技大学, 2005.

[354] 陈圣俭, 洪炳熔, 王月芳, 等. 可诊断容差模拟电路软故障的新故障字典法 [J]. 电子学报, 2000, 28 (2): 127-129.

[355] 凌燮亭. 模拟电路中有限故障数的预测—判定分析方法 [J]. 电子学报, 1982, 10 (3): 37-45.

[356] 凌燮亭. 电路增量分析的伴随电路方法 [J]. 电子学报, 1985, 13 (6): 72-79.

[357] 吴跃, 童诗白. 线性电路K故障诊断法的有效范围 [J]. 电子科学学刊, 1989, 11 (2): 113-120.

[358] 凌燮亭. 非线性电路的故障分析 [J]. 电子学报, 1981, 9 (1): 70-77.

[359] 魏瑞轩. 基于Volterra级数模型的非线性系统辨识及故障诊断方法研究 [D]. 西安: 西安电子科技大学, 2002.

[360] 彭翀, 樊锐, 刘强. 基于人工神经网络的电路故障诊断专家系统 [J]. 系统工程与电子技术, 2002, 24 (10): 116-119.

[361] 周丽, 黄素珍. 基于模拟退火的混合遗传算法研究 [J]. 计算机应用研究, 2005, 22 (9): 72-73, 76.

[362] 夏锐, 肖明清, 程进军. 基于混合遗传退火算法的并行测试任务调度优化 [J]. 系统仿真学报, 2007, 19 (15): 3564-3567.

[363] 李国丽, 吴宜灿, 张建, 等. 自适应SAGA算法进行全局寻优的研究 [J]. 合肥工业大学学报 (自然科学版), 2004, 24 (9): 1000-1004.

[364] 王子才, 张彤, 王宏伟. 基于混沌变量的模拟退火优化方法 [J]. 控制与决策, 1999, 14 (4): 381-384.

[365] 蓝海，王雄，王凌. 一类遗传退火算法的函数优化性能分析［J］. 系统仿真学报，2001，13（S1）：111-113.

[366] 殷时容，陈光禘，谢永乐. 基于遗传算法的模拟电路故障诊断激励优化［J］. 测控技术，2007，26（6）：20-22.

[367] 陆金桂，李谦，王浩，等. 遗传算法原理及工程应用［M］. 徐州：中国矿业大学出版社，1997.

[368] 肖建华. 智能模式识别方法［M］. 广州：华南理工大学出版社，2006.

[369] 杨光正，吴岷，张晓莉. 模式识别［M］. 合肥：中国科学技术大学出版社，2001.

[370] 孙即祥，等. 现代模式识别［M］. 长沙：国防科技大学出版社，2002.

[371] 焦李成. 非线性电路和系统的故障诊断——一种新理论和方法［J］. 中国科学A辑，1988，19（6）：649-657.

[372] 李亚安，崔海英，徐德民. 一类参数未知非线性系统的维纳级数分析［J］. 探测与控制学报，2001，23（2）：53-56.

[373] 刘岚，胡钋，杭小庆. 非线性系统Wiener模型的一种辨识方法［J］. 武汉工业大学学报，1999，21（4）：51-53.

[374] 虞贵财，邵玉斌，肖笛. 产生高斯白噪声的研究与实现［J］. 电子科技，2006，19（11）：17-18，22.

[375] 黄本雄，侯洁，胡海. 高斯白噪声发生器在FPGA中的实现［J］. 微计算机信息，2007，23（20）：165-167.

[376] 蒋乐，冯文全. 高性能可编程高斯白噪声的设计与实现［J］. 电子技术应用，2006，32（8）：113-114.

[377] 刘丹妮，罗俊，邱忠文，等. VLSI测试技术现状及发展趋势［C］//中国电子学会. 第十七届全国半导体集成电路、硅材料学术会议论文集. 北京：中国电子学会，2011：66-70.

[378] 林海军，张礼勇，任殿义，等. 基于Wiener核和BP神经网络的非线性模拟电路故障诊断［J］. 仪器仪表学报，2009，30（9）：1946-1949.

[379] 徐洋. 非线性模拟电路故障特征的选择和提取方法研究［D］. 哈尔滨：哈尔滨理工大学，2015.

[380] 林海军，齐丽彬，张礼勇，等. 基于BP神经网络的模拟电路故障诊断研究［J］. 电测与仪表，2007，44（12）：41-43，51.

[381] 林海军，杨萍，张礼勇，等. 基于USB2.0的虚拟数字示波器的设计［J］. 电测与仪表，2008，45（9）：37-41.

[382] 林海军，张礼勇，顾耕，等. 基于退火遗传混合算法的模拟电路诊断激励优化［J］. 电测与仪表，2009，46（12）：17-19，38.

[383] 刘云峰，林海军，朴伟英，等. Wiener核的快速提取算法［J］. 电测与仪表，2015，52（24）：14-18.

[384] 陈叶，廖耀华，王恩，等. 基于Volterra核的MIMO非线性电路建模及智能特征提取［J］. 电测与仪表，2021，58（10）：170-176.

[385] LIN H J，ZHANG L Y，JIANG M，et al. Research on annealing genetic hybrid optimization of test excitation in nonlinear analog circuit［C］//Proceedings of Research on annealing genetic hybrid optimization of test excitation in nonlinear analog circuit，September 23-26，2010，Changsha. New York：IEEE，c2010：1251-1254.

[386] LIN H J，WAN S B，ZHONG H，et al. The study about feature extraction of analog circuit fault diagnosis based on annealing genetic hybrid algorithm［C］//Proceedings of the 2012 International Conference on Communication，Electronics and Automation Engineering，August 23-25，2012，Xi'an. Berlin：Springer，c2012：1133-1139.

[387] LIN H J, FU Y, XU Z C, et al. The study about feature selection of analog circuit fault diagnosis based on annealing genetic hybrid algorithm [C/OL]//Proceedings of 2012 7th International Forum on Strategic Technology (IFOST), September 18-21, 2012, Tomsk. New York: IEEE, c2012. [2021-10-12]. https://ieeexplore. ieee. org/document/6357817. DOI: 10. 1109/IFOST. 2012. 6357817.

[388] LIN H J, WANG Q G, SUN T Y, et al. The study of test stimulus optimization of analog circuit based on AS-PSO hybrid algorithm [J]. Applied Mechanics and Materials, 2013, 303-306: 582-587.

[389] LIN H J, AN X J, ZHANG Y F, et al. Feature extraction of Wiener kernel fault diagnosis based on improved particle swarm annealing hybrid optimization algorithm [C]//Proceedings of 8th International Forum on Strategic Technology 2013 (IFOST 2013), June 28-July 1, 2013, Ulaanbaatar . New York: IEEE, c2013, 2: 119-123.

[390] LU X M, ZHAO H, LIN H J, et al. Multifractal analysis for soft fault feature extraction of nonlinear analog circuits [J]. Mathematical Problems in Engineering, 2016, 2016 (5): 1-7.